普通高等学校计算机教育课程“十二五”规划教材·精品系列

江西省精品课程主讲教材

数据结构

肖守柏　熊　蕾　吴金舟　主　编

胡剑锋　主　审

中国铁道出版社
CHINA RAILWAY PUBLISHING HOUSE

内容简介

“数据结构”不仅是计算机专业重要的专业基础课，也是从事计算机软件开发必备的专业知识。全书共分12章，主要介绍了数据结构的基本概念，线性表、栈、串、队列和数组，树结构、图结构，以及查找和排序等基本运算。每个章节基本上是从实例入手，然后系统地介绍本实例所涉及的知识点。本书注重应用性、由浅入深、逻辑性强，每章后均配有小结和思考与练习。

本书适合作为高等学校计算机专业学生的教材，也可供广大从事计算机软件工作的科技人员自学参考。

图书在版编目（CIP）数据

数据结构 / 肖守柏，熊蕾，吴金舟主编. — 北京：中国铁道出版社，2012.8

普通高等学校计算机教育课程“十二五”规划教材. 精品系列

ISBN 978-7-113-14922-2

Ⅰ. ①数… Ⅱ. ①肖… ②熊… ③吴… Ⅲ. ①数据结构－高等学校－教材 Ⅳ. ①TP311.12

中国版本图书馆CIP数据核字（2012）第186086号

书　　名：数据结构
作　　者：肖守柏　熊　蕾　吴金舟　主编

策　　划：郑　涛　　　**读者热线**：400-668-0820
责任编辑：孟　欣　彭立辉
封面设计：淡晓库
封面制作：刘　颖
责任印制：李　佳

出版发行：中国铁道出版社（100054，北京市西城区右安门西街8号）
网　　址：http://www.51eds.com
印　　刷：三河市华丰印刷厂
版　　次：2012年8月第1版　　2012年8月第1次印刷
开　　本：787mm×1092mm　1/16　**印张**：19.25　**字数**：457千
印　　数：1～3 000册
书　　号：ISBN 978-7-113-14922-2
定　　价：36.00元

FOREWORD 前言

计算机科学技术以惊人的速度迅猛发展，它的应用范围已渗入到社会和生活的各个领域。相应地，数据处理的对象也从简单的数值发展到字符、表格和图形等带有结构的数据。在这里要解决的关键问题是：针对每一种新的应用领域的处理对象，如何选择合适的数据表示（结构），如何有效地组织数据、处理数据。数据结构就是研究数据以及数据之间关系的一门学科，主要研究数据之间的逻辑结构及其基本操作在计算机中的表示和实现方法。数据结构课程不仅是计算机专业重要的专业基础课，也是从事计算机软件开发所必备的专业知识。

本书主要面向应用型高等学校计算机类专业的学生，培养技术应用型人才；内容的构造力求体现“以应用为主体”，强调理论知识的理解和运用，实现本、专科教学以实践体系为主和以技术应用能力培养为主的目标。

案例教学是计算机课程教学最有效的方法之一，好的案例对学生理解知识、掌握如何应用知识都十分重要。本书围绕教学内容组织案例，对学生的知识和能力训练具有较强的针对性。全书共分 12 章，将 2～12 章又分成Ⅳ部分：第Ⅰ部分（第 2～6 章），介绍基本的线性结构及有关的典型应用；第Ⅱ部分（第 7、8 章），讲述具有广泛应用价值的树形结构，这两部分占据了本书的主要篇幅；第Ⅲ部分（第 9、10 章），介绍复杂的数据结构，比如图、稀疏矩阵及广义表等；第Ⅳ部分（第 11、12 章），介绍有关外存储器中的数据结构和文件组织。此外，书中还有 4 个附录，分别是：数据结构实训指导、教学实验报告参考格式、课程应用与学习实验、“数据结构”模拟试题。书中的所有程序都在 Turbo C 2.0 环境下调试通过。

数据结构是实践性很强的课程，本书注重理论与实践相结合，每章都给出了不同层次、不同难度的思考题并且给出参考答案。通过习题与实训，使学生掌握所学知识，并能灵活运用所学知识解决实际问题。

本书带*的章节为专科层次的选讲部分，必讲部分建议授课 64 学时，其中上机实训安排 20 学时以上。教师可根据学时数、专业和学生的实际情况选讲带*号部分中一些较难的例子。

本书适合作为高等学校计算机专业学生的教材，也可供广大从事计算机软件工作的科技人员自学参考。

本书由江西科技学院肖守柏、熊蕾、吴金舟担任主编，由中国科学院博士胡剑锋教授担任主审。在本书编写过程中，得到南昌大学信息工程学院计算机科学与技术系姚立文教授的大力帮助，在此表示深深的谢意。本书是江西省精品课程“数据结构与算法”的主讲教材，是作者多年教学改革的成果和结晶，教学资源可在 http://jpkc.jxbsu.com:8080/kc/datastructure/index.php 网站下载。

由于时间仓促，编者水平有限，书中错误和不妥之处在所难免，敬请广大同行和读者批评指正。

编　者

2012 年 8 月

CONTENTS 目录

第1章 绪论 1

1.1 数据结构概述 1

1.1.1 学习数据结构的必要性 1

1.1.2 数据结构的基本概念和术语 2

1.1.3 数据类型与抽象数据类型 5

1.2 "HELLO,WORLD!"程序实例 7

1.2.1 C语言的编写风格 7

1.2.2 C语言预备知识 10

1.3 “数组元素排序”实例 12

1.3.1 算法的特性 14

1.3.2 算法的评价标准 14

1.3.3 算法度量及分析 15

小结 18

思考与练习 19

I 线性结构

第2章 线性表 22

2.1 “银行排队”顺序存储实例 22

2.1.1 线性表的定义 23

2.1.2 线性表的基本操作 24

2.1.3 顺序表 24

2.2 “学生健康登记”链式存储实例 27

2.2.1 单链表的定义 28

2.2.2 单链表的基本操作 29

2.3 其他链表 32

2.3.1 循环链表 32

2.3.2 双向链表 33

小结 35

思考与练习 35

第3章 栈和队列 38

3.1 “回文”实例 38

3.1.1 栈的定义及基本运算 39

3.1.2 栈的存储实现和运算实现 40

*3.1.3 栈与递归 47

3.2 “杨辉三角形”实例 …… 49
3.2.1 队列的定义及基本运算 …… 51
3.2.2 队列的存储实现和运算实现 …… 51
小结 …… 58
思考与练习 …… 58
第 4 章 串 …… 60
4.1 串的基本概念 …… 60
4.1.1 串的定义和术语 …… 60
4.1.2 串的基本运算 …… 61
4.2 “文本加密”实例 …… 62
4.2.1 串的顺序存储 …… 64
4.2.2 顺序串的基本运算 …… 65
4.2.3 串的链式存储 …… 69
*4.2.4 模式匹配 …… 69
小结 …… 73
思考与练习 …… 73
第 5 章 内部排序 …… 75
5.1 排序的基本概念 …… 75
5.2 “学生成绩插入排序”实例 …… 76
5.2.1 直接插入排序 …… 77
5.2.2 希尔排序 …… 79
5.3 “学生成绩交换排序”实例 …… 81
5.3.1 冒泡排序 …… 83
5.3.2 快速排序 …… 85
5.4 “学生成绩选择排序”实例 …… 87
5.4.1 直接选择排序 …… 88
5.4.2 堆排序 …… 90
5.5 其他排序介绍 …… 95
5.5.1 有序序列的合并 …… 95
5.5.2 二路归并排序 …… 96
*5.5.3 基数排序 …… 98
5.6 各种排序的比较 …… 99
小结 …… 101
思考与练习 …… 102
第 6 章 查找 …… 104
6.1 “学生成绩不及格的查找”实例 …… 104
6.1.1 顺序查找 …… 106
6.1.2 折半查找 …… 107

6.2 “学生成绩及格的查找”实例 109
6.2.1 索引查找的概念 110
6.2.2 分块查找 111
6.3 “学生成绩优秀的查找”实例 112
6.3.1 哈希表与哈希方法 113
6.3.2 哈希函数的构造方法 115
*6.3.3 处理冲突的方法 117
6.3.4 哈希表的查找分析 120
小结 120
思考与练习 121

Ⅱ　树形结构

第 7 章　二叉树 124
7.1 “高校篮球比赛”实例 124
7.1.1 二叉树的基本概念 126
7.1.2 二叉树的主要性质 126
7.1.3 二叉树的存储 128
7.2 “高校篮球总决赛”实例 130
7.2.1 遍历二叉树 131
7.2.2 线索二叉树的定义及结构 133
7.2.3 线索二叉树的基本操作 133
7.3 “学生成绩及格的查找”实例 135
7.3.1 二叉排序树 136
*7.3.2 平衡二叉树 139
7.4 “报文”实例 144
7.4.1 哈夫曼树的基本概念 146
7.4.2 哈夫曼编码 147
小结 147
思考与练习 148
第 8 章　树 150
8.1 “高校教师讲课比赛”实例一 150
8.1.1 树的定义及相关术语 152
8.1.2 树的表示 153
8.1.3 树的基本操作 154
8.1.4 树的存储结构 154
8.2 “高校教师讲课比赛”实例二 156
8.2.1 树转换为二叉树 158
8.2.2 树的遍历 159
8.2.3 森林 159

*8.3 树表动态查找 161
8.3.1 B-树和 B+树 161
8.3.2 键树 167
小结 169
思考与练习 169

Ⅲ 复杂结构

第 9 章 图 172
9.1 “城际铁路”实例 172
9.1.1 图的定义和术语 173
9.1.2 图的存储表示 176
9.2 “游乐园路线”实例 180
9.2.1 图的遍历 181
9.2.2 最小生成树 184
9.2.3 最短路径 189
*9.3 有向无环图的应用 191
9.3.1 拓扑排序 191
9.3.2 关键路径 193
小结 196
思考与练习 196
第 10 章 数组、矩阵和广义表 199
10.1 “学生考勤的全勤天数”实例 199
10.1.1 数组的逻辑结构 199
10.1.2 数组的内存映像 201
10.2 “学生考勤的放假天数”实例 202
10.2.1 对称矩阵 203
10.2.2 三角矩阵 203
10.3 “学生考勤的请假天数”实例 204
10.3.1 稀疏矩阵的三元组表存储 205
*10.3.2 稀疏矩阵的十字链表存储 208
10.3.3 广义表的定义 212
*10.3.4 广义表的存储 213
10.3.5 广义表的运算 214
小结 215
思考与练习 216

Ⅳ 文件结构

第 11 章 文件 220
11.1 文件的基本概念 220

11.1.1　文件及其类别 220
11.1.2　文件记录的逻辑结构和物理结构 221
11.1.3　文件组织与操作 221
11.2　顺序文件 222
11.3　散列文件 223
*11.4　索引文件 224
11.4.1　ISAM 文件 225
11.4.2　VSAM 文件 226
*11.5　多关键字文件 227
11.5.1　多重表文件 228
11.5.2　倒排文件 228
小结 228
思考与练习 229
*第 12 章　外部排序 231
12.1　外部排序的基本思想 231
12.2　外部排序的方法 232
小结 236
思考与练习 236
附录 A “数据结构”实训指导 238
附录 B　教学实验报告参考格式 251
附录 C　课程应用与学习实验 254
附录 D “数据结构”模拟试题 262
各章思考与练习参考答案 270
参考文献 296

第1章 绪　论

【内容提要及目标】

本章首先介绍了数据结构中的几个基本概念和术语，然后以一个简单的C语言程序入手，复习了C语言的基本内容，进而对程序的算法特性、评价标准和时间复杂度分别进行介绍。通过本章学习，读者应该掌握以下内容：

- 了解数据结构中常用的基本概念和术语。
- 掌握抽象数据类型的定义、表示和实现方法。
- 熟悉C语言的书写规范。
- 理解算法5个要素的确切含义。
- 掌握计算语句频度和估算算法时间复杂度的方法。

【本章重点及难点】

理解数据结构的逻辑结构、存储结构和数据的运算三方面的概念及相互的关系；算法时间复杂度的分析。

1.1 数据结构概述

程序设计是计算机学科各个领域的基础。在计算机发展的早期，程序设计所处理的数据都是整型、实型等简单数据，绝大多数的应用软件都是用于数值计算。随着信息技术的发展，计算机逐渐进入到金融、商业、管理、通信以及制造业等各个行业，广泛地应用于数据处理和过程控制，计算机加工处理的对象也由纯粹的数值型数据发展到字符、表格和图像等各种具有一定结构的数据，这就给程序设计带来一些新的问题。随之，数据结构的概念在这种背景下产生了。

1.1.1 学习数据结构的必要性

数据结构不仅是计算机专业教学计划中的核心课程之一，也是其他非计算机专业的主要选修课之一。数据结构的研究不仅涉及计算机硬件的研究范围，而且还与计算机软件的研究有着密切的联系，无论在编程还是在操作系统，它都涉及数据元素在存储器中的分配问题，以及如何组织数据，使查找和存取数据元素更为方便。学习数据结构这门课程的目的有3个，第一是讲授常用的数据结构，这些数据结构形成了程序员基本数据结构工具箱（Toolkit）。对于许多常见的问题，工具箱里的数据结构是理想的选择。例如，.NET Framework中Windows应用程序开发中的工具箱，程序员可以直接拿来或经过少许的修改就可以使用，非常方便。第二是讲授常用的算法，算法和数据结构一样，是人们在长期实践过程中的总结，程序员可以直接拿来或经过少许的修改就可以使用。我们可以通过算法训练来提高程序设计水平。第三是通过程序设计的技能训练来促进程序员综合能力的提高。

1.1.2 数据结构的基本概念和术语

1. 数据结构实例

为了使大家对数据结构有一个感性的认识，下面先举以下几个例子来说明什么是数据结构。

【例 1.1】高校教师信息管理，如表 1-1 所示。

表 1-1 教师信息表

工号	姓名	性别	授课课程	课程编号	住　址	电　话
10001	匡青青	女	数据结构	2142	北京西路 411 号	86262×××
10002	肖子皓	男	网络操作系统	2335	南京东路 999 号	85966×××
10003	谭辉明	男	C 语言程序设计	0342	西安路 688 号	88138×××
10004	彭明明	男	软件工程	2333	上海路 168 号	88138×××
10005	章小花	女	网络技术	2141	八一大道 21 号	88174×××
…	…	…	…	…	…	…

在表 1-1 中，一行代表一位教师的信息，每位教师的信息由工号、姓名、性别、授课课程、课程编号、住址、电话等组成，一列为一个特征，整个二维表按教师的工号顺序排列，每个教师的信息依据工号的大小存在着前后关系，即工号较小者在前，工号较大者在后，形成线性关系，这是一种典型的数据结构，这种关系可称为线性数据结构。有了模型以后，就可以围绕该模型设计算法，即实现教师信息的添加、修改、删除、检索等操作。

【例 1.2】某高校专业设置情况，如图 1-1 所示。

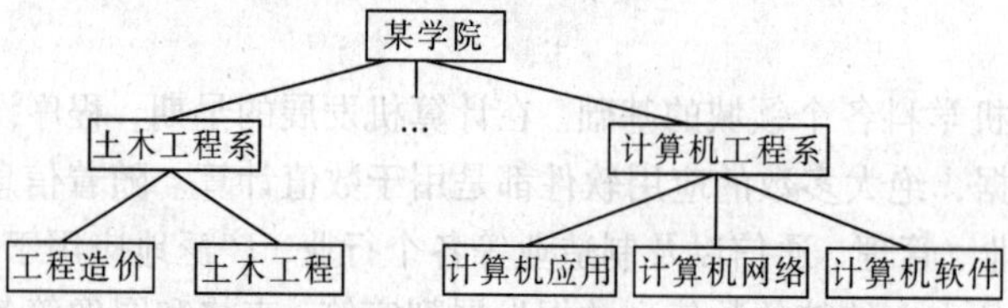

图 1-1 高校专业设置

在图 1-1 中，可以把“某学院”看成是树根，把下设的若干个系看成是它的树枝中间结点，把每个系的若干专业方向看成是树叶，这就形成一个树形结构。树形结构通常用来表示结点的分层组织，结点之间是一对多的关系，它也是一个典型的数据结构。

【例 1.3】有 7 个城市建立通信网络，用顶点表示城市，边上的权值表示两个城市之间建立通信线路所需花的费用，如图 1-2 所示。

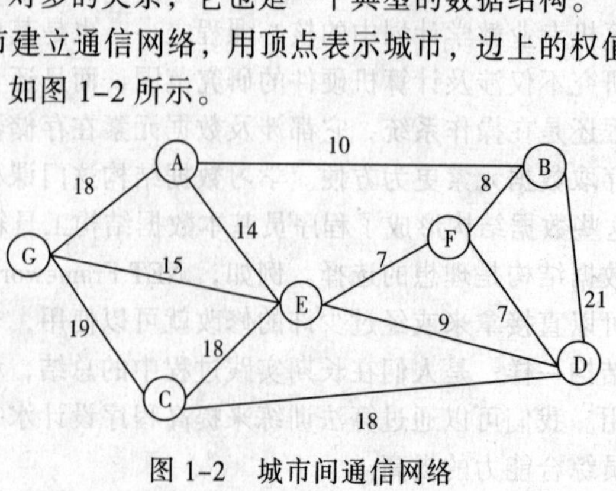

图 1-2 城市间通信网络

在此结构中，数据之间呈现多对多的非线性关系，这也是常用的一种数据结构，通常将其称为图形结构。

2．基本概念和术语

上述 3 个例子都是数据结构的具体实例，那么，数据结构的定义是什么？下面介绍数据结构的基本概念和术语。

（1）数据

数据（Data）是对信息的一种符号表示，是所有能输入到计算机中并被计算机程序处理的符号的总称。通俗地说，凡是能被计算机识别、存储和加工处理的符号，如字符、图形、图像、声音、视频信号等一切信息都可以称为数据。数据是计算机程序加工的“原料”。例如，一个利用数值分析方法解代数方程的程序，其处理的数据是整数和实数；一个文字处理器（例如 Office 办公软件中的 Word）处理的数据是字符串。

（2）数据元素

数据元素（Data Element）是数据的基本单位，在计算机程序中通常作为一个整体进行考虑和处理。数据元素有时也被称为元素、结点、顶点、记录等。一个数据元素可由若干个数据项组成，数据项是数据不可分割的最小单位。例如，在表 1-1 中，把一行作为一个数据元素来看待，那么工号、姓名、性别、授课课程、课程编号、住址、电话等就称为数据项（Data Item），有时也称为字段（Field）或域（Domain）。

（3）数据对象

数据对象（Data Object）是性质相同的数据元素的集合，是数据的一个子集。例如，整数数据对象的集合可表示为 $N=\{\cdots,-2,-1,0,1,2,\cdots\}$，字母字符数据对象的集合可表示为 $C=\{$'a', 'b', 'c', $\cdots\}$。

3．数据结构

数据结构（Data Structure）是指数据元素之间存在着的一种或多种特定关系的集合，这是对数据结构一种简单的定义。具体来说，数据结构是按某种逻辑关系组织起来的一批数据（或称带结构的数据元素的集合），它们应用计算机语言并按一定的表示方式存储在计算机的存储器中。数据结构包括数据的逻辑结构、数据的存储结构、数据的运算 3 个方面的内容，如图 1-3 所示。

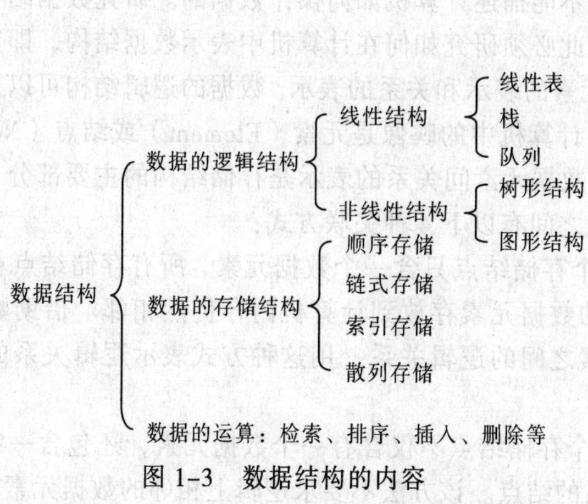

图 1-3　数据结构的内容

（1）数据的逻辑结构

逻辑关系是指数据元素之间的关联方式，数据元素之间逻辑关系的整体称为逻辑结构，数据的逻辑结构就是数据的组织形式。从逻辑上划分，数据结构分为线性结构和非线性结构。

① 线性结构：数据元素之间为一对一的线性关系，第一个元素无直接前驱，最后一个元素无直接后继，其余元素只有唯一的一个前驱和唯一的一个后继。

② 非线性结构：数据元素之间为一对多或多对多的非线性关系，每个数据元素有多个直接前驱或者多个直接后继。

此外，又可根据数据元素之间关系的不同特性，将数据结构划分为 4 种类型，如图 1-4 所示。

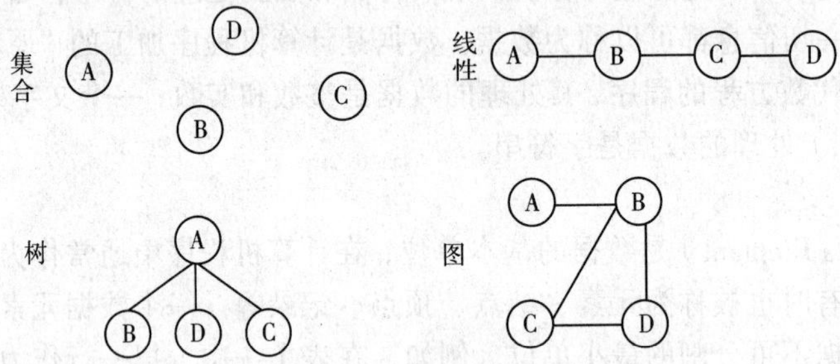

图 1-4　4 种基本数据结构

① 集合（Set）：结构中的数据元素除了存在“同属于一个集合”的关系外，不存在任何其他关系。

② 线性结构（Linear Structure）：结构中的数据元素之间存在一对一的关系，即有且仅有一个开始和一个终端结点，并且所有结点都最多只有一个直接前驱和一个后继。例如，线性表、栈、队列都属于线性结构。

③ 树形结构（Tree Structure）：结构中数据元素之间存在一对多的关系。

④ 图状结构（Graphic Structure）：结构中数据元素之间存在多对多的关系。

由于集合中元素的关系极为松散，可用其他数据结构来表示，数据结构的形式化定义为：

数据结构（Data Structure）简记为 DS，是一个二元组 DS = (D, R)。其中，D 是数据元素的有限集合，R 是数据元素之间关系的有限集合。

（2）数据的存储结构

数据的逻辑结构是不能描述计算机如何操作数据的。研究数据结构的目的是为了在计算机中实现对它的操作，因此必须研究如何在计算机中表示数据结构，即数据的存储结构（又称物理结构），它包括数据元素的表示和关系的表示。数据的逻辑结构可以通过映像得到与它对应的存储结构，数据元素在计算机中的映像是元素（Element）或结点（Node），数据项的映像称为数据域（Data Filed）。数据元素间关系的表示是存储结构的主要部分，它由存储结点之间的关联方式表达。存储结点之间有以下 4 种关联方式：

① 顺序存储：每个存储结点只含一个数据元素，所有存储结点相继存放在一个连续的存储区里，逻辑上相邻的数据元素存放到计算机内存仍然相邻。借助数据元素在存储器中的相对位置来表示数据元素之间的逻辑关系，用这种方式表示逻辑关系的存储结构称为顺序存储结构。

② 链式存储：每个存储结点不仅含有一个数据元素，还包含一组指针，每个指针指向一个与本结点有逻辑关系的结点。该方法不要求逻辑上相邻的数据元素在物理位置上也相邻，数

据元素之间的逻辑关系是由附加的指针表示的。

③ 索引存储：每个存储结点只包含一个数据元素，所有存储结点连续存放，此外使用该方式存放元素的同时，还需建立附加的索引表，索引表中的每一项称为索引项。索引项的一般形式是：（关键字、索引），其中的关键字是能唯一标识一个结点的数据项，索引指示各存储结点的存储位置或位置区间端点。

④ 散列存储：每个存储结点只包含一个数据元素，各个结点均匀分布在存储区里。该方法的基本思想是通过构造散列函数，根据结点的关键字直接计算出该数据元素的存储地址。

上述 4 种基本的存储方法，既可以单独使用，也可以组合起来对数据结构进行存储映像。同一种逻辑结构采用不同的存储方法，可以得到不同的存储结构。选择何种存储结构来表示相应的逻辑结构，视具体要求而定，主要考虑运算方便及算法的时空要求。

如何描述存储结构？虽然存储结构涉及数据元素及其关系在内存中的物理位置，但由于是在高级程序语言的层次上讨论数据结构的操作，因此，不直接以内存地址来描述存储结构，而借用高级语言中提供的“数据类型”来描述它。例如，顺序存储结构用数组来描述，链式存储结构利用指针来描述。在实际程序设计过程中，针对一种数据的逻辑结构，所选择的存储结构会影响到具体算法的设计。也就是说，在设计具体算法之前，必须先确定存储结构。在 C 语言中，一般使用 typedef 语句来为存储结构定义新的数据类型名字。

数据的逻辑结构和物理结构是密切相关的两个方面，任何一个算法的设计取决于选定的数据（逻辑）结构，而算法的实现依赖于所采用的存储结构。

（3）数据的运算

数据的运算是指对数据施加的操作。运算的定义取决于逻辑结构，运算的实现必依赖于存储结构。由于运算只描述处理功能，不包括处理步骤和方法，因此运算实现的核心是处理步骤的规定，即算法的设计。

1.1.3　数据类型与抽象数据类型

1. 数据类型

数据类型（Data Type）是和数据结构密切相关的一个概念，几乎所有高级语言都提供这一概念。数据类型是一个值的集合，以及在这个集合上定义的一组操作的总称。例如，C 语言中的整型变量，其值集为某个区间上的整数（区间大小依赖于不同的机器），定义在其上的操作为：加、减、乘、除和取模等运算。

按“值”是否可分解，可以把数据类型分为两类：

① 原子类型：其值不可分解，比如 C 语言的基本类型（如整型、字符型、实型）、指针类型和空类型。

② 结构类型：其值可分解成若干成分（或称分量），比如 C 语言的数组类型、结构类型等。结构类型的成分可以是原子类型，也可以是某种结构类型，我们可以把数据类型看做程序设计语言已实现的数据结构。

引入数据类型的目的，从硬件角度考虑，是作为解释计算机内存中信息含义的一种手段；对用户来说，实现了信息的隐蔽，即将一切用户不必了解的细节都封装在类型中。例如，用户在使用整数类型时，既不需要了解整数在计算机内如何表示，也不必了解其操作（如两个整数相加）在硬件中是如何实现的。

2. 抽象数据类型

抽象数据类型（Abstract Data Type，ADT）是指一个数学模型以及定义在该模型上的一组操作。抽象数据类型的定义取决于它的一组逻辑特性，而与其在计算机内部如何表示和实现无关。即不论其内部结构如何变化，只要它的数学特性不变，都不影响其外部的使用。

抽象数据类型和数据类型实质上是一个概念。例如，整数类型是一个 ADT，其数据对象是指能容纳的整数，基本操作有加、减、乘、除和取模等。尽管它们在不同处理器上的实现方法可以不同，但其定义的数学特性相同，在用户看来都是相同的。因此，“抽象”的意义在于数据类型的数学抽象特性。

但在另一方面，抽象数据类型的范畴更广，它不再局限于前述各处理器中已定义并实现的数据类型，还包括用户在设计软件系统时自己定义的数据类型。为了提高软件的重用性，在现在的程序设计方法学中，要求在构成软件系统的每个相对独立的模块上，定义一组数据和施于这些数据上的一组操作，并在模块的内部给出这些数据的表示及其操作的细节，而在模块的外部使用的只是抽象的数据及抽象的操作。这就是面向对象的程序设计方法。

抽象数据类型的定义可以由一种数据结构和定义在其上的一组操作组成，而数据结构又包括数据元素间的关系，因此抽象数据类型一般可以由元素、关系及操作 3 种要素来定义。

3. 抽象数据类型的表示

本书按以下格式表示抽象数据类型：

ADT 抽象数据类型名
数据元素集合：
数据元素集合的定义
基本操作：
基本操作的定义

其中，数据元素用自然语言描述，基本操作用伪码描述，并规定基本操作的格式为：

中文名（操作名）：含义

【例 1.4】抽象数据类型“字符串”的定义。

ADT String
数据元素集合：
字符的一个有限序列。
基本操作：
求串长（StrLen）：求取字符串中字符的个数。
求子串（SubStr）：获取字符串中的一个连续字符序列。
求位串（Index）：定位子串在主串中第一次出现的位置。
求连接（Concat）：连接两个字符串形成一个新串。
求比较（StrCmp）：比较两个串的大小。
求空串（StrEmpty）：判断所给字符串是否为空串。
求替换（StrReplace）：替换字符串中指定的所有子串。

1.2　"HELLO,WORLD!"程序实例

【实例目的】

了解 C 语言上机环境，掌握 Turbo C 系统中各菜单的使用方法；熟悉 C 语言的编写风格及 C 语言程序基本框架。

【实例内容】

编写程序，输出“HELLO,WORLD!”。

【实例步骤】

参考附录 A，双击桌面上的 Turbo C 快捷图标，输入“HELLO,WORLD!”的 C 语言应用程序代码。为了使读者更清楚地了解程序的执行过程，下面给出编辑、编译和运行的具体步骤。

① 编辑程序。在 Turbo C 2.0 编译界面中按 Alt+F 组合键，选择 New 命令，然后输入源程序，如图 1-5 所示。

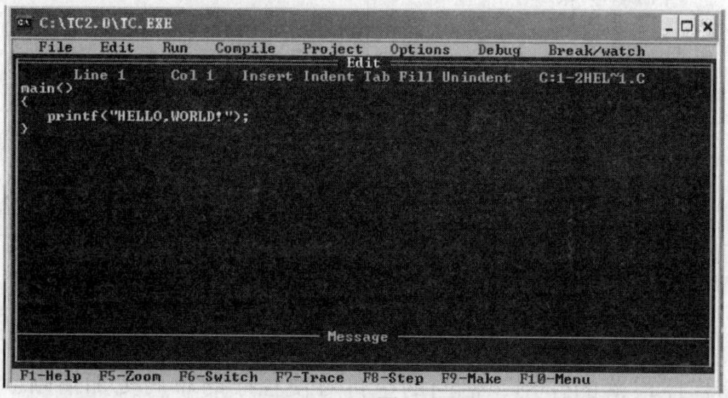

图 1-5　源代码界面

② 编译和运行程序，运行结果如图 1-6 所示。最后保存好程序。

图 1-6　运行结果界面

1.2.1　C 语言的编写风格

一个编写规范的程序便于人们阅读、交流与调试。可读性好有助于人们对算法的理解，晦

涩难懂的算法易于隐藏错误而且难以调试和修改。

在此，提供几个在程序编写上提高可读性的方法，以帮助读者建立起良好的编写风格。

1. 注释

一个良好的程序，除了程序本身外，最重要是要有一个完整的程序说明文件。一个没有注释的程序，常常会让负责维护的程序员搞不清原设计者的设计目的。而一个注释完整的程序，除了自己阅读和排错上方便外，更容易让读者读懂。因此，通常选择在重要的程序语句后面加上相应的注释内容。

C 语言的注释符为“/*…*/”，注释通常用于：

① 版本、版权声明；

② 函数接口说明；

③ 重要的代码行或段落提示。图 1-7 所示为一个程序注释的示例。

/*
* 函数介绍:
* 输入参数:
* 输出参数:
* 返回值:
*/
void fun1(int a, int b)
{
  …
}
	if (…)
	{
	  …
	  while (…)
	  {
	    …
	  } /*end of while */
	  …
	} /*end of if */

图 1-7 程序的注释

2. 空行

空行起着分隔程序段落的作用，恰当的空行可使程序的布局更加清晰。通常，在每个类型声明之后和每个函数定义结束之后都要加空行，如图 1-8（a）所示。在一个函数体内部，逻辑上密切相关的语句之间不加空行，其他地方应加空行分隔，如图 1-8（b）所示。

/* 空行 */
void fun1(int a, int b)
{
  …
}
/* 空行 */
void fun2(int m, int n)
{
  …
}
/* 空行 */
void fun3(int x, int y)
{
  …
}
	/* 空行 */
	while (…)
	{
	  statement1;
	  /* 空行 */
	  if (…)
	  {
	    statement2;
	  }
	  else
	  {
	    statement3;
	  }
	/* 空行 */
	statement4;
	}

（a）函数之间的空行	（b）函数内部的空行

图 1-8 空行的使用

3. 代码行

一般来说，一行代码只做一件事情。例如，只定义一个变量，或只写一条语句，这样的代码容易阅读，并且方便于写注释。if、for、while、do 等语句自占一行，执行语句不得紧跟其后，不论执行语句有多少都要加{}。这样可以防止书写失误。

代码行示例如图 1-9 所示，其中图 1-9（a）所示为风格良好的代码行示例，图 1-9（b）所示为风格不良的代码行示例。

（a）风格良好的代码行	（b）风格不良的代码行
int width; /* 宽度 */ int height; /* 高度 */ int depth; /* 深度 */	int width,height,depth; /*宽度、高度、深度 */

a=i+j;
b=m+n;
c=x+y;
	a=i+j; b=m+n; c=x+y;

if (x<y)
{
    …
}
	if (x<y) { … }

for(…)
{
    …
}
/* 空行 */
Other() ;
	for(…) { … }
	Other() ;

图 1-9 代码行示例

4. 对齐

程序的分界符“{”和“}”应独占一行并且位于同一列，同时与引用它们的语句左对齐。“{}”之内的代码块在“{”右边数格处左对齐。

对齐的应用示例如图 1-10 所示，其中图 1-10（a）所示为风格良好的对齐示例，图 1-10（b）所示为风格不良的对齐示例。

5. 变量命名

变量是程序中用于记录中间变量、输入值或输出结果的一个内存位置，变量所象征的意义正如同该变量在程序中所代表的意义。如果想要编写一个计算学生成绩的程序，程序中需要用户输入学生学号、语文成绩、英语成绩、数学成绩，最后再计算出这 3 科的平均成绩。此时程序中的变量声明为：

```
int a ;
int b1,b2,b3 ;
int c;
```

以上的定义没有人会看懂这几个变量所代表的意义，就算在程序之初就注明 a 是代表学生学号、b1 代表语文成绩、b2 代表英语成绩、b3 代表数学成绩，c 代表 3 门学科的平均成绩，在程序中，也会很容易忘记某变量代表什么。如果把这 4 个变量声明为：

```
int StudentNum;     /* 学生学号 */
int Chinese;        /* 语文成绩 */
int English;        /* 英语成绩 */
int Math;           /* 数学成绩 */
```

```
int  Average;        /* 科平均 */
```

这样定义就比较清楚易懂。因为变量的声明通常会在某一个特定的区域（如程序开头），如果在变量之后再加上一些注释说明，这样在编写或修改程序之际，变量声明的区域就像是一个小字典，提供给我们所有在此程序中的输入和输出信息。

（a）风格良好的对齐	（b）风格不良的对齐

void fun1(int x)
{
  … /* program code */
}
	void fun1(int x){
	  … /* program code */
	}

if (x>y)
{
  … /* program code */
}
else
{
  … /* program code */
}
	if (x>y){
	  … /* program code */
	}
	else{
	  … /* program code */
	}

for(i=0; i<n; i++)
{
  … /* program code */
}
	for(i=0; i<n; i++){
	  … /* program code */
	}

while (x>y)
{
  … /* program code */
}
	while (x>y){
	  … /* program code */
	}

如果出现嵌套的{ }，则使用缩进对齐，比如:
{
…
  {
    …
  }
…
}
	出现嵌套的{ }:
	{
	…
	{
	…
	}
	…
	}

图 1-10　对齐应用示例

1.2.2　C 语言预备知识

1. 指针与引用

指针变量是一种特殊的变量，该变量用来保存一个指针值。定义一个指针变量的格式为：

```
数据类型符 *指针变量名称;
```

其中，数据类型符是指该指针变量可以用来保存相同类型变量的指针。

&运算符也称为地址运算符，在一个变量前加&运算符，表示该变量的指针；*运算符称为指针运算符，在一个指针变量前加*，表示该指针所指向的内存单元的值。也就是说，指针变量保存的是一个内存的起始地址值，指针变量加*后表示该地址对应的存储单元的值。

C 语言规定，指针变量也可以定义为 void 型。例如：

```
void  *p;
```

这里 p 仍然是一个指针变量，有自己的内存空间，占用 2 字节（2B），但是不指定 p 指向哪种类型的变量。下面的例子利用指针变量存取数组的一个元素。

```
main( )
```

```
{
    int a[3]={1,2,3},*p;
    p=&a[2];
    printf("*p=%d", *p);
}
```

程序运行结果为：

```
*p=3
```

在这个例子中，指针变量 p 存放的是数组元素 a[2]的地址，因此用*操作符取其对应的内存内容时，得到整数 3。

引用就是某一变量（目标）的一个别名，对引用的操作与对变量直接操作完全一样。

引用的声明方法：

```
类型标识符 &引用名=目标变量名;
```

例如：

```
int a;
int &b=a;        /* 定义引用 b，它是变量 a 的引用，即别名 */
```

说明：

① &在此不是求地址运算，而是起标识作用。

② 类型标识符是指目标变量的类型。

③ 声明引用时，必须同时对其进行初始化。

④ 引用声明完毕后，相当于目标变量名有两个名称，即该目标原名称和引用名，且不能再把该引用名作为其他变量名的别名。例如：

```
b=1; 等价于 a=1;
```

⑤ 声明一个引用，不是新定义了一个变量，它只表示该引用名是目标变量名的一个别名，它本身不是一种数据类型，因此引用本身不占存储单元，系统也不给引用分配存储单元。故对引用求地址，就是对目标变量求地址，&b 与&a 相等。

⑥ 不能建立数组的引用。因为数组是一个由若干个元素所组成的集合，所以无法建立一个数组的别名。

⑦ 不能建立引用的引用，不能建立指向引用的指针。由于引用不是一种数据类型，所以没有引用的引用，没有引用的指针。例如：

```
int n;
int &&m=n;  /*  错误，编译系统把“int &”看成一体，把“&m”看成一体，即建立了引用的
                引用，引用的对象应当是某种数据类型的变量  */
int &*p=n;  /*  错误，编译系统把“int &”看成一体，把“*p”看成一体，即建立了指向引
                用的指针，指针只能指向某种数据类型的变量  */
```

⑧ 值得一提的是，可以建立指针的引用。例如：

```
int *p;
int *&q=p;    /* 正确，编译系统把“ int * ”看成一体，把“&q”看成一体，即建立指针
p 的引                 用，即给指针 p 起别名 q  */
```

2. 结构体

结构体（Struct）也称结构，是由一系列具有相同类型或不同类型的数据构成的数据集合。

在 C 语言中，可以定义结构体类型，将多个相关的变量包装成为一个整体使用。在结构体中的变量，可以是相同、部分相同或完全不同的数据类型。但在 C 语言中，结构体不能包含函

数。在面向对象的程序设计中，对象具有状态（属性）和行为，状态保存在成员变量中，行为通过成员方法（函数）来实现。C 语言中的结构体只能描述一个对象的状态，不能描述一个对象的行为。

C 语言中引入结构体的主要目的是为了将具有多个属性的事物作为一个逻辑整体来描述，从而允许扩展 C 语言数据类型。作为一种自定义的数据类型，在使用结构体之前，必须对它进行定义。结构体定义的语法形式如下：

```
struct 结构体标识符
{
  成员变量列表;
  …
};
```

其中，struct 为系统关键字（Keyword），说明当前定义一个新的结构体类型。结构体标识符遵循 C 语言标识符命名规则。在“{ }”之间通过分号分隔的变量列表称为成员变量（Structure Member），用于描述此类事物的某一方面特性。成员变量可以为基本数据类型（如 int、float）、数组和指针类型，也可以为结构体。由于不同的成员变量分别描述事物某一方面的特性，因此成员变量不能重名。

为了描述三维世界中的坐标点，可以定义结构体 struct Point：

```
struct  Point
{
  double  x;                          /*x 坐标*/
  double  y;                          /*y 坐标*/
  double  z;                          /*z 坐标*/
};
```

描述三维世界中的直线信息可以用结构体 struct Line：

```
struct Line
{
  struct Point StartPoint;            /*起始点*/
  struct Point EndPoint;              /*结束点*/
};
```

结构体 struct Line 两个成员变量均为 struct Point 类型。

1.3 “数组元素排序”实例

【实例目的】

了解算法的特性，理解算法的时间复杂度及空间复杂度，掌握算法的评价标准。

【实例内容】

假设有一个数组 *a*，包括 *n* 个整数类型的数据元素，求该数组从小到大的顺序进行排列的时间复杂度。

【实例步骤】

启动 TC 快捷方法，输入时间复杂度的 C 语言应用程序代码。为了使读者更清楚地了解程序的执行过程，下面给出编辑、编译和运行的具体步骤。

① 编辑程序。在 Turbo C 2.0 编译界面中按 Alt+F 组合键，选择 New 命令，然后输入源程序，如图 1-11 所示。

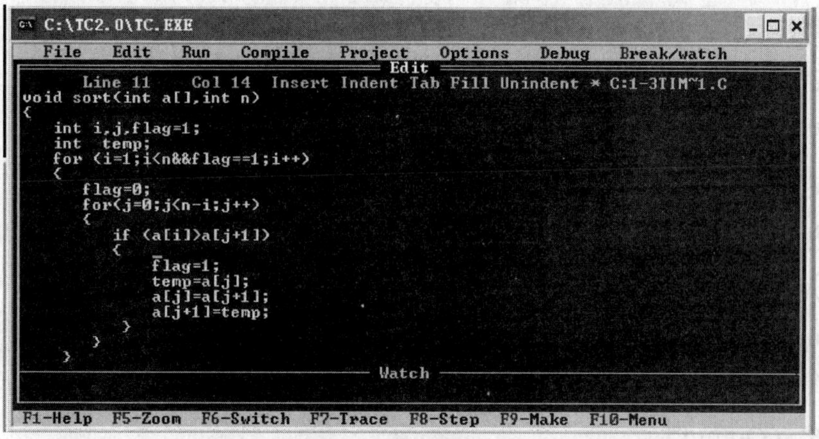

图 1-11 源代码界面

分析：这个算法的时间复杂度与待排序数据的不同而不同。如果某一次排序过程中没有任何两个数组元素交换位置，会因 flag=0 不满足循环条件而使最外层的循环结束，元素排序完成。但是，在最坏的情况下，每次排序过程中都至少有两个数组元素交换位置，因此应按最坏的情况计算该算法的时间复杂度。

设基本语句的执行次数为 $f(n)$，最坏情况有 $f(n)\approx 4(n-1)[(n-1)+1]/2=2n^2-2n$。

所以，该算法的时间复杂度为 $T(n)=f(n^2)$。

② 编译和运行程序，运行结果如图 1-12 所示。最后保存好程序。

图 1-12 运行结果界面

【实例相关知识点】

算法与数据结构和程序的关系非常密切，进行程序设计时，先确定相应的数据结构，然后根据数据结构和问题的需要设计相应的算法。由于篇幅所限，下面只从算法的特性、算法的评价标准和算法的算法度量及分析等 3 个方面进行介绍。

1.3.1 算法的特性

算法（Algorithm）是对某一特定类型的问题的求解步骤的一种描述，是指令的有限序列，其中的每条指令表示一个或多个操作。一个算法应该具备以下 5 个特性：

1．有穷性（Finity）

一个算法总是在执行有穷步之后结束，即算法的执行时间是有限的。

2．确定性（Unambiguousness）

算法的每一个步骤都必须有确切的含义，即无二义，并且对于相同的输入只能有相同的输出。

3．输入（Input）

一个算法具有零个或多个输入。它即是在算法开始之前给出的量。这些输入是某数据结构中的数据对象。

4．输出（Output）

一个算法具有一个或多个输出，并且这些输出与输入之间存在着某种特定的关系。

5．可行性（Realizability）

算法中的每一步都可以通过已经实现的基本运算的有限次运行来实现。

1.3.2 算法的评价标准

对于一个特定的问题，采用的数据结构不同，其设计的算法一般也不同，即使在同一种数据结构下，也可以采用不同的算法。那么，对于解决同一问题的不同算法，选择哪一种算法比较合适，以及如何对现有的算法进行改进，从而设计出更适合于数据结构的算法，这就是算法评价的问题。评价一个算法优劣的主要标准如下：

1．正确性（Correctness）

算法的执行结果应当满足预先规定的功能和性能的要求，这是评价一个算法的最重要也是最基本的标准。算法的正确性还包括对于输入、输出处理的明确而无歧义的描述。

2．可读性（Readability）

算法首先是为了人的阅读和交流，其次才是机器的执行。一个算法应当思路清晰、层次分明、简单明了、易读易懂。即使算法已转变成机器可执行的程序，也需要考虑人能较好地阅读理解。同时，一个可读性强的算法也有助于对算法中隐藏错误的排除和算法的移植。

3．健壮性（Robustness）

一个算法应该具有很强的容错能力，当输入不合法的数据时，算法应当能做适当的处理，避免引起严重的后果。健壮性要求表明算法要全面细致地考虑所有可能出现的边界情况和异常情况，并对这些边界情况和异常情况做出妥善的处理，尽可能使算法没有意外情况发生。

4．时间效率（Running Time）

运行时间是指算法在计算机上运行所花费的时间，它等于算法中每条语句执行时间的总和。对于同一个问题如果有多个算法可供选择，应尽可能选择执行时间短的算法。一般来说，执行时间越短，性能越好。

5. 空间存储量需求（Storage Space）

占用空间是指算法在计算机上存储所占用的存储空间，包括存储算法本身所占用的存储空间、算法的输入及输出数据所占用的存储空间和算法在运行过程中临时占用的存储空间。算法占用的存储空间是指算法执行过程中所需要的最大存储空间，对于一个问题，如果有多个算法可供选择，应尽可能选择存储量需求低的算法。实际上，算法的时间效率和空间效率经常是一对矛盾，相互抵触。我们要根据问题的实际需要进行灵活处理，有时需要牺牲空间来换取时间，有时需要牺牲时间来换取空间。

1.3.3 算法度量及分析

对于一个问题可以有多种算法，如在第 5 章介绍的排序，有多达 8 种算法。那么如何来衡量哪种算法最有效？或者优于目前已知的算法？人们一般从两个方面来衡量,一个是时间效率，即算法处理数据时所花费的时间，用时间复杂度来表示；另一个是空间效率，即算法所需求的存储量的大小，用空间复杂度来表示。但二者往往有冲突，不能同时兼顾，一般取时间效率，时间效率被认为更重要一些。

1. 时间复杂度分析

对于解决同一个问题的算法，执行时间短的显然比执行时间长的时间效率高，即执行时间短的算法比执行时间长的算法时间复杂度要低。那么算法执行时间的长短如何度量？一种方法是编制一个程序实现这个算法，然后输入不同的数据运行这个程序，测定该程序运行的时间被称为事后统计法。这种方法的缺陷非常明显，一是必须编制程序和运行程序，非常耗费时间，也比较麻烦；二是受到的约束条件比较多，比如运行程序的计算机软硬件条件、使用的编程语言等，有时这些会掩盖算法本身的优劣。

另一种方法是分析算法运行的时间，称为事前分析法。它不是上机运行依算法编制的程序，而是分析影响算法执行时间的各种因素，从而估算出算法执行的时间。其中，一个最重要的因素是输入算法的数据量（称为问题规模）。例如，一个查找单词的算法，在 100 个单词中查找某个单词与在 10 万个单词中查找某个单词所花费的时间肯定是不同的。因此，一个算法的执行时间 T 可被表示为问题规模 n 的一个函数 $T(n)$。

除了问题规模以外，实现算法的程序设计语言、源程序编译后产生的机器代码的质量、机器执行指令的速度等都会影响算法的执行时间。因此，不可能将 $T(n)$表达为算法实际执行的时间，一般用算法中语句被执行的次数来表示算法的时间效率（算法的时间复杂度）。可用下面的例子来说明。

【例 1.5】下面的算法用来求 $1+2+3+\cdots+n$，试分析算法的时间复杂度。

```
    int Sum1 (int n)
{
    int i, sum=0;
    for(i=0; i<n; i++)
       sum=sum+i;
    return sum;
```

```
}
```

以上语句(1)被执行了 1 次，语句(2)被执行了 $n+1$ 次，语句(3)被执行了 n 次，语句(4)被执行了 1 次。因此，该算法执行的时间复杂度为 $T(n)=2n+3$，并且随着问题规模 n 的增长，$T(n)$也随 n 成比例增长。因此，称 $T(n)$是 n 数量级。

【例 1.6】下面是求 $1+2+3+\cdots+n$ 的另一个算法，试分析算法的时间复杂度。

```
int Sum2 (int n)
{
 (1)   int sum=0;
 (2)   sum=(1+n) * n/2;
 (3)   return sum;
}
```

以上语句(1)被执行了 1 次，语句(2)被执行了 1 次，语句(3)被执行了 1 次。因此，该算法执行的时间复杂度为：$T(n)=3$，它不随输入数据量 n 的增长而增长，所以称 $T(n)$是常量级。

通过这两个例子可以看出，虽然用算法中语句执行的次数并不能精确地描述算法的时间复杂度，但是当两个算法的语句执行次数相差较大时，可以明确地说，例 1.6 的算法比例 1.5 的算法运行得快。

那么，是否有必要精确计算算法中语句的执行次数？肯定是没有必要的。在有些情况下很难精确计算出语句执行的次数，再说也没有必要精确计算语句执行的次数，只需要知道 $T(n)$ 是什么数量级的就足够了。例如，对于 $T(n)=n^2+10n+100$，当 $n>100$ 时，第 1 项所占比重较大，第 2 项次之、第 3 项可以忽略；当 $n>1\,000$ 时，第 1 项占绝对多数，第 2 项和第 3 项都可以忽略。因此，常忽略一些次要语句的执行次数，只对那些重要的语句和执行最频繁的语句进行计数。同时，对计算结果中的次要项予以忽略，只保留主要项，给出数量级，这种表示方式就是渐进时间复杂度。渐进时间复杂度通常用 O（Order）表示法来表示，下面就给出其具体的定义。

当且仅当存在正整数 c 和 N，使得对所有的 $n\geqslant N$，有 $T(n)\leqslant cf(n)$成立，则称 $T(n)$为 $O(f(n))$，记为 $T(n)=O(f(n))$。即算法的渐进时间复杂度的大 O 表示为 $T(n)=O(f(n))$。渐近时间复杂度常简称为时间复杂度。

O 表示随问题规模 n 的增加，算法的时间复杂度 $T(n)$与函数 $f(n)$具有相同的数量级。例如，对于例 1.5，$T(n)=O(n)$，即 $T(n)$是 n 数量级，因为当 $n\geqslant 2$ 时，有 $f(n)\leqslant 5n$，所以可选 $N=2$，$c=5$。

2. 常见的时间复杂度

① 常量阶。算法的时间复杂度为常量，它不随问题规模 n 的大小而改变，记为 $T(n)=O(1)$。

【例 1.7】求以下算法的时间复杂度。

```
void print( )
{
   int  i =30;
   i++;
   printf("%d", i);
}
```

算法的重要语句为“i++”，它与问题的规模 n 无关，因此算法的时间复杂度为 $T(n)=O(1)$。

② 线性阶。算法的时间复杂度与问题规模 n 成线性关系，记为 $T(n)=O(n)$。

【例 1.8】求以下计算 Fibonacci 数列算法的时间复杂度。

```
void fibonacci (int n)
```

```
{
    int fn,f0,f1,i;
    f0=0;
    f1=1;
    for(i=2; i<=n; i++)
    {
        fn=f0 +f1;
        printf ("%d\t", fn);
        f0=f1;
        f1=fn;
    }
}
```

算法的重要语句为“fn=f0+f1;”，其执行次数 $f(n)=n-1\leqslant n$，因此算法的时间复杂度为 $T(n)=O(n)$。

③ 平方阶和立方阶。算法的时间复杂度与问题规模 n 成平方或立方关系，记为 $T(n)=O(n^2)$ 或 $O(n^3)$。

【例 1.9】求以下算法的时间复杂度。

```
void sum (int n)
{
    int i, j;
    int temp, s =0;
    for(i=1; i<=n; i++)
    {
        temp =1;
        for(j=1; j<=i; j++)
            temp * = j;
        s+= temp;
        printf("%d\t", s);
    }
}
```

算法的重要语句为“tmp * = j”，其执行次数 $f(n) =1+2+\cdots+n =n(n+1)/2\leqslant n^2$，因此算法的时间复杂度为 $T(n)=O(n^2)$。

④ 对数阶。算法的时间复杂度与问题规模 n 成对数关系，通常以 2 为底，记为 $T(n)=O(\log_2 n)$。

【例 1.10】求以下算法的时间复杂度。

```
void print (int n)
{
    int i;
    for (i=1; i<=n; i*=2)
    printf ("%d\t", i);
}
```

算法的重要语句为“printf ("%d\t", i);”，对执行次数 $f(n)$有 $2^{f(n)}\leqslant n$，即 $f(n)\leqslant\log_2 n$，因此算法的时间复杂度为 $T(n) =O(\log_2 n)$。

⑤ 其他。算法的时间复杂度还有指数阶 $O(2^n)$、阶乘阶 $O(n!)$等。

按数量级递增排列，常见的时间复杂度有：常数阶 $O(1)$、对数阶 $O(\log_2 n)$、线性阶 $O(n)$、

线性对数阶 $O(n\log_2 n)$、平方阶 $O(n^2)$、立方阶 $O(n^3)$、…、k 次方阶 $O(n^k)$、指数阶 $O(2^n)$、阶乘阶 $O(n!)$、$O(n^n)$。显然，随着问题规模 n 的不断增大，上述时间复杂度不断增大，算法的执行效率越低。

3. 最坏情况下的时间复杂度

对于有些算法来说，时间复杂度除了与问题规模 n 有关以外，还与算法的输入项有关。用下面的例子加以说明。

【例 1.11】以下为计算 n 个元素的最大值的算法，试计算它的时间复杂度。

```
int max (int a[ ], int n)
{
    int i,m;
    m=a[0];
    for(i=1; i<n; i++)
      if(a[i]>m)
        m=a[i];
    return m:
}
```

算法的关键操作为“m=a[i];”，其执行的次数与输入的 n 个元素有关。如果第一个元素即为最大值，则执行次数为 0，时间复杂度为 $O(1)$，称为最好情况下的时间复杂度；如果最后一个元素为最大值，则执行次数为 $n-1$ 次，时间复杂度为 $O(n)$，称为最坏情况下的时间复度；如果最大值出现的位置是随机的（等概率情况下），则执行次数为 $n/2$ 次，时间复杂度 $O(n)$，称为平均情况下的时间复杂度。如果不作特别说明，通常取最坏情况下的时间杂度，即 $O(n)$。

4. 空间复杂度分析

与时间复杂度类似，算法的空间复杂度（Space Complexity）是对一个算法在运行过程中临时占用存储空间大小的度量，记作为 $S(n)=O(f(n))$。

一般所讨论的是除正常占用内存开销外的辅助存储单元规模，讨论方法与时间复杂度类似，不再赘述。

小　结

数据项是具有独立含义的最小标识单位，有时也称域或字段，其数据可以是一个原子类型，也可以是结构类型。

数据元素是数据的一个基本单位，在计算机程序中通常作为一个整体进行考虑和处理。数据元素有时也被称为元素、结点、顶点、记录等，它通常由若干个数据项组成。

数据结构是指数据元素之间存在着的一种或多种特定关系的集合，它包括数据的逻辑结构、数据的存储结构、数据的运算 3 个方面的内容。从逻辑上讲，数据有集合结构、线性结构、树结构和图结构 4 种；从物理实现上讲，数据有顺序结构、链式结构、索引结构和散列结构 4 种；从理论上讲，任一种数据逻辑结构都可以用任何一种存储结构来实现。

数据类型有两种，即原子类型（如整型、字符型、实型、布尔型等）和结构类型，原子类型不可再分解，结构类型由原子类型或结构类型组成。

在集合结构中，不考虑数据之间的任何关系，它们处于无序的、各自独立的状态。在线性结构中，数据之间是一对一的关系；在树结构中，数据之间是一对多的关系。在图结构中，数据之间是多对多的关系。

算法的评价指标主要为正确性、可读性、健壮性、时间效率和空间存储量需求 5 个方面。时空效率就是时间复杂度和空间复杂度。

思考与练习

一、单选题

1. 以下说法中，正确的是（　　）。
   A．数据元素是数据集合中的个体　　B．数据元素均由数据项组成
   C．数据项是数据的基本单位　　D．数据元素是数据的最小单位
2. 数据结构被形式地定义为(K, R)，其中 K 是 ___（1）___ 的有限集合，R 是 K 上的 ___（2）___ 有限集合。
   （1）A．算法　　B．数据元素　　C．数据操作　　D．逻辑结构
   （2）A．操作　　B．映像　　C．存储　　D．关系
3. 在数据结构中，从逻辑上可以把数据结构分成（　　）。
   A．线性结构和非线性结构　　B．紧凑结构和非紧凑结构
   C．动态结构和静态结构　　D．内部结构和外部结构
4. 通常要求同一逻辑结构中的所有数据元素具有相同的特性，这意味着（　　）。
   A．每个数据元素都一样
   B．数据元素具有同一特点
   C．数据元素所包含的数据项的个数要相等
   D．不仅数据元素所包含的数据项的个数要相同，而且对应数据项的类型要一致
5. 算法是指（　　）。
   A．程序　　B．计算方法
   C．操作的描述　　D．问题求解步骤的描述
6. 有实现同一功能的 4 个算法 F_1、F_2、F_3 和 F_4，其中 F_1 的时间复杂度为 $T_1=O(2^n)$，F_2 的时间复杂度为 $T_2=O(n^2)$，F_3 的时间复杂度为 $T_3=O(\log_2 n)$，F_4 的时间复杂度为 $T_4=O(n!)$。仅从时间复杂度来看，较好的算法是（　　）。
   A．F_1　　B．F_2　　C．F_3　　D．F_4

二、填空题

1. 数据元素是数据的__________，数据项是数据的__________。
2. 常见的数据存储结构一般有 4 种类型，分别是__________、__________、__________和__________。
3. 数据结构是相互之间存在一种或多种特定关系的数据元素的集合，它包括三方面的内容，分别是__________、__________和__________。
4. 线性结构中元素之间存在__________关系，树形结构中元素之间存在__________关系，图

形结构中元素之间存在________关系。

5. 在一般情况下，一个算法的时间复杂度是________的函数。

6. 常见时间复杂度有：常数阶 O（________）、线性阶 O（________）、对数阶 O（________）、平方阶 O（________）和指数阶 O（________）。通常认为，具有________量级的算法是好算法，而具有________量级的算法是差算法。

7. 下面程序段的时间复杂度是________。

```
for(i=0; i<n; i++)
   for(j=0; j<m; j++)
      A[i][j]=0;
```

8. 下面程序段的时间复杂度是________。

```
i=s=0 ;
while (s<n)
{
   i++;       /*  i=i+1  */
   s+ =i;      /*  s=s+i  */
}
```

三、综合题

1. 数据与数据元素有何区别？

2. 设有数据逻辑结构为：

$B=(K, R)$

$K=\{k_1, k_2, \cdots, k_9\}$

$R=\{<k_1,k_3>,<k_1,k_8>,<k_2,k_3>,<k_2,k_4>,<k_2,k_5>,<k_3,k_9>,<k_5,k_6>,<k_8,k_9>,<k_9,k_7>,<k_4,k_7>,<k_4,k_6>\}$

画出这个逻辑结构的图示，并确定相对于关系 R，哪些结点是开始结点，哪些结点是终端结点？

3. 设有图 1-13 所示的逻辑结构，给出它的逻辑结构。

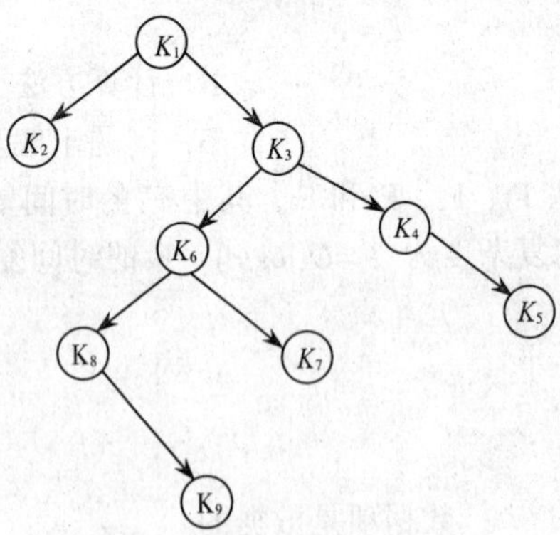

图 1-13　第 3 题的逻辑结构

I 线性结构

第2章 线 性 表

【内容提要及目标】

本章从一个“银行排队”的应用实例入手，介绍了C语言程序中的线性表的类型定义和线性表的基本运算，进而对线性表中所涉及的顺序存储和链式存储分别进行介绍。通过本章的学习，读者应该掌握以下内容：

- C语言中如何定义线性表的结构。
- 理解线性表的顺序存储结构的特点、类型描述。
- 理解线性表的链式存储结构的特点、类型描述。
- 熟练掌握线性表中两种存储方式的插入、删除、查找操作的算法实现。

【本章重点及难点】

理解线性表的定义，掌握线性表的顺序存储、链式存储结构，顺序表中插入、删除、查找操作的算法实现。

2.1 “银行排队”顺序存储实例

【实例目的】

① 掌握顺序表的基本操作。

② 掌握线性表中插入、删除操作的算法实现。

【实例内容】

假定一个银行有 k 个窗口对外接待业务，每天的营业期间不断有客户前来办理业务。客户来到银行时，如果所有的窗口都处于忙状态，则客户需要排在队尾等待，直到 k 个窗口的其中之一能为他服务。同样，当有多个窗口处于空闲状态时，现有一个客户到达，则指定等待最长的窗口为他服务。

【实例步骤】

（1）构成事件

① 客户到达事件。

② 客户离开事件。

（2）分析

① 客户到达事件：客户自动获得顺序号，首先检查有无空闲的窗口，若有则该客户获得服务，并打印“该顺序号客户在 i 号柜台得到服务”的信息；无则排到队尾等候。

② 客户离开事件：用命令 i 表示，i 为 $1\sim k$ 之间的数，表示客户刚才是在 i 号柜台完成服务。检查有无等待服务的客户，有则排在队首的客户得到服务，并打印“×××号客户在 i 号柜台得到服务”的信息；无则该出纳处于空闲状态。

③ 结束模拟。顾客到达与离开代码如图 2-1 所示。

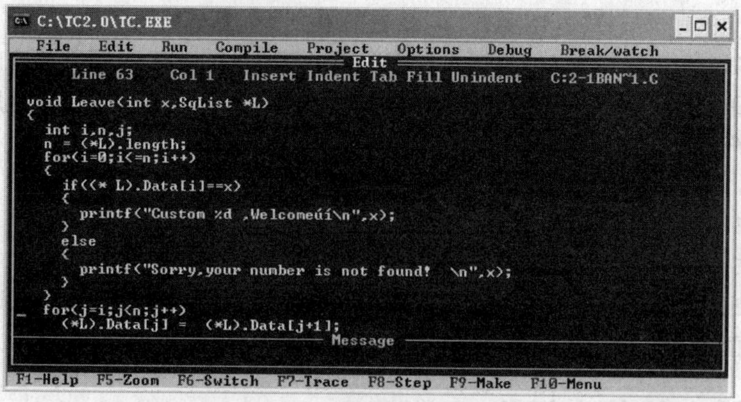

图 2-1 顾客到达与离开代码

④ 运行结果界面，如图 2-2 所示。

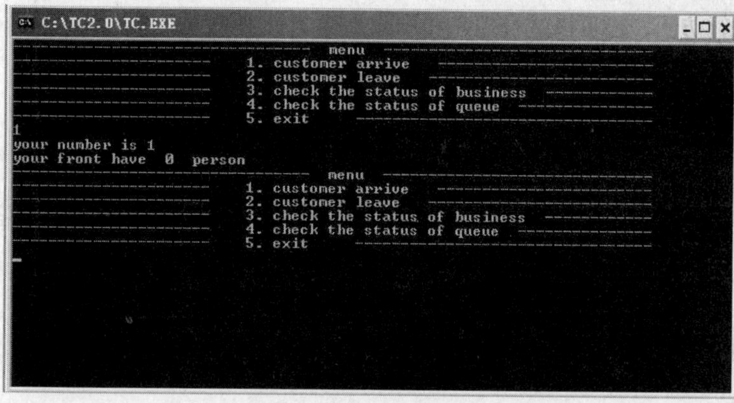

图 2-2 运行结果界面

2.1.1 线性表的定义

线性表是 $n(n\geqslant 0)$个数据元素的有限系列。线性结构的特点：数据元素之间是一种线性关系，数据元素“一个接一个排列”。在一个线性表中，每个数据元素的数据类型是相同的，或者说线性表是由同一类型的数据元素构成的线性结构。例如，13 张扑克牌排列起来便可看成是一个线性表：

(2, 3, 4, 5, 6, 7, 8, 9, 10, J, Q, K, A)

每一张牌是一个数据元素。再如，一个星期有 7 天。

(星期日，星期一，星期二，星期三，星期四，星期五，星期六)

这也是一个线性表，表中的数据元素是一个星期中某天的名称。

线性表是具有相同数据类型的 $n(n\geqslant 0)$个数据元素的有限序列，通常记为

$(a_0, a_1, \ldots, a_{i-1}, a_i, a_{i+1}, \ldots, a_{n-1})$

其中，n 为表长，$n=0$ 时称为空表。

表中相邻元素之间存在着顺序关系。除表中第一个和最后一个外，其他元素有且仅有一个直接前驱，有且仅有一个直接后继。将 a_{i-1} 称为 a_i 的直接前驱，a_{i+1} 称为 a_i 的直接后继。也就

是说，对于 a_i，当 i=1，2，…，n−1 时，有且仅有一个直接前驱 a_{i-1}，当 i=0，1，2，…，n−2 时，有且仅有一个直接后继 a_{i+1}，其中 a_0 是表中第一个元素，它没有前驱，a_{n-1} 是最后一个元素，它没有后继。a_i 为序号为 i 的数据元素（i=0，1，2，…，n−1），通常将它的数据类型抽象为 DataType，DataType 根据具体问题而定。比如，在学生情况信息表中，它是用户自定义的学生类型；在字符串中，它是字符型等。

综上所述，线性表中的数据元素虽然各种各样，但有以下 3 个共同点：

① 同一性：同一线性表中的数据元素具有相同的类型。

② 有穷性：线性表中数据元素的个数是有限的。

③ 有序性：线性表中相邻数据元素之间存在顺序关系，除去头、尾元素以外，其他元素都只有唯一的直接前驱和直接后继。

2.1.2 线性表的基本操作

线性表每一个操作的具体实现只有在确定了线性表的存储结构之后才能完成，对线性表中的数据不仅可以进行访问，还可以进行插入和删除操作。对于线性表进行的基本操作有如下几种：

① 线性表的初始化：构造一个空的线性表。

② 求线性表的长度：获得线性表中所含元素的个数。

③ 插入：在线性表的第 i 个元素前，插入一个新的数据元素。

④ 删除：删除线性表中第 i 个数据元素。

⑤ 定位：在线性表中查找满足某种条件的数据元素，比如找出某个数据项具有给定值的数据元素。

2.1.3 顺序表

1. 顺序表的定义

采用顺序存储结构表示的线性表被称为顺序表。

在计算机中表示线性表最简单的办法是顺序存储结构，用一组地址连续的存储单元依次存放线性表中的数据元素，这就是线性表的顺序分配。线性表中数据元素一个紧接着一个，依次存放在某个存储区域中。

假设线性表中的每个数据元素占用 1 个存储单元，并以所占的第一个单元的存储地址作为数据元素的存储位置，则第 i 个数据元素的存储位置为：

$$\mathrm{Loc}(a_i) = \mathrm{Loc}(a_0) + i*1$$

其中 Loc（a_0）线性表的第一个数据元素 a0 的存储位置，通常称为线性表的起始位置或者称作首地址，如图 2-3 所示。

顺序存储结构的特点是：表中逻辑上相邻的数据元素存储在相邻的存储位置，如图 2-4 所示。换句话说，就是以元素在计算机内“物理位置相

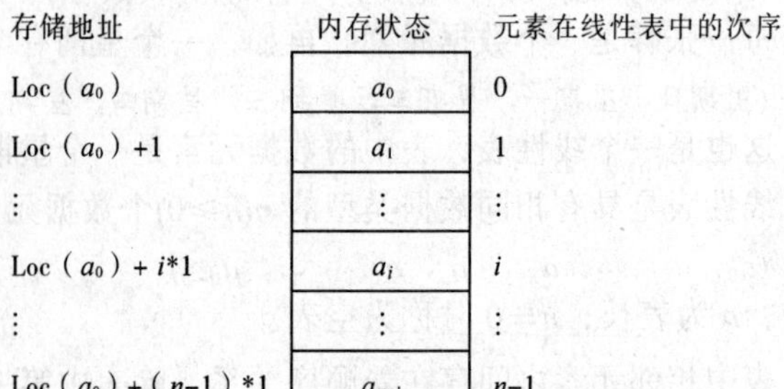

图 2-3　线性表的顺序存储结构示意图

邻”来表示线性表中数据元素之间的逻辑关系。对于这种存储方式，只要确定了存储线性表的起始位置，线性表中任一数据元素都可随机存取，因此线性表的顺序存储结构是一种随机存取的存储结构。

线性表的这种存储结构，可以用高级语言中的一维数组 data[MaxSize]来描述，数组的下标看成是线性表中元素的相对地址，数组中实际元素个数由变量 length 表示。数组的类型依据数据元素的性质而定。综上所述，在 C 语言中可用下述类型定义描述顺序表：

```
#define MaxSize  100                    /*顺序表长度的最大值*/
typedef int DataType
typedef struct{
  DataType data[MaxSize];               /*数组data[]用于顺序表的存储*/
  int length;                           /*变量length指示顺序表的元素个数*/
}SqList;                                /*顺序表类型*/
SqList  L;                              /*顺序表名定义为L*/
```

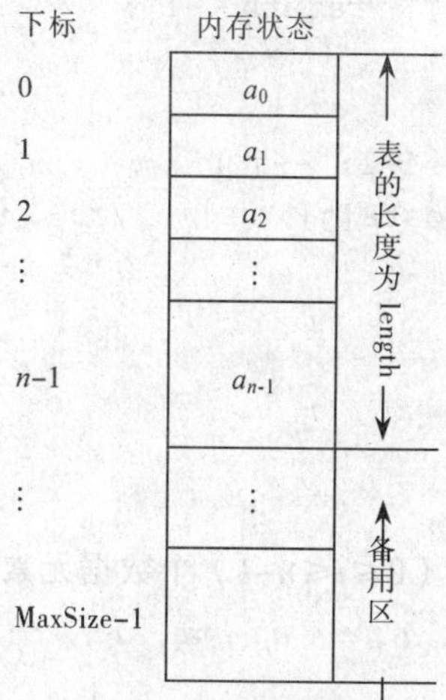

图 2-4　顺序的表示

在实际定义时，一维数组的存储空间数要定义得比实际长度大一些，便于进行插入与删除等操作造成存储空间的变化管理。尤其是插入运算，若插入元素后，顺序表中元素个数超过存储空间，会造成程序出错。

虽然顺序存储结构会造成存储空间的浪费，但是顺序表中元素读取操作能简单实现。L->data[0]取出顺序表中第一个元素的值，L->data[L->length-1]可取出表中最后一个元素的值，读取操作时间复杂度为 $O(1)$，通过数组下标值的确定可以访问表中任意位置上的元素。

在线性表的顺序存储结构中，线性表的某些操作比较容易实现。下面着重讨论顺序表的插入和删除操作。

2. 顺序表的插入

顺序表的插入操作是指在顺序表的第 i 个数据元素之前插入一个新的数据元素 x，使长度为 n 的顺序表

$$(a_0,\ a_1,\ \cdots,\ a_{i-1},\ a_i,\ a_{i+1},\ \cdots,\ a_{n-1})$$

变成长度为 n+1 的顺序表

$$(a_0,\ a_1,\ \cdots,\ a_{i-1},\ x,\ a_i,\ a_{i+1},\ \cdots,\ a_{n-1})$$

数据元素 a_{i-1} 和 a_i 之间的逻辑关系发生了变化。在顺序表的连续存储结构中，由于逻辑上相邻的数据元素在物理位置上也是相邻的。因此，除非 $i=n$，否则必须移动元素才能反映这个逻辑关系的变化。

一般情况下，在第 i $(0\leqslant i\leqslant n-1)$ 个元素之前插入一个元素时，需将第 i 至第 $n-1$(共 $n-i$)个元素向后平移一个位置，实现步骤如下：

① 将顺序表 L 中的第 i 个至第 n 个结点后移一个位置。

② 将结点 e 插入到结点 a_{i-1} 之后。

③ 顺序表长度加 1。

在顺序表插入算法中，指向存放表长的变量 n。插入成功，函数返回值为 1，否则函数返回值为 0，算法如下：

```
int  Insert_SqList(Sqlist *L, int i , DataType e)
 {  int j ;
if  ( i<0||i>L->length-1)   return  -1 ;
if  (L->length>=MAX_SIZE)
        return  -1 ;
for  ( j=L->length-1; j>=i-1; --j )
        L->data[j+1]=L->data[j];                /*i-1 位置以后的所有结点后移*/
L->data[i-1]=e;                                 /*在 i-1 位置插入结点*/
L->length++ ;
return  1;
}
```

3. 顺序表的删除

顺序表的删除是指将表中第 i（$0\leqslant i\leqslant n-1$）个数据元素删除，使长度为 n 的顺序表

$$(a_0,\ a_1,\ \cdots\ a_{i-1},\ a_i,\ a_{i+1},\ \cdots\ a_{n-1})$$

变成长度为 n-1 的顺序表

$$(a_0,\ a_1,\ \cdots\ a_{i-1},\ a_{i+1},\ \cdots\ a_{n-1})$$

数据元素 a_{i-1}、a_i 和 a_{i+1} 之间的逻辑关系发生了变化。在顺序表的删除操作中，同样需要移动元素。一般情况下，删除第 i $(0\leqslant i\leqslant n-1)$个元素时，需将第 $i+1\sim n-1$(共 $n-i$)个元素向前平移一个位置。

实现步骤如下：

① 将线性表 L 中的第 i+1 个至第 n 个结点依次向前移动一个位置。

② 线性表长度减 1。

```
DataType  Delete_SqList(Sqlist *L, int i)
{  int  k ;   DataType  x ;
if  (L->length==0)
    return   -1;
else if ( i<1||i>L->length )
    return  -1 ;
else  {  x=L->data[i-1] ;                          /*保存结点的值*/
for ( k=i ;  k<L->length ; k++)
    L->Elem_array[k-1]=L->Elem_array[k];         /*i 位置以后的所有结点前移*/
L->length--;
```

```
return (x);
}
}
```

对顺序表的运算还有很多，比如把两个或两个以上的顺序表合并成为一个顺序表，复制一个顺序表等。另外，在实际应用中，针对不同应用问题中使用的顺序表，所需进行的运算并不一定相同。因此，不可能事先定义好所有的组合运算，只能给出一些最基本的运算。

在顺序表中插入或删除一个元素时，其时间主要耗费在移动数据元素上。而元素的移动次数不仅与具体位置上插入或删除的概率有关，而且还与插入或删除的位置本身有关，在表头附近进行插入元素比在表尾附近进行插入元素的移动次数要多一些。因此，一般不分析进行一个具体的插入或删除操作时数据元素的移动次数，而是关注实施这些操作时元素的平均移动次数。

假定在任何位置上插入都是等概率的，如果在每个元素之前插入元素的概率为 $\frac{1}{n+1}$，在表中第 i（$1 \leqslant i \leqslant n$）个元素之前插入一个结点的移动次数为 $n-(i-1)$，那么在长度为 n 的顺序表中插入一个元素所需移动元素平均次数

$$E = \sum_{i=1}^{n-1} \frac{1}{n+1}(n-i+1) = \frac{n}{2}$$

假定在任何位置上删除都是等概率的，则删除任一个元素的概率为 $\frac{1}{n}$，删除第 i 个元素的元素移动次数为 $n-i$，那么在长度为 n 的顺序表中删除一个元素所需移动元素的平均次数

$$E = \sum_{i=1}^{n} \frac{1}{n}(n-i) = \frac{n-1}{2}$$

在顺序表上，每插入或删除一个元素平均需要移动表中一半元素，当 n 较大时，算法的效率较低。因此，顺序表一般用于表中数据不多或插入、删除不频繁的情况。

2.2 “学生健康登记”链式存储实例

【实例目的】

① 掌握单链表的基本操作。

② 掌握单链表中插入、删除、查找操作的算法实现。

【实例内容】

某学校在给学生体检之前，需要进行健康情况的登记，每个学生录入的信息项包含姓名、学号、性别、年龄、班级及健康情况。在登记的过程中，不要求按照学生学号顺序登记。登记的时候，将学生的健康情况按学号插入到链表中。在该链表中，提供各种基本的数据操作，能够删除、修改及查询指定学号的记录信息。

【实例步骤】

① 实现界面如图 2-5 所示。

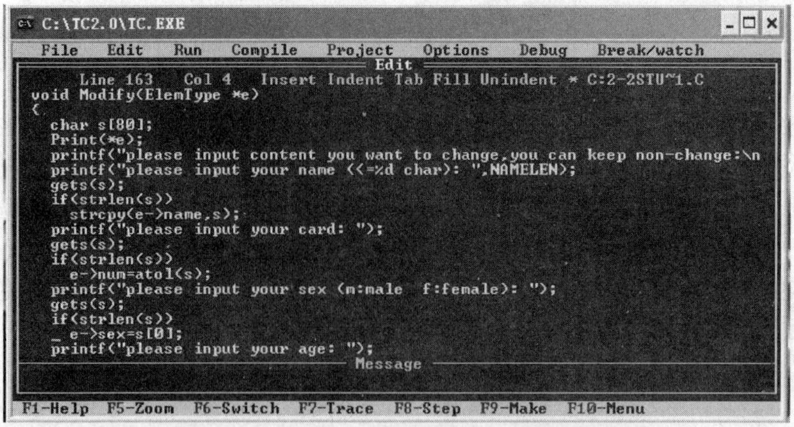

图 2-5　源程序界面

② 运行结果界面如图 2-6 所示。

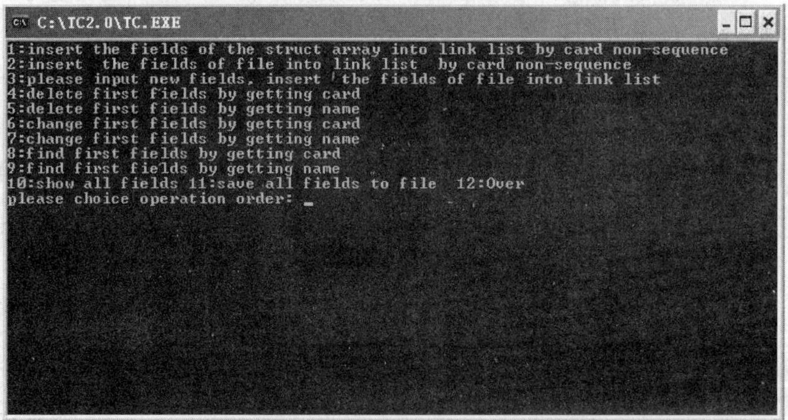

图 2-6　结果界面

2.2.1　单链表的定义

前一节提到，顺序表要求用连续的存储单元顺序存储线性表中各元素，对顺序表的插入、删除时需要通过移动数据元素来实现，影响了运行效率。本节介绍线性表链式存储结构，不再用连续的单元来存储表元素，在执行插入或删除运算时，也无须移动元素，只要修改指针即可。但在每个单元中设置指针来表示元素之间的逻辑关系，会增加额外的存储空间。

在顺序分配的存储结构中，数据元素是连续密集存放的，各数据元素之间的后续关系是自然形成的，即第 i 个元素的后继元素必然在第 i+1 个元素中，而链式存储无此特性。因此，为了表示元素间的逻辑关系，除了存储数据元素的值之外，还必须存储指示后继元素的“信息”，这样两部分信息组成了一个结点。一个结点由两个域组成：存放数据元素信息的数据域和存放直接后继结点存储位置的指针域，指针域中存储的信息称作指针或链，用指针相连接的结点序列称为链表。一个结点表示线性表中一个元素，如此 n 个结点的序列构成一个链表，称为线性表的链式存储结构。单链表的结点结构如图 2-7 所示。

链表的结点定义如下：

```
typedef struct node
{
    DataType data;
    struct node *link;
} Node;
```

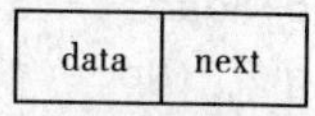

图 2-7　单链表的结点结构

通常，把单链表画成有序的结点序列，连接用箭头代表，如图 2-8 所示。为了指示单链表的第一个结点，需另设头指针 head，它的值为第一个结点的地址；为了标识单链表的最后一个数据元素，需在最后一个结点中设置一个特殊的指针，即空指针 NULL（在图上用 ∧ 表示），表明此表到此结束。

注意，单链表中各结点实际上并非处于按顺序排列的位置，各结点的位置可随不同的运行而有所不同。

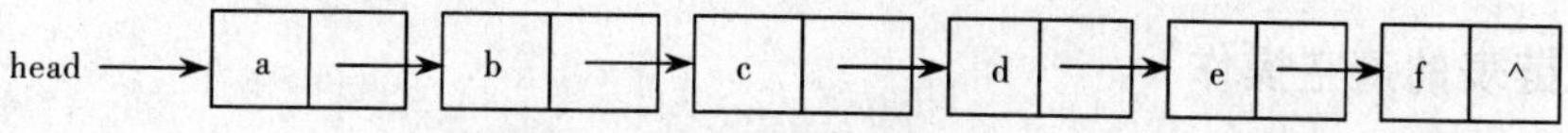

图 2-8　单链表的图示法

在单链表中，每个元素的存储位置都包含在其直接前驱结点的指针域之中。假设 p 是指向单链表中第 i 个数据元素的指针，该结点称为 p 点或结点 a_i，则 p->link 是指向第 i+1 个元素的指针。p ->data = a_i，则 p ->link ->data = a_{i+1}。在单链表中，取得第 i 个数据元素必须从头指针出发寻找，所以单链表是非随机存取的存储结构。

如果线性表为空表，则头指针 head 为空，即 head 为 NULL，表长为零。

有时为了操作方便，还可以在单链表的第一个结点（首结点）之前附设一个头结点。头结点的数据域可以存储一些关于线性表的长度等附加信息，也可以什么都不存，而头结点的指针域存储指向第一个结点的指针。此时，头指针就不再指向表中第一个结点，而是指向头结点。

2.2.2　单链表的基本操作

与顺序表不同，顺序表在创建的时候已分配给它一个存储空间，而单链表的结点数在定义前是不确定的。在操作单链表时，内存中有一个可利用的空间表，若要调用新结点就到这个可利用空间表中去取，删除时就把结点归还给这个可利用的空间表。

1．单链表的创建

如图 2-9 所示，要生成一个简单的含有 3 个结点的单链表，首先生成一个数据域为 a_1 的新结点 p，再生成一个数据域为 a_2 的新结点 q，p 结点的指针域指向 q 结点，把 q 结点作为 p 结点，再生成一个数据域为 a_3 的新结点 q，p 结点的指针域指向 q 结点，q 结点的指针域置为“空”。

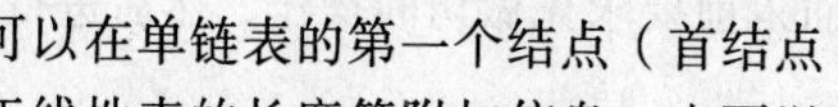

图 2-9　生成 3 个结点的单链表

建立单链表的具体算法如下：

```
Node CreateLinklist()
{   /* 建立含有 3 个结点的单链表,head 为头指针 */
Node *head, *p, *q;
    p = (Node *)malloc(sizeof(Node));
```

```
    head = p;
    p->data = a1;
    q = (Node *)malloc(sizeof(Node));
    p->link = q;
    p = q;
    p->data = a2;
    q = (Node *)malloc(sizeof(Node));
    p->link = q;
    p = q;
    p->data = a3;
    p->link = NULL;
    return(head);
}
```

2．单链表的清空操作

清空单链表的算法实现如下：

```
void Clear (Node *head)
{
  head=null;
}
```

3．单链表的插入

对于单链表的插入操作，插入前要求先做访问操作，然后进行插入操作，可以分为以下 4 种情况：

① 当原来的链表是空表时，则插入结点为表头。

② 若插入位置在表中第一个结点之前，则插入结点为新的表头。

③ 若插入位置在表的中间，则插入情况如图 2-10 所示。

④ 如果链表中根本不存在所指定的结点，则不做插入动作。

假设有线性表(a_1，a_2，…，a_{i-1}，a_i，a_{i+1}，…，a_n)，用单链表进行存储，表头指针为 head，要求在数据域值为 a_i 的结点之前插入一个数据域值为 x 的新结点 s。设数据域值为 a_{i-1} 的结点为 p，其直接后继结点为 q。插入时，使 p 结点的指针指向 s 结点，然后将 s 结点的指针指向 q 结点。这种插入操作只改变了两个指针域的值，并未对数据元素作任何移动。单链表的插入操作前后的逻辑状态，如图 2-10 所示。

给出插入操作的子程序函数 Insert_Linklist()：

```
int  InsertLinklist(Node *head, int i, datatype x)
{   /*  i 为元素 ai 所在的位置  */
Node *p, *s;
s = (Node *)malloc(sizeof(Node));
s->data = x;
p = head;
if(head == NULL)  /*空表插入*/
{
    head = s;
    p->next = NULL;
}
```

```
    else
    {
        int j=0;
        while(p && j<i-1)   /* 寻找第 i 个结点，并使 p 指向其直接前驱 */
        {
            p = p->next;
            ++j;
        }
        if(!p || j>i-1)
            return -1;
        s->next = p->next;
        p->next = s;
        return 1;
    }
}
```

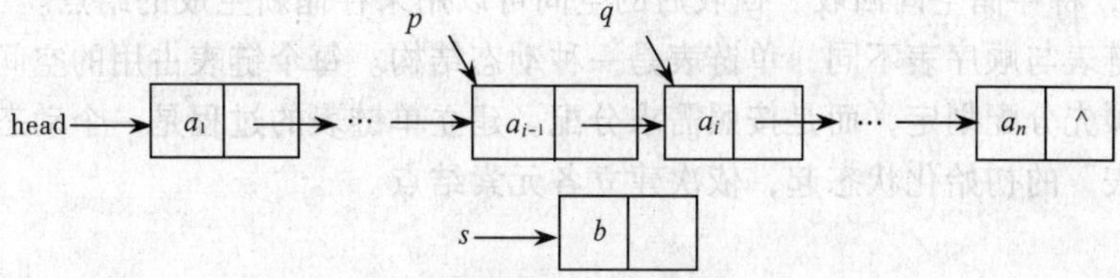

（a）插入前的逻辑状态

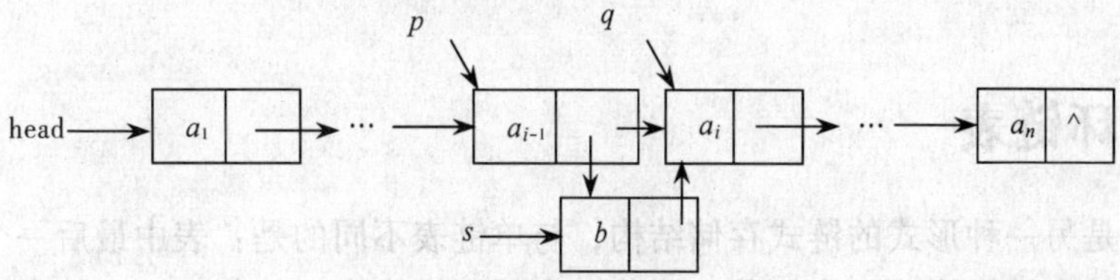

（b）插入后的逻辑状态

图 2-10　单链表插入操作状态图

4. 单链表的删除

删除操作和插入操作一样，操作前需要找到指定的结点，找到将要被删除的结点后，将它的直接前驱结点的指针域改为指向被删除结点的直接后继结点。单链表的删除操作前后的逻辑状态，如图 2-11 所示。

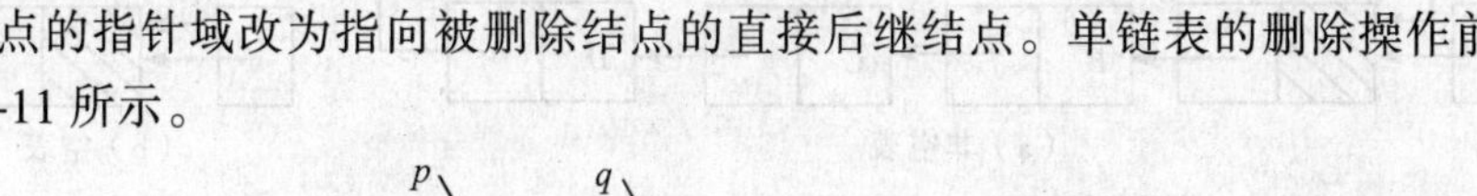

（a）删除前

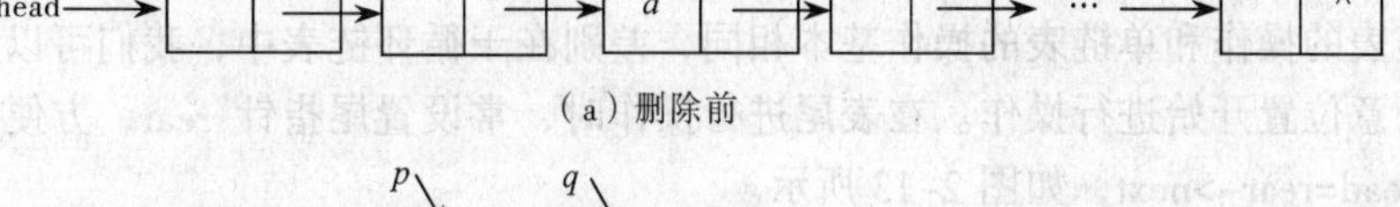

（b）删除后

图 2-11　单链表删除操作状态图

给出删除操作的子程序函数 Delete_Linklist():

```
DataType  DeleteLinklist(Node *head, int i)
{   /*i 为元素 ai 所在的位置*/
Node *p, *q;
int j=0;
p=head;
while(p && j<i-1)  /*寻找第 i 个结点，并使 p 指向其直接前驱*/
{
    p = q;
    p = p->next;
    ++j;
}
    p->next = q->next;
   free(q);
}
```

在链表中，当插入一个元素时，执行 malloc()函数动态申请一个结点；当删除一个结点时，执行 free()函数，将存储空间回收，回收后的空间可以用来存储新生成的结点。

因此，单链表与顺序表不同，单链表是一种动态结构。每个链表占用的空间可以在使用中分配，不需要预先分配划定，而是按照需求分配。建立单链表的过程是一个动态生成链表的过程，即从“空表”的初始化状态起，依次建立各元素结点。

2.3 其他链表

2.3.1 循环链表

循环链表是另一种形式的链式存储结构，与单链表不同的是：表中最后一个结点的指针域指向头结点，整个链表形成一个环状。因此，在循环链表中，从任何一个结点出发，都能找到所有其他结点。如果在循环链表的第一个结点之前设立一个特殊的表头结点，它的数据域为空，则循环链表中至少有一个结点存在，从而使得空表和非空表的运算统一。循环链表的状态如图 2-12 所示。

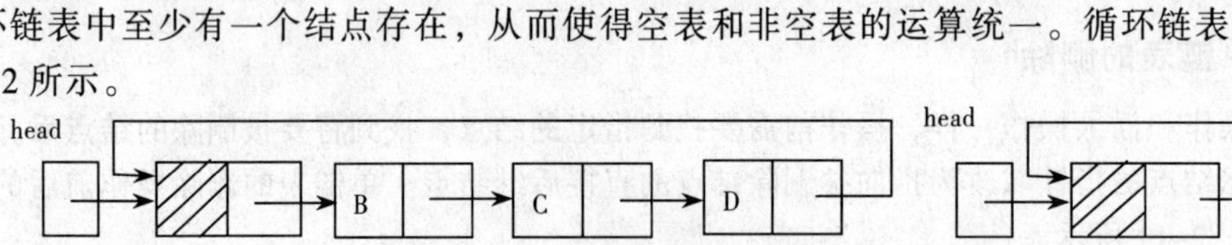

图 2-12　单向循环链表删除操作状态图

循环链表的操作和单链表的操作基本相同，差别在于循环链表中，我们可以从表头、表尾甚至表中任意位置开始进行操作。在表尾进行操作时，常设置尾指针 rear，方便进行操作，设置条件为 head=rear->next，如图 2-13 所示。

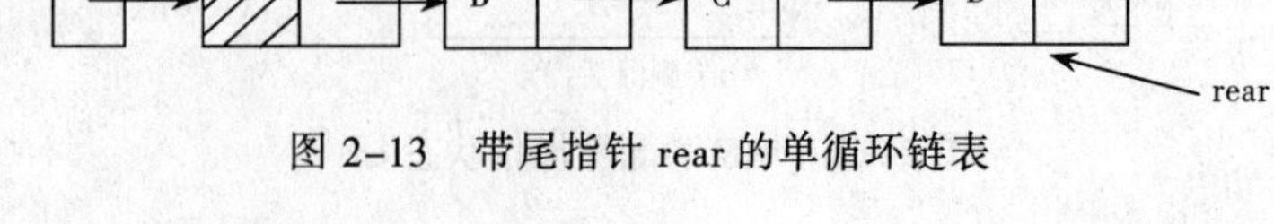

图 2-13　带尾指针 rear 的单循环链表

2.3.2　双向链表

在上述单链表的存储结构中，每个结点只有一个存放直接后继的指针域，从某个结点出发只能按顺序往后寻找，若要寻找它的直接前驱，需要从表头指针开始。若在结点中增加一个指针域，指向它的直接前驱，便可以克服单向性的缺点，而这种新的链表称为双向链表。

在双向链表中的结点有两个指针域：一个指向直接后继，另一个指向直接前驱。双向链表的结点结构图如图 2-14 所示。

llink	data	rlink

图 2-14　双向链表的结点结构图

双向链在 C 语言中描述如下：

```
typedef struct DulNode
{
  DataType data;
  struct node *llink;
  struct node *rlink;
} DulNode;
Typedef  DulNode  DulLinkList;
```

双向链表的结点除了有两个指针域外，同样也有一个数据域。双向链表可以是循环的，也可以是非循环的。在循环双向链表中，若 p 是指向表中任一结点的指针，则有

```
(p->rlink->llink) = (p->llink->rlink) = p
```

这个等式反映了循环双向链表结构的特点。在双向链表中，有些操作如仅需涉及一个方向的指针，则它们的算法描述和线性链表的操作相同。但在插入、删除时有很大的不同，在双向链表中，需同时修改两个方向的指针。

双向链表的求表长、读取元素等操作都涉及 rlink 指针域，与单向链表的 next 域作用相同，因而实现方式和单链表的相关操作相似。但双向链表多一个指针域 llink 用于指向结点的直接前驱，因而与单链表从表头开始操作不同，双向链表中的结点插入与删除操作更容易实现。

1. 双向链表的结点插入

双向链表的结点插入与单链表的结点插入类似，可以先插入结点，再断开原有的链接关系。其关键语句如下：

① s->llink=p->llink;

② s->rlink=p;

③ p->llink->rlink=s;

④ p->llink=s;

如图 2-15 所示，在指针 p 指向结点前插入由指针 s 指向的结点：

由于双向链表比单链表多出一个指针域，可以方便地查找前驱结点，所以双向链表的结点插入语句还可以有多种处理方式。其中一种方式语句如下：

① s->llink=p->llink;

② p->llink->rlink=s;

③ s->rlink=p;

④ p->llink=s;

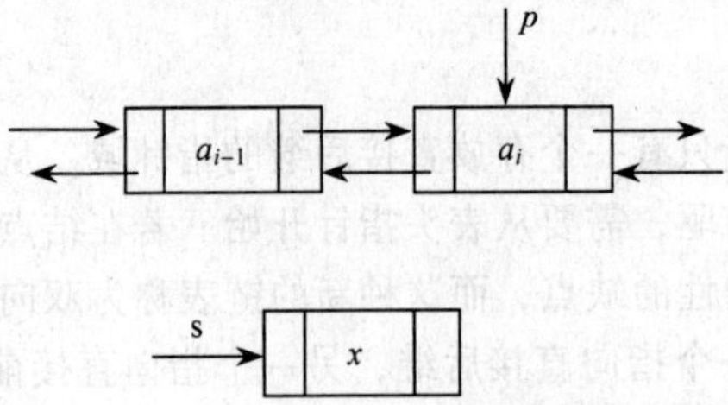

① s->llink=p->llink;
② s->rlink=p;
③ p->llink->rlink=s;
④ p->llink=s;

（a）插入前的状态

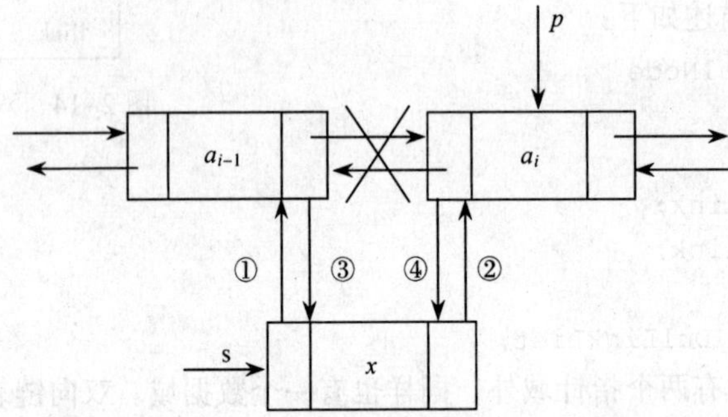

（b）插入过程

图 2-15　双向链表插入结点示意图

2. 双向链表的结点删除

双向链表的结点删除比单链表的删除结点操作更容易实现，不需要定位至删除结点的前驱结点位置。

操作如下：

① p->llink->rlink =p->llink;

② p->rlink->llink=p->rlink;

③ free(p);

如图 2-16 所示，删除指针 p 所指向结点。

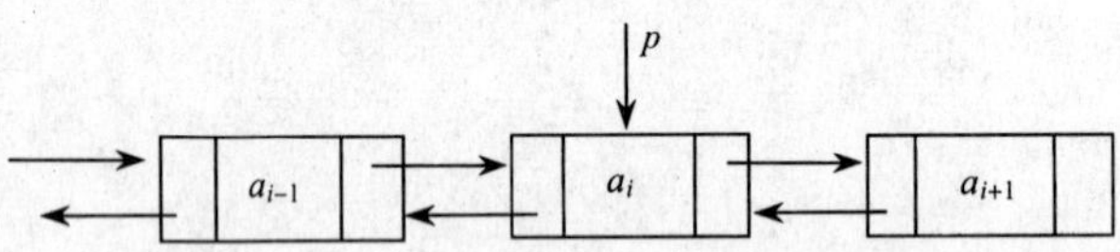

（1）p->llink->rlink =p->llink;
（2）p->rlink->llink=p->rlink;

（a）删除前的状态

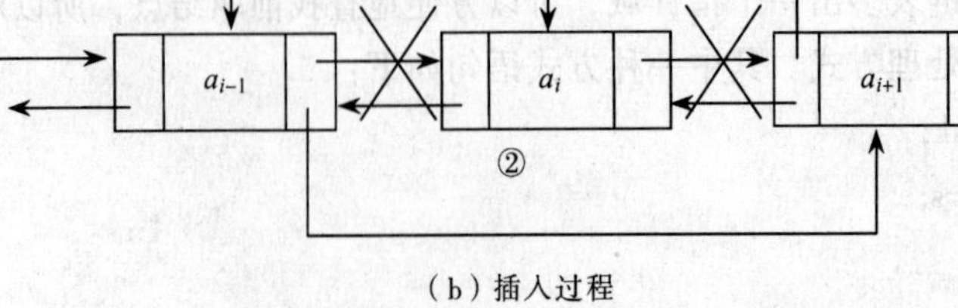

（b）插入过程

图 2-16　双向链表删除结点示意图

与双向链表的插入结点同理，双链表删除结点可以将①和②两句代码进行交换，变为如下形式：

① p->rlink->llink=p->rlink;

② p->llink->rlink =p->llink;

③ free(p);

小　结

线性表是一种最基本的、最常用的数据结构。线性表是指 $n(n\geqslant 0)$个具有相同类型数据元素(或称结点)的有限序列，可表示为$(a_0, a_1, \cdots, a_{i-1}, a_i, a_{i+1}, \cdots, a_{n-1})$。其中，$a_i$代表一个数据元素，$a_0$ 称为表头(或头结点)，a_{n-1} 称为表尾（或尾结点），a 称为 a_{i+1} 直接前驱，a_{i+1} 称为 a_i 的直接后继。线性表中数据元素的个数称为线性表的长度，长度为 0 的线性表称为空表。线性表是一种相当灵活的数据结构，对其数据元素可以进行各种操作。

线性表可以用不同的方式来存储，最简单、最常用的方式就是顺序存储，即用一组连续的存储单元依次存放线性表中的元素。线性表的顺序存储结构是用数据元素在计算机内物理位置相邻来表示数据元素之间的逻辑相邻关系，其特点是线性表中逻辑上相邻的结点在计算机的存储结构中也相邻。只要知道基地址，即可确定表中任一数据元素的地址，从而对其进行随机存取。

与线性表的顺序存储结构不同，链式存储结构用一组任意的存储单元来存储线性表的数据元素。为表示相邻数据元素之间的逻辑关系，将每个存储结点分为两个域：数据域用来存放一个数据元素的自身信息；指针域用来存放该数据元素直接后继的存储位置。这样，可以通过指针域中存放的信息将 n 个结点连接成一个链表，即成为线性表的链式存储结构。

循环链表是另一种形式的链式存储结构。其特点是表中最后一个结点的指针域指向头结点，整个链表呈环状。

单链表的结点只有一个指向直接后继的指针域，顺着某结点的指针很容易地访问其后继结点。若要访问某结点的直接前驱，前驱虽与该结点相邻却无法直达，此时须从表头出发，且寻访时要记录相关信息。为克服单链表的单向性访问方式，设计了双向链表，在插入与删除操作上比单链表更容易实现。

思考与练习

一、单选题

1．线性表的(　　)元素没有直接后继。

A．第一个　　B．最后一个　　C．所有　　D．没有

2．若线性表采用顺序存储结构，每个元素占用 2 个存储单元，第 1 个元素存储地址为 100，则第 5 个元素的存储地址是(　　)。

A．100　　B．108　　C．110　　D．120

3．从具有 n 个结点的单链表中查找值等于 x 的结点时，在查找成功的情况下，平均需要比较（　　）个结点。

A．n　　B．$n/2$　　C．$(n-1)/2$　　D．$(n+1)/2$

4．在单链表中，删除 p 所指结点的直接后继的操作是（　　）。

A．p->next=p->next->next;

B．p=p->next;p->next=p->next->next;

C．p->next= p->next;

D．p=p->next->next;

5．单链表中，增加头结点的目的是为了（　　）。

A．方便运算的实现　　B．用于标识单链表

C．使单链表中至少有一个结点　　D．用于标识起始结点的位置

6．在一个单链表中，若 p 所指结点不是最后结点，在 p 之后插入 s 所指结点，则执行（　　）。

A．s->next=p;p->next=s;

B．s->next=p->next;p->next=s;

C．s->next=p->next; p=s;

D．p->next=s;s->next =p;

7．在一个单链表中，已知 q 所指结点是 p 所指结点的直接前驱，若在 p、q 之间插入 s 结点，则执行（　　）操作。

A．s->next= p->next; p->next=s;　　B．q->next= s; s->next=p;

C．p->next=s->next; s->next=p;　　D．p->next= s; s->next=q;

8．带头结点的单链表 head 为空的判断条件是（　　）。

A．head= NULL　　B．head->next=NULL

C．head-> next=head　　D．head!=NULL

9．在循环双链表的 p 所指结点之后插入 s 所指结点的操作是（　　）。

A．p->next=s; s->prior = p; p->next-> prior=s; s->next=p-> next;

B．p-> next=s; p->next->prior=s; s->-> prior=p; s->next=p->next;

C．s-> prior=p; s->next=p->next; p->next=s; p->next->prior=s;

D．s-> prior=p; s->next=p->next; p-> next->pnor=s; p->next=s;

二、填空题

1．对于一个具有 n 个结点的单链表，在 p 所指结点后插入一个新结点的时间复杂度为________；在给定值为 x 的结点后插入一个新结点的时间复杂度为________。

2．在双向链表中，每个结点有两个指针域，一个指向________，另一个指向________。

3．向一个长度为 n 的向量的第 i 个元素(1≤i≤n+l)之前插入一个元素时，需向后移动________个元素。

4．已知顺序表中每个元素占用 3 个存储单元，第 13 个元素的存储地址为 336，则顺序表的首地址为________。

5．线性表的链式存储结构主要有________、________和________。

三、综合题

1. 已知一个有序单链表（从小到大排列），表头指针为 head，编写一个函数向该单链表中插入一个元素为 x 的结点，使插入后该单链表仍有序。
2. 已知一个顺序表中的元素按元素值非递减有序排列，编写一个函数，删除向量中多余的值相同的元素。
3. 分别以顺序表和单链表作存储结构，各写一个实现线性表的自身（即使用尽可能少的附加空间）逆置的算法，在原表的存储空间内将线性表$(a_1, a_2, \cdots, a_n)$逆置为$(a_n, \cdots, a_2, a_1)$。
4. 有一个单链表（不同结点的数据域值可能相同），其头指针为 head，编写一个函数计算数据域为 x 的结点个数。

第3章 栈和队列

【内容提要及目标】

本章介绍的栈和队列都属于运算受限制的线性表，不能够在任何位置进行线性表的插入和删除运算。栈只能在一端进行插入和删除操作，队列可以在一端进行插入，另一端进行删除操作。本章由实例引入栈和队列的基本概念，进一步介绍它们的实现方式和基本操作算法，深入介绍其具体特点。通过本章学习，读者应该掌握以下内容：

- 理解栈和队列的定义、特点及与线性表的异同。
- 熟悉顺序栈和链栈的组织方法，队满、队空的判断条件及其描述。
- 理解递归的运行原理，掌握递归算法的设计。
- 掌握链队的组织方法、算法并能自行设计其他简单算法。

【本章重点及难点】

理解栈和队列的特点、基本运算的实现和相应算法；掌握循环队的组织；熟练掌握栈和队列中的“上溢”、“下溢”、“假溢出”、“假队满”等现象的判别条件；熟练掌握递归的定义和算法设计。

3.1 “回文”实例

【实例目的】

使用栈来解决实际问题，并熟练掌握栈的各种运算实现方法。

【实例内容】

利用栈的特点编写程序，实现判断用户输入字符串是否为回文。回文是指字符串从左往右读和从右往左读得到的字符串相同。例如，“abc”不是回文，“abcba”是回文，如图 3-1 所示。

```
Please input string:aeeea
aeeeayes
```

图 3-1 回文判断

【实例步骤】

① 编写函数 Ishw()判断是否为回文，如图 3-2 所示。

根据程序提示用户输入字符串，字符串的一半压入栈中，利用栈的后进先出原则依次出栈，与剩下的一半字符串中字符进行比较，相同则出栈。当栈空时代表字符完全匹配，判断为回文。字符串字符个数为奇数时，第(n/2+1)个字符不参加比较。

② 主程序中调用相关函数，如图 3-3 所示。

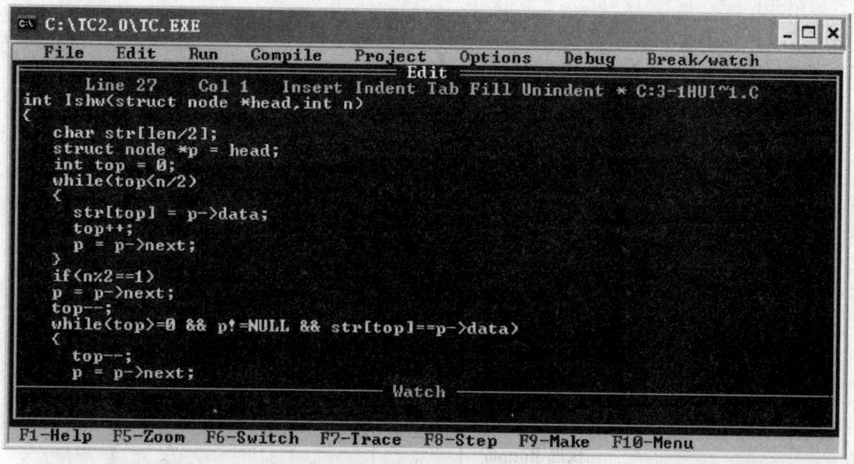

图 3-2 Ishw 代码界面

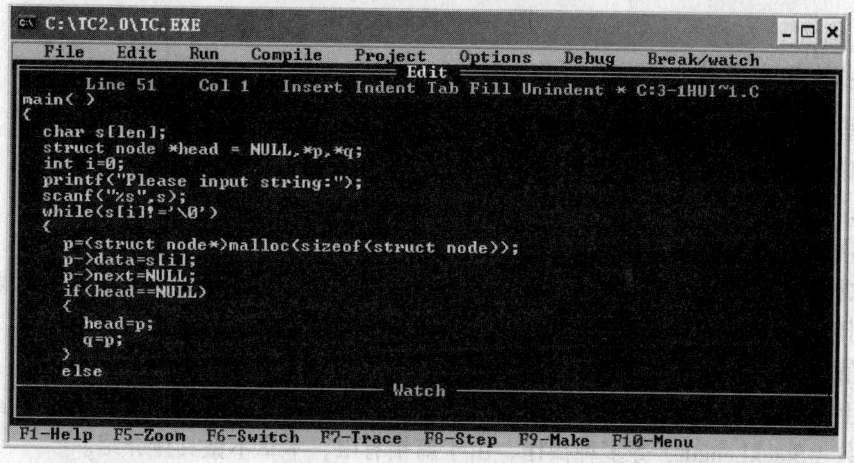

图 3-3 主函数代码界面

主程序中建立链栈用来存放字符串中各个字符，建立完毕后调用 Ishw()函数判别字符串是否为回文，并输出相应结果。

3.1.1 栈的定义及基本运算

1. 栈的定义

栈（Stack）又称堆栈，是一种“特殊”的线性表，这种线性表的插入和删除运算只允许在表的一端进行。允许进行插入和删除运算的这一端称为栈顶（Top），另一端称为栈底（Bottom），不允许进行插入和删除运算。向栈中插入一个新元素称为入栈或压栈，从栈中删除一个元素称为出栈或退栈。处于栈顶位置的数据元素称为栈顶元素，栈顶元素的位置由栈顶指针变量记录。当栈中不含任何数据元素时称为空栈，如图 3-4 所示。

栈的特点是每次入栈的元素都被放在原栈顶元素之上成为新的栈顶，而每次出栈的总是当前栈中“最新”的元素，即“后进先出”（Last In First Out, LIFO）的原理。现实中有很多此类例子，比如搭积木、弹夹装子弹、洗盘子、火车头调度等。

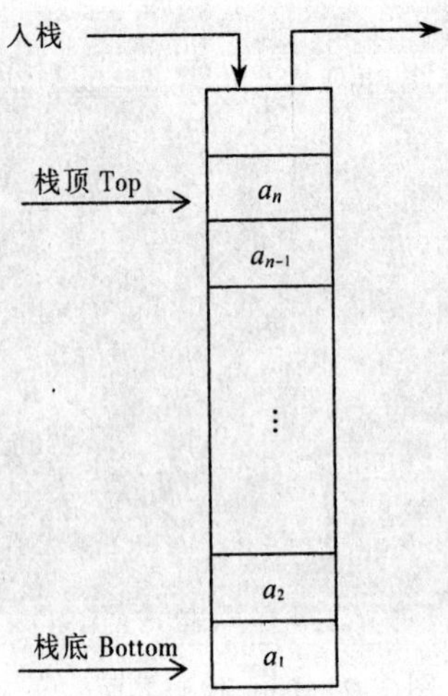

图 3-4　栈的示意图

2．栈的基本运算

栈的基本运算包含以下 5 种：

① 初始化栈 InitStack(S)：其作用是建立一个空栈 S。

② 入栈 Push(S,x)：其作用是在栈 S 的栈顶位置加入一个新元素 x。

③ 出栈 Pop(S, x)：其作用是删除栈 S 的栈顶元素，将值赋给 x，栈顶指针移动。

④ 取栈顶 Top(S,x)：其作用是读取栈 S 中的栈顶元素，将其值赋给 x，不改变栈的状态。

⑤ 判断空栈 EmptyStack(S)：其作用是测试栈 S 是否为空，该函数为布尔函数。若栈 S 为空，返回值为真；反之栈不为空，返回值为假。

除以上 5 项基本运算外，栈中还能进行销毁栈（DestroyStack）、清空栈（ClearStack）、求栈内元素个数（StackLength）等多种操作，由于篇幅有限，本章不做具体介绍。

3.1.2　栈的存储实现和运算实现

栈与线性表相同，通常有顺序和链式两种存储结构。根据所采用的存储结构不同，栈可以分为顺序栈和链栈。

1．顺序栈

栈的顺序存储结构称为顺序栈，用一维数组来实现，顺序栈结构类型定义如下：

```
#define Stacksize 100
typedef struct{
  DataType data[Stacksize];          /* 存放栈中元素 */
  int  top;                          /* 栈顶指针 */
}SqStack;                            /* 顺序栈定义 */
SqStack *S;                          /* 顺序栈实现 */
```

top 变量称为栈顶指针，用来指示栈顶元素在顺序栈中的位置，与数组中相应元素的下标值对应，取值范围为 0 ~ Stacksize-1。Stacksize 表示顺序栈的最大存储单元数，其值须预先估计。由于出入栈的灵活操作使得数据量无法确定，因而难以确定数组的大小。若数据量过大，容易造成内存资源浪费，而声明太小栈不够使用。

在顺序栈中能够实现栈的基本操作，如图 3-5 所示。

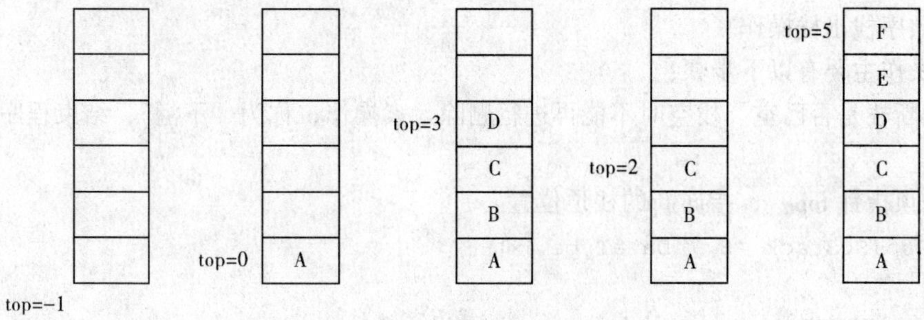

（a）空栈　（b）A 入栈　（c）B、C、D 入栈　（d）D 出栈　（e）栈满

图 3-5　顺序栈的操作示意图

（1）初始化顺序栈操作

初始化顺序栈就是构造一个空的顺序栈，栈顶指针 top 值置为-1，未指向栈中元素。

```
InitStack (SqStack *S)
{
   S->top=-1;
}
```

（2）判断空栈操作

判断是否空栈，只需要判断 top 值。若 top 值为-1 则是空栈，程序返回“真”；反之栈不为空，程序返回“假”。

```
int EmptyStack (SqStack *S)          /* 判别栈 S 为空栈时返回值为真，反之为假 */
{
   if (S->top==-1)
     return 1;                       /* 栈 S 为空 */
   else
     return 0;                       /* 栈 S 不为空 */
}
```

（3）顺序栈入栈操作

入栈操作主要有以下步骤：

① 判断栈是否已满，当 S->top= = Stacksize -1 栈满，不能再进行插入元素操作，称为“上溢”，结束程序，否则执行第②步。

② 栈顶指针 top++，指向新的栈顶位置。

③ 将新元素存入新的栈顶元素位置上。

```
int Push(SqStack *S , DataType  x)
{
   if(S->top= = Stacksize-1)
     return 0 ;                      /* 栈已满 */
   else
   {
     S->top++;                       /* 栈顶指针移动至新栈顶 */
     S->data[S->top]=x;              /* 将 x 赋给新栈顶 */
```

```
        return 1;
    }
}
```

（4）顺序栈出栈操作

出栈操作主要有以下步骤：

① 判断栈是否已空，栈空时不能再进行删除元素操作，称为“下溢”，结束程序，否则执行第②步。

② 栈顶指针 top--，指向新的栈顶位置。

```
int Pop(SqStack *S,, DataType  x)
{
  if(S->top==0),                    /* 栈为空 */
    return 0;
  else
  {
    x= S->data[S->top];             /* 出栈前将栈顶元素的值交给 x */
    S->top--;                       /* 修改栈顶指针 */
    return 1;
  }
}
```

（5）取顺序栈顶操作

取栈顶操作只会读取栈顶的数据，不会对栈中数据的值和栈的长度进行改变，栈顶元素也没有被删除。

```
int Top(SqStack *S, DataType x)
{  /* 将栈 S 的栈顶元素读取后放到 x 所指的存储空间，但栈顶指针保持不变 */
  if(S->top== -1)
    return 0 ;                      /* 栈为空返回出错信息 */
  else
  {
    x= S->data[S->top];             /* 将栈顶元素交给 x */
    return 1 ;
  }
}
```

【例 3.1】编写算法，利用栈的基本运算返回栈 S 中的栈底元素，同时不能改变栈 S 数据元素的先后顺序。

【解析】将栈 S 中的所有元素退栈，并将退栈的元素临时存放在另一个栈 temp 中，获取栈底元素后，将所有元素逐一通过入栈操作回到栈 S 中，栈 temp 中数据元素的先后顺序与栈 S 中数据元素相反。

```
DataType StackBottom(SqStack *S)
{
  DataType  x, y;
  SqStack *temp;
  InitStack (SqStack * temp);
  while(!EmptyStack( S))               /* 栈 S 中元素出栈后入栈至栈 temp 中 */
  {
```

```
    Pop(S, x);
    Push(temp,x);
  }
  while(!EmptyStack(temp))                    /* 栈 temp 中元素出栈后入栈至栈 S 中 */
  {
    Pop(temp,y);
    Push(S, y);
  }
  return x;                                 /* 返回栈 S 的栈底元素 */
}
```

【例 3.2】编写一个数制转换算法，将十进制转换为二进制。

【解析】十进制 N 转二进制的原理为：$N=(N/2)*2+N\%2$（“/” 为 C 语言中整除运算符，“%” 为 C 语言中求余运算符）。例如，十进制数 13 转换为二进制数过程如下：

十进制数 N	$N/2$	$N\%2$
13	6	1
6	3	0
3	1	1
1	0	1

十进制数$(13)_{10}$转为二进制数$(1101)_2$

转换后结果为余数的逆序排列，与栈的后进先出原理相似。

```
void convert()
{
  int x;
  InitStack(S);
  scanf("%d", N);
  while (N)
  {
    Push(S, N%2);
    N=N/2;
  }
  while (!EmptyStack(S))
  {
    Pop(S, x);
    printf("%d", x);
  }
```

以上算法是非负十进制整数 N 转换为二进制，若实际应用中十进制转八进制或十六进制，可将 2 改为 8 或 16。例如，需改为十进制转 D 进制，D 值由用户设定，以及在输入时对用户输入数据的合法性（$N \geqslant 0$）进行判断，算法还需进一步完善。

2．链栈

栈的链式存储结构称为链栈。使用链式结构可动态改变链表的长度，方便数据的增加和删除，有效地利用内存资源，但是处理起来比顺序栈要复杂。

链栈就是特殊操作的链表，整个链表由栈顶指针 LS 指向，栈中的每一个元素用一个结点表示，每个结点由一个数据域 data 和一个指针域 next 构成。数据域 data 用来存放数据的值，指针域 next 用来存放指向下一个结点存储位置，实现结点的链接，而链栈的出栈、入栈操作限定在整个链表的栈顶位置进行，如图 3-6 所示。

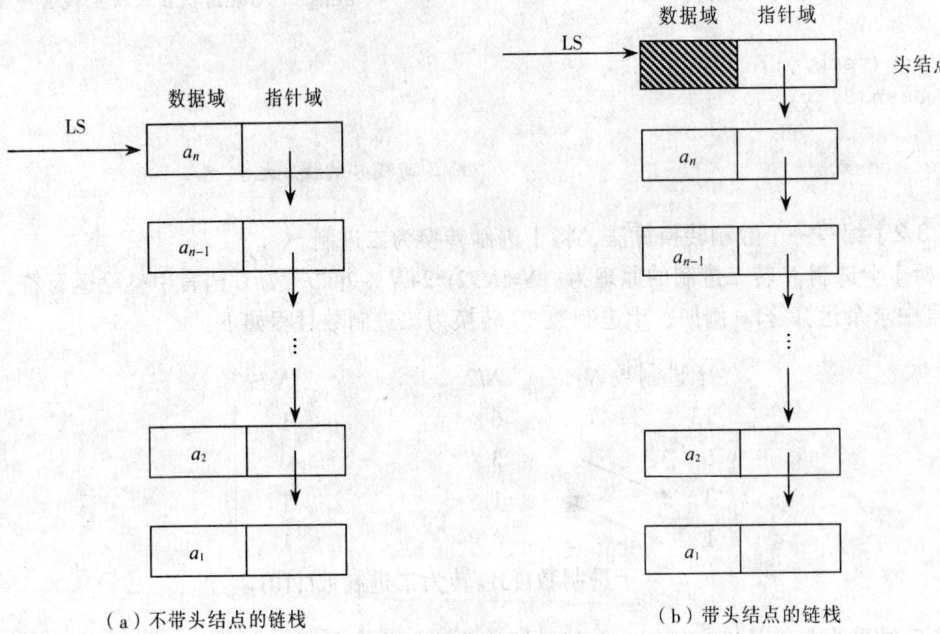

图 3-6　链栈示意图

链栈的实现与链表相同，分为带头结点和不带头结点两种，本节着重讲解不带头结点的链栈操作。链栈结构类型定义如下：

```
typedef struct{
  DataType data;
  Struct node *next;                    /* 定义一个结构体和链指针 */
}LkStack;                               /* 链栈定义 */
LkStack *LS;                            /* LS 为栈顶指针 */
```

（1）初始化链栈操作

初始化链栈是构造只含有头指针而不带任何数据元素的链栈。

```
InitStack (LkStack *LS)
{
  LS=NULL;
}
```

有时空表也可只含有一个头结点；头结点不存储数据元素，头结点的指针域为空，随后没有其他数据结点，即 LS->next =NULL。

（2）判断空栈操作

判断栈是否为空栈，只需要判断指向栈的栈顶指针 LS 是否为空。若为空栈，算法返回值为 1；反之栈不为空，程序返回值为 0。

```
int EmptyStack (LkStack *LS)      /* 判别栈 LS 为空栈时返回值为真，反之为假 */
{
  if (LS ==NULL)
```

```
        return 1;                        /* 栈 LS 为空 */
    else
        return 0;                        /* 栈 LS 非空 */
}
```

（3）链栈入栈操作

入栈操作主要有以下步骤：

① 生成新结点。

② 在栈顶位置插入新结点。

与顺序栈入栈不同，链栈中数据元素入栈，栈顶指针 LS 不需要移动，只需要修改指针域的值不断指向新栈顶元素存储位置即可，如图 3-7 所示。

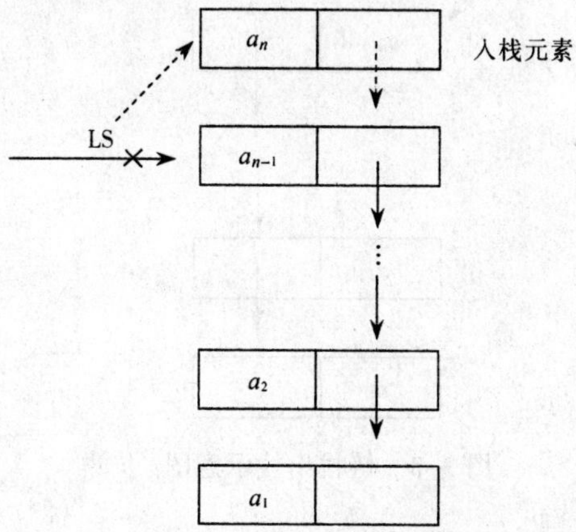

图 3-7　链栈入栈示意图

```
int Push(LkStack *LS , DataType x)
{
  LkStack *p;
  p=( LkStack *) malloc(sizeof(LkStack));  /* 申请一个新结点 */
  p->data=x;                               /* 将插入的数据值放入结点的 data 域 */
  p->next=LS;                              /* 原栈顶结点链在新结点后 */
  LS=p;                                    /* 栈顶指针 LS 指向新栈顶 */
}
```

（4）链栈出栈操作

出栈操作主要有以下步骤：

① 判断栈为空时，出现“下溢”情况，否则执行第②步。

② 删除结点并释放。

链栈中出栈栈顶指针也不用移动，只需要栈顶指针修改指针域的值，断开与原栈顶元素的链接，放入新栈顶元素的存储位置，如图 3-8 所示。

```
int Pop(LkStack *LS,  DataType x)
{
  LkStack *p;
  if(LS == NULL),                    /* 栈为空不能出栈 */
    return  0;
  else
```

```
  {
    p=LS;
    x= p->data;                        /* 出栈前将栈顶元素的值交给 x */
    LS=LS->next;                       /* 栈顶指针移向新栈顶结点 */
    free(p);                           /* 释放原栈顶结点空间 */
    return 1;
  }
}
```

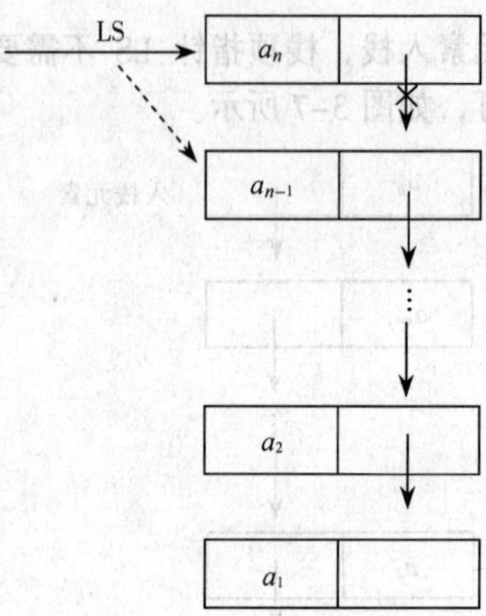

图 3-8　链栈出栈示意图

（5）取栈顶的链栈操作

只要链栈不为空，读取栈顶元素为直接读取栈顶指针 LS 指向结点的数据域 data 即可。

```
int Top(LkStack *LS, DataType x)
{
  if(LS==NULL)                         /* 栈为空读取失败 */
    return 0;
  else
  {
    x= LS->data;                       /* 读取由 LS 指针指向的栈顶元素 */
    return 1;
  }
}
```

【例 3.3】在栈顶指针为 head 的链栈（含头结点）中，编写算法计算该栈中结点个数。

【解析】链栈含有头结点，那么栈顶元素应为 head->next 指向，由此处开始遍历该链栈至栈底元素，并由变量 n 计算其结点个数，栈底元素为最后一个结点，是无后继的结点。

```
int NodeCount (LkStack *head)
{
  LkStack *p;                          /* 利用指针 p 访问链栈中每个结点 */
  int n=0;
  p=head->next;
  while (p!=NULL)
  {
    n++;                               /* n 用来计算结点个数 */
```

```
    p=p->next;                          /* 指向下一个结点 */
  }
  return(n);
}
```

*3.1.3　栈与递归

1. 递归的定义

递归是一种非常重要的数学概念和解决问题的方法，作为一种强有力的工具，它可使问题的描述和求解变得简洁和清晰，在计算机科学和数学等领域有着广泛的应用。在计算机科学中，许多数据结构，如广义表、树和二叉树等，由于其自身固有的递归性质，都可通过递归方式加以定义并实现许多问题的算法设计。在计算机内部，通过栈来实现递归算法，所以递归是栈的一个实际应用。

递归是函数实现的一个很重要的环节。递归的意思就是函数自己调用自己本身，或者在自己函数调用的下级函数中调用自身。递归的设计只需少量的代码就可以描述解题过程的多次重复计算，大大减少了程序的代码量。递归算法常常比非递归算法更易设计，尤其是当问题本身或所涉及的数据结构是回溯、树、递归定义的时候，使用递归算法特别合适。

递归设计步骤：

① 确定递归公式：将规模较大的原问题分解为一个或多个规模更小、属性相同的子问题。即较大的问题递归地用较小的子问题来描述，解原问题的方法同样可用来解这些子问题。

② 确定递归终止条件：也就是找出一个或多个无须分解、可直接求解的最小子问题。

2. 递归的实现

采用递归技术设计出来的程序，具有结构清晰、可读性强、便于理解等优点。

递归程序的执行过程却令人难以理解。由于递归调用是对函数自身的调用，在一次函数调用未终止之前又开始了另一次函数调用。按照语言关于作用域的规定，函数的执行在终止之前其所占用的空间将保留。

为保证递归调用正确执行，系统设立一个“递归工作栈”，作为整个递归调用过程期间使用的数据存储区。

每一层递归包含的信息（如参数、局部变量、上一层的返回地址）构成一个“工作记录”。每进入一层递归，就产生一个新的工作记录压入栈顶；每退出一层递归，就从栈顶弹出一个工作记录。

从被调函数返回调用函数的一般步骤如下：

① 若栈为空，则执行正常返回。

② 从栈顶弹出一个工作记录。

③ 将“工作记录”中的参数值、局部变量值赋给相应的变量；读取返回地址。

④ 将函数值赋给相应的变量。

⑤ 转移到返回地址。

然而递归算法解题相对常用的算法如普通循环等，运行效率较低。在递归调用的过程中系统为每一层的返回点、局部量等开辟了栈来存储。递归次数过多容易造成栈溢出，除非没有更好的算法或者某种特定情况，应该尽量避免使用递归。

【例 3.4】采用递归算法求解斐波那契数列。

【解析】数学定义

$$\mathrm{Fib}(n)=\begin{cases}1 & (n=1\text{ 或 }2)\\ \mathrm{Fib}(n-1)+\mathrm{Fib}(n-2) & (n>2)\end{cases}$$

求斐波那契数列的递归函数算法如下：

```
int Fib(n)
{  if  (n==1) ||((n==1))
     return 0;                              /*递归终止条件*/
   elseif  (n>2)
     return  Fib(n-1)+ Fib (n-2);           /*递归表达式*/
}
```

当 n=6 时，进行 Fib(6)函数运算，调用的过程如图 3-9 所示。

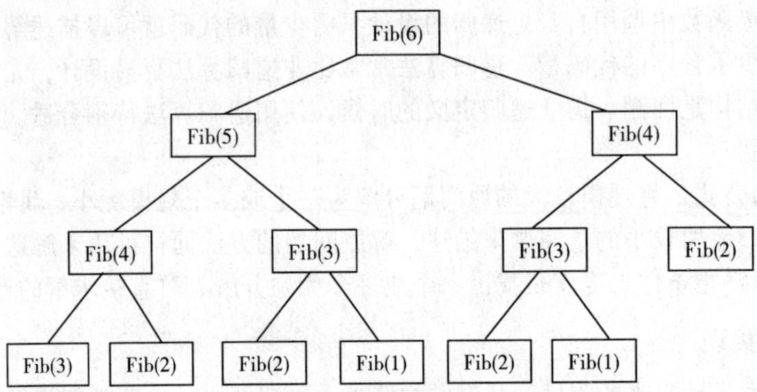

图 3-9　进行 Fib(6)递归调用示意图

通过图 3-9 所示的 Fib (6)函数的递归调用过程，可以看到 Fib(4)被计算了 2 次，Fib(3)被计算了 3 次。所以，递归的效率低下，但代码简洁，较容易理解。

【例 3.5】采用递归算法求解正整数 n 的阶乘 n!。

【解析】数学定义

$$n!=\begin{cases}1 & (n=0)\\ n\times(n-1) & (n>0)\end{cases}$$

求 n 的阶乘的递归函数算法如下：

```
long  fact(int n)
{  long   f;
   if  (n= =0)
     return 1;
   elseif  (n>0  )
     return   n*fact(n-1)  ;
}
```

图 3-10 所示为 fact(4)调用的系统栈的变化情况。

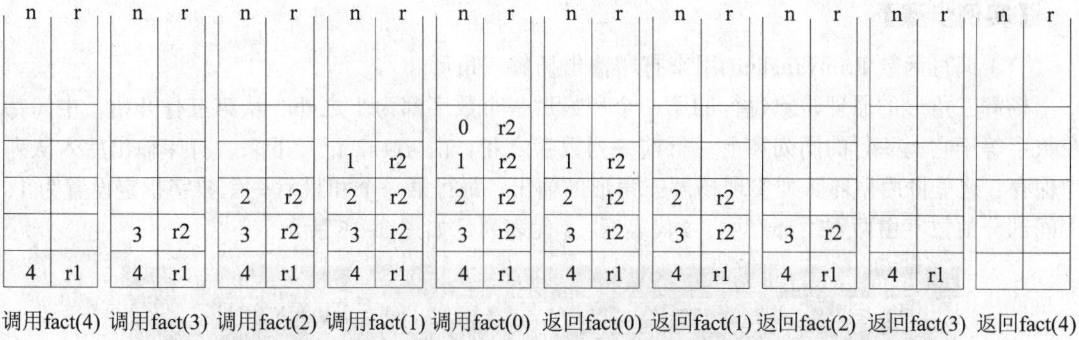

图 3-10　fact(4)调用的系统栈的变化情况

图 3-11 所示为函数 fact(4)的递归调用过程的执行流程。

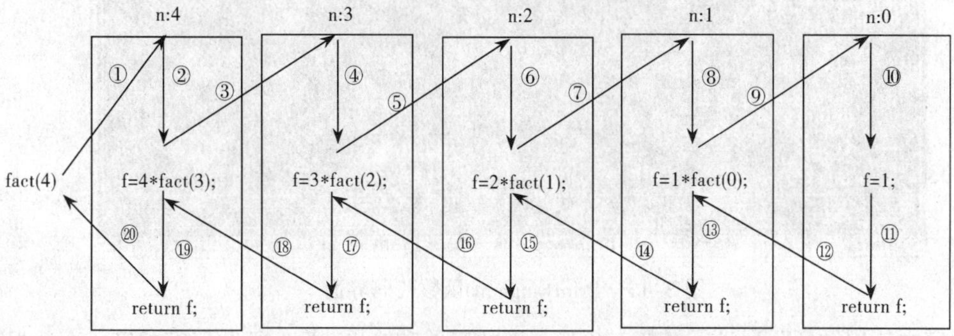

图 3-11　函数 fact(4)的递归调用过程的执行流程

3.2 “杨辉三角形”实例

【实例目的】

杨辉三角形是程序设计中的经典问题之一，可以用多种算法解答，读者可以通过对比这些算法，深入了解它们原理的不同之处。

【实例内容】

编写一个用队列实现的程序，打印出用户指定行数的杨辉三角形，如图 3-12 所示。用户输入 9 后，打印出前 9 行的杨辉三角形。

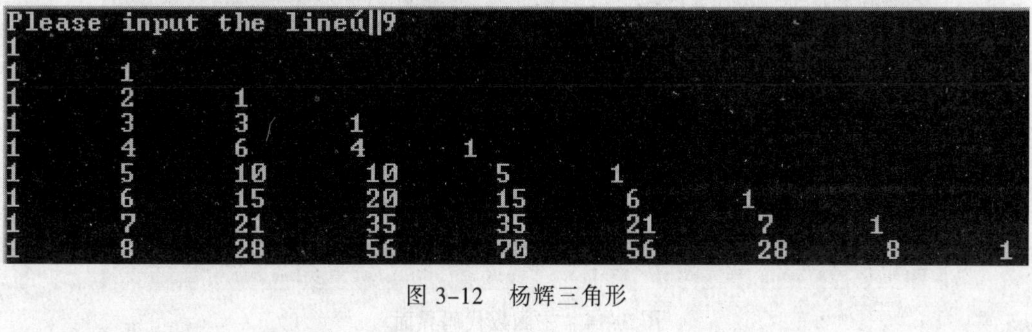

图 3-12　杨辉三角形

【实例步骤】

（1）编写函数 Printyanghui()用来打印输出杨辉三角形

杨辉三角形的原理是除每行的第一个和最后一个数字都为 1 之外，从第三行开始，中间每个数字等于它上一行的同列和上一行前一列数字之和，由 s1+s2 记录下来，打印输出后入队列中保存。这里将用循环队列实现杨辉三角形的输出，每行第一个和最后一个数字指定设置为 1，中间部分的数字由两重循环产生，i 代表行，j 代表列，如图 3-13 所示。

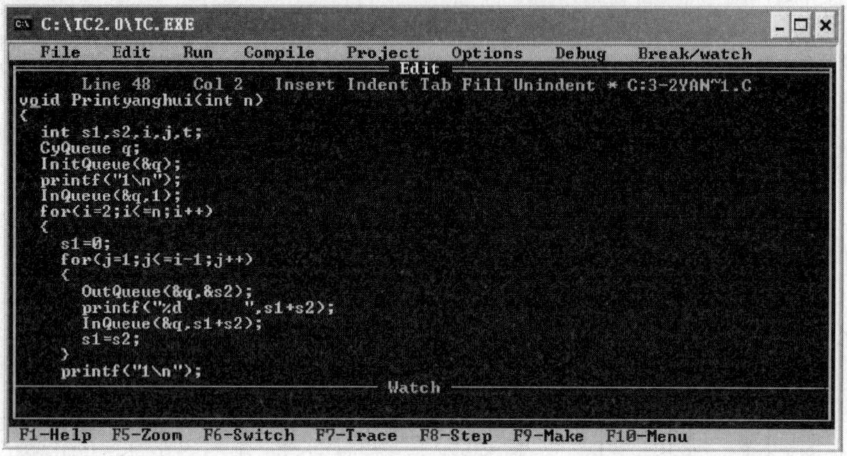

图 3-13　Printyanghui()函数代码界面

本程序中使用循环队列进行杨辉三角形元素的存储和输出，第一行和每行的第一个数据 1，直接入队列，从第二行开始产生杨辉三角形的其他数据。逐行产生杨辉三角形的数据，并逐行逐个输出数值，每行输出结束时，队列中总保持杨辉三角形上一行完整的数据。

函数中的 InitQueue()、InQueue()、OutQueue()函数为循环队列的基本操作，定义方式可以见之后的详细介绍。

（2）主函数

用户根据提示输入需要打印的行数，行数应小于 100，调用 Printyanghui()函数打印输出。主函数代码如图 3-14 所示。

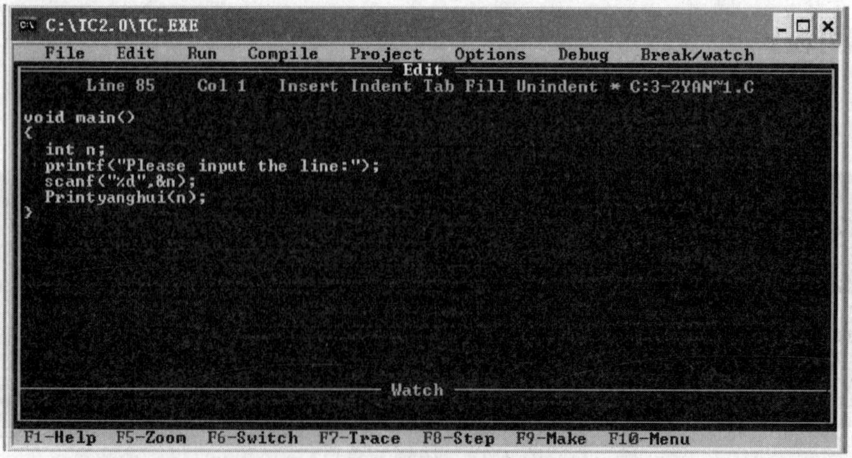

图 3-14　主函数代码界面

3.2.1　队列的定义及基本运算

1. 队列的定义

队列也是一种运算受限的"特殊"线性表，只允许在队尾（rear）的一端进行插入操作，在队头（front）的一端进行删除操作，如图 3-15 所示。

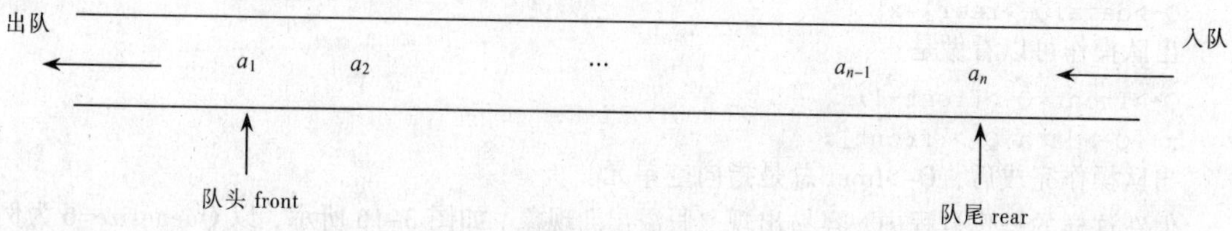

图 3-15　队列

队列类似于"排队"原理，在现实生活中应用相当广泛，比如火车站出租车排队、银行排队、打印机打印队列、医院病人候诊队列以及高速公路收费站等待队列。队列的特点是：第一个进入队列的排在队头，首先接受操作，操作结束后第一个离开队列，是一种"先进先出"（First In First Out, FIFO）原理，在过程中是一种线性关系，不能在中间出现"插队"现象，只能在队头和队尾进行删除和插入操作。

2. 队列的基本运算

队列的基本运算包含以下 4 种：

① 初始化队列 InitQueue(Q)：其作用是建立一个空队列 Q。

② 入队 InQueue (Q, x)：其作用是在队列 Q 的队尾位置新加入一个数据元素 x，队尾指针 rear 移动至新队尾处。

③ 出队 OutQueue (Q, x)：其作用是删除队列 Q 的队头，并将值赋给 x，队头指针 front 移动至新队头。

④判断空队 EmptyQueue (Q)：其作用是判断队列 Q 是否为空，该函数为布尔函数。若队列 Q 为空，返回真值；反之返回假值。

除了以上 4 项基本运算以外，队列中还能进行销毁队列(DestroyQueue)、清空队列(ClearQueue)、求队列内元素个数（QueueLength）、合并队列（MergeQueue）等操作，这里不再一一列举。

3.2.2　队列的存储实现和运算实现

根据所采用的存储结构不同，队列一般也可分为顺序队列和链队列两种。

1. 顺序队列

顺序队列使用顺序存储方式，使用一维数组来实现，队头指针 front 指向队头元素，队尾指针 rear 指向队尾元素。顺序队列结构定义如下：

```
#define Queuesize 100
typedef struct{
  DataType data[Queuesize];          /* 存放队列中元素 */
  int  front, rear;                  /* 队头指针、队尾指针 */
```

```
}SqQueue;                                    /* 顺序队列定义 */
SqQueue *Q;                                  /* 顺序队列实现 */
```

front 和 rear 为整型变量，取值范围在 0~Queuesize-1 范围之中，队列中元素个数最大不超过 Queuesize 个。

简单看来，入队操作可以看做是：

```
Q->rear=Q->rear+1;
Q->data[Q->rear]=x;
```

出队操作可以看做是：

```
Q->front=Q->front+1;
x= Q->data[Q-> front];
```

出队操作完成后，Q->front 总是指向空单元。

但在这样的操作过程中，容易出现“假溢出”现象。如图 3-16 所示，以 Queuesize=6 为例，对队列中元素进行操作。

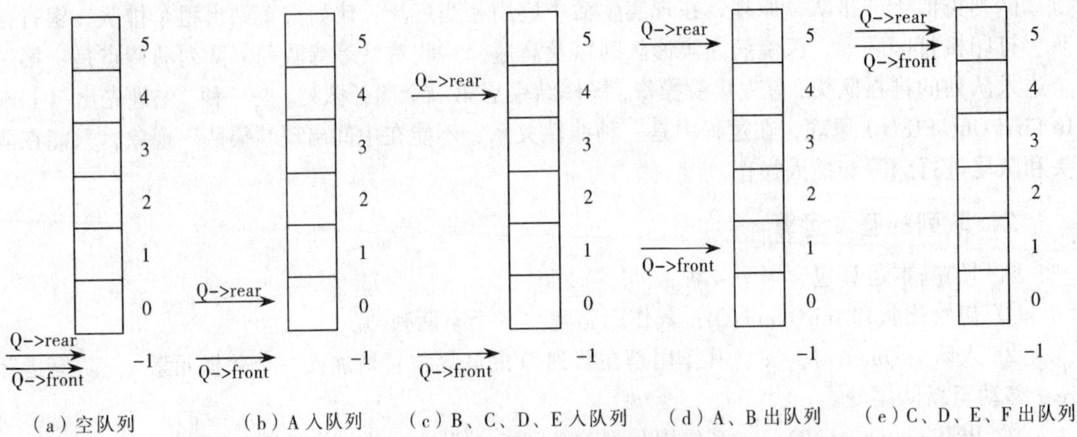

图 3-16　顺序队操作示意图

在图 3-16 中，（a）状态为空队列，队列中没有数据元素，队头和队尾指针设置为-1；图（d）和图（e）中队尾指针 rear 已经到了队列的最后一个元素位置，理论上来说，Q->rear=Queuesize-1 的时候，顺序队已满不能再插入数据，但根据图示，队列此时仍有空间可进行插入运算。为了充分利用存储空间，将队列想象成一个循环表，数组的首尾相连：Q->data[0] 紧随 Q->data[Queuesize-1]之后，如图 3-17 所示。

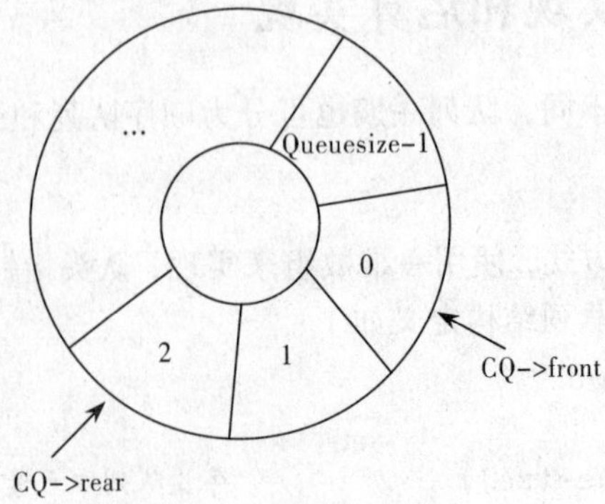

图 3-17　循环队列示意图

循环队列结构类型定义如下：

```
typedef struct{
  DataType data[Queuesize];           /* 存放队列中元素 */
  int front, rear;                    /* 队头指针、队尾指针 */
}CyQueue;                             /* 循环队列定义 */
CyQueue *CQ;                          /* 循环队列实现 */
```

按照以上想法，循环队列的入队操作应为：

```
CQ->rear=( CQ->rear+1)% Queuesize;
CQ->data[CQ->rear]=x;
```

出队操作则应为：

```
CQ-> front =( CQ-> front +1)% Queuesize;
x= CQ->data[CQ->front];
```

那么，循环队列为满的条件就应为：CQ-> front = =(CQ->rear+1)% Queuesize，意味着当队尾指针绕一圈后“追赶上”队头指针，此时视为队满，队头结点总是不存放元素的。

（1）初始化队列操作

初始化顺序队列即构造一个空队列，队列中没有数据，队头指针和队尾指针在同一个位置 0 处。

```
InitQueue (CyQueue *CQ)
{
   CQ->front=CQ->rear=0;
}
```

（2）判断空队列操作

判断是否空队列，只需判断 front 与 rear 指针是否指向同一位置，由于队头和队尾指针在操作中都能移动，不一定在 0 位置处才代表队列为空。

```
int EmptyQueue (CyQueue *  CQ)      /* 判别队列 Q 为空时返回值为真，反之为假 */
{
   if (CQ->rear== CQ->front)
     return 1;                      /* 队列 Q 为空 */
   else
     return 0;                      /* 队列 Q 不为空 */
}
```

（3）循环队列入队操作

入队操作主要有以下步骤：

① 判断循环队列 CQ 是否已满，若满会产生“上溢”，不能在队尾进行插入元素操作，否则执行第②步。

② 队尾指针 rear 指向新的队尾位置。

③ 将新元素存入新的队尾位置处。

```
int InQueue (CyQueue *CQ , DataType x)
{
  if(CQ-> front ==( CQ->rear+1)% Queuesize)
    return 0 ;                                   /* 循环队列 CQ 已满 */
  else
  {
```

```
    CQ->rear=( CQ->rear+1)% Queuesize;          /* 队尾指针移向新队尾 */
    CQ->data[CQ->rear]=x;                       /* 插入新元素至队尾 */
    return 1;
  }
}
```

（4）循环队列出队操作

出栈操作主要有以下步骤：

① 判断队列是否已空，若空则会产生“下溢”，不能在队头进行删除元素操作，结束程序，否则执行第②步。

② 被删除元素的值赋给 x，队头指针 front 指向新的队头位置，

```
int OutQueue (CyQueue *CQ , DataType  x)
{
  if(CQ->rear== CQ->front)
    return 0 ;                                  /* 循环队列 CQ 为空 */
  else
  {
    CQ-> front =( CQ-> front +1)% Queuesize; /* 队头指针移向新队头 */
    x= CQ->data[CQ->front];                     /* 取队头元素 */
    return 1;
  }
}
```

2. 链队列

链队列使用链式存储方式，与顺序队列一样，链队列也有队头指针和队尾指针，此外还有存放数值的变量 data。队头指针 front 指向整个链表，进行队头元素的删除操作；队尾指针 rear 指向表尾，进行队尾元素的插入操作。链队列就是一个同时带有头指针和尾指针的单链表，在队尾进行插入操作时，不用浪费时间遍历链表定位至链表尾，数据域 data 存放数据元素的值。链队列的结构如图 3-18 所示，其结构类型定义如下：

```
typedef struct{
 DataType data;                                 /* 存放队列中元素的值 */
 Struct node *next;                             /* 链队列结点指针域 */
} LQNODE;                                       /* 链队列定义 */
LQNODE *LkNODE;
typedef struct{
 LkNODE  front, rear;                     /* 队头指针、队尾指针 */
}LkQueue;
LkQueue *LQ;                              /* 定义一个指向队列的指针 */
```

链队列也是链表中的一种，可分为带头结点和不带头结点两种，本章主要讲述不带头结点的链队列。

（1）初始化队列操作

初始化顺序队列构造一个只有头指针的链表。

```
InitQueue (LkQueue *LQ)
{
  LQ->front = LQ->rear =NULL;
```

```
}
```

（2）判断空队列操作

判断为空链队列的操作与顺序队列相同，只需判断 front 与 rear 指针是否在同一位置。

```
int EmptyQueue (LkQueue *LQ)           /* 判断队列 LQ 为空时返回值为真，反之为假 */
{
  if (LQ->rear = LQ->front)
    return 1;                          /* 队列 LQ 为空 */
  else
    return 0;                          /* 队列 LQ 不为空 */
}
```

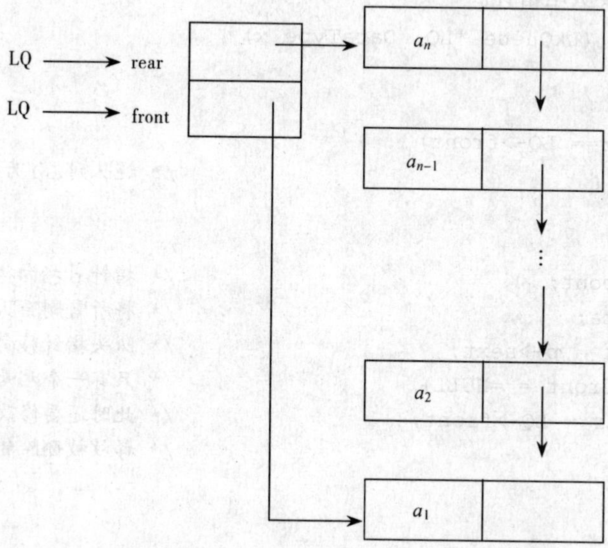

图 3-18　链队列示意图

（3）链队列入队操作

链对列的入队操作只在链表尾进行，链队列不需要担心队列是否已满，因为链队列没有“上溢”的现象出现。入队操作主要有以下步骤：

① 生成新结点。

② 将新结点链上队尾。

③ 将新元素存入新的队尾位置处。

```
int InQueue (LkQueue *LQ , DataType x)
{
  LkQueue *p;
  p=( LQNODE *) malloc(sizeof(LQNODE));    /* 申请一个新结点 */
  p ->data=x;                              /* 将 x 的值存入新结点的 data 域 */
  p->next=NULL;                            /* 新结点无后继结点，next 域置空 */
  if(LQ->rear==NULL)                       /* 若队列为空 */
    LQ->front= LQ->rear=p;
  else
  {
    LQ->rear->next =p;                     /* 将新结点链上原队尾结点 */
```

```
    LQ->rear=p;                              /* 队尾指针 rear 指向新队尾结点 */
  }
  return 1;
}
```

（4）链队列出队操作

出栈操作主要有以下步骤：

① 判断队列是否已空，若空会产生“下溢”，不能在队头进行删除元素操作，结束程序，否则执行第②步。

② 被删除元素的值赋给 x，释放被删除的队头结点。若原队列中只有一个元素，则删除后队列为空，需要修改队尾指针。

```
int OutQueue (LkQueue *LQ, DataType x)
{
  LkQueue *p
  if(LQ->rear== LQ->front)
    return 0 ;                               /* 链队列 LQ 为空 */
  else
  {
    p= LQ->front;                            /* 指针 p 指向待删的队头结点 */
    x=p-> data;                              /* 将所需删除队头元素的值赋给 x */
    LQ->front = p->next;                     /* 队头指针移向新队头 */
    if (LQ->front = =NULL)                   /* 只有一个元素时，出队后队空 */
      LQ->rear = LQ->front;                  /* 此时还要修改队尾指针 */
    free(p);                                 /* 释放被删除的结点 */
    return 1;
  }
}
```

【例 3.6】用不带头结点的循环单链表来表示队列，只设一个指针 rear 指向队尾结点，试编写相应的入队列和出队列算法。

【解析】将队列看成只带有尾指针 rear 的循环单链表，则应由队尾元素的指针域存放整个链表的位置，而原链队列的构成方式依旧如图 3-19 所示。

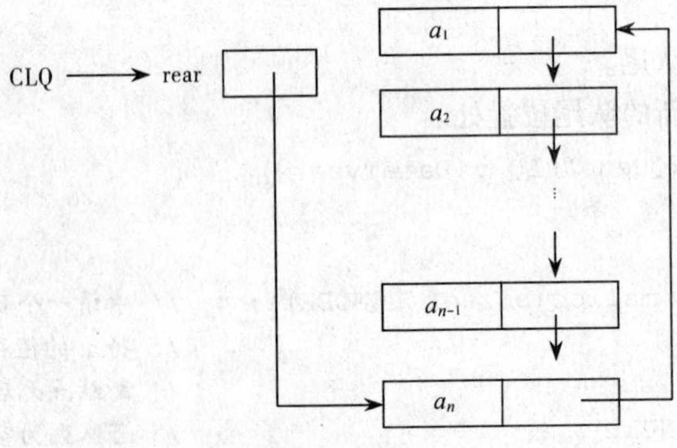

图 3-19　队列循环链表示意图

① 定义循环单链表队列类型如下：

```
typedef struct
```

```
{
  Node *rear;                          /* Node 为单链表结点类型 */
}CLQueue;
```

② 队列插入一个结点的操作必须在队尾进行，所以该循环链队列的队尾插入一个结点，rear 指针进行移动，指向新的队尾元素。算法如下：

```
int InCLQueue (CLQueue *CLQ , DataType  x)
{
  Node *p ;
  p=(Node *) mallocsize(size(Node));   /* 申请新结点 */
  p->data=x;
  if (CLQ->rear==NULL)                 /* 该队列为空时，只有一个插入结点 */
  {
   CLQ->rear=p;
   CLQ->rear->next=p;
  }
  else                                 /* 该队列不为空时插入到队尾元素后 */
  {
   p->next= CLQ->rear->next;           /* 新结点的指针域循环链上表头 */
   CLQ->rear->next=p;
   CLQ->rear=p;                        /* rear 指针始终指向队尾元素 */
  }
}
```

③ 队列的删除结点只能在队头进行，而整个链表只有指向队尾的 rear 指针，此时需要先定位到表头，再进行删除操作。

```
int OutCLQueue (CLQueue *CLQ , DataType  x)
{
  Node *q ;
  if (CLQ->rear==NULL)                 /* 该队列为空时删除，出现"下溢" */
   return 0 ;
  else
  {
   q= CLQ->rear->next ;                /* q 指向队头 */
   x= q->data;
   if (q== CLQ->rear)                  /* 队列中只有一个结点，直接删除即可 */
    CLQ->rear=NULL;
   else                                /* 否则删除第一个结点 */
   {
    CLQ->rear->next =q->next;
    free(q);                           /* 释放被删结点 */
    return 1;
   }
  }
}
```

小　结

本章中的栈和队列与之前学习过的线性表在逻辑结构上都属于线性结构，不同之处在于：栈和队列限制位置进行运算操作。

栈是限定只能在栈顶进行插入与删除的线性表，其特点是先进后出。队列限定在队尾进行插入，在队头进行删除的线性表，其特点是先进先出。在实际问题中，这两种结构应用非常广泛。栈通常有两种存储结构：顺序栈与链栈，顺序栈受到数组大小的限制，需要预先估计，可能会出现“溢出”现象，而链栈不存在这种问题。

递归是栈的一个典型应用，读者应理解其运行过程，掌握设计的两个步骤。

队列也有两种存储结构：顺序队与链队，顺序队容易产生“假队满”的问题，所以循环队作为队列顺序存储结构的最好解决方式。链队列虽不会出现“假队满”的问题，相对使用更方便，但指针域将会占用更多的存储空间。

思考与练习

一、单选题

1. 一个栈的入栈序列为“abcde”，则以下不可能的出栈序列是（　　）。

   A．bcdae　　B．edacb

   C．bcade　　D．aedcb

2. 链栈与顺序栈相比，有一个较明显的优点是（　　）。

   A．通常不会出现栈满的情况　　B．通常不会出现栈空的情况

   C．插入操作更加方便　　D．删除操作更加方便

3. 一个队列的入队序列是“d1，d2，d3，d4”，则队列的出队顺序是（　　）。

   A．d4, d3, d2, d1　　B．d1 ,d2,d3 ,d4

   C．d1 ,d4,d3 ,d2　　D．d3, d2,d4 ,d1

4. 假定一个循环队列的队头和队尾指针分别为 p 和 q，则判断队空的条件为（　　）。

   A．p= =0　　B．p+1==q

   C．q+1= =p　　D．p==q

5. 若以数组 a[k]存放循环队列的元素，则当循环队列满时，队列中有（　　）个元素。

   A．2k　　B．k+1

   C．k　　D．k-1

6. 若链队列的队头指针和队尾指针分别为 front 和 rear，则从队列中删除一个结点的操作是（　　）。

   A．p= front; rear=p-> next; free(p);

   B．p=rear;front =p;free(p);

   C．p= front; front=p->next; free(p);

   D．p=rear;front=p->next; free(p);

7. 输入序列为 ABC，要变为 CBA，经过的栈操作为（　　）。

A．push,pop, push,pop, push,pop

B．push, push, push,pop,pop,pop

C．push,push, pop,pop, push,pop

D．push, pop,push, push, pop,pop

二、填空题

1．栈的逻辑特点是__________，队列的逻辑特点是__________；二者的共同点是只允许在它们的__________处插入和删除数据元素；其中__________可以作为实现递归函数调用的一种数据结构。

2．判别循环队列空和满的方法有__________、__________和__________。

3．已知链队列 Q 的头、尾指针分别是 front 和 rear，则出队操作是：p=Q->front；______；free(p)。

4．一般情况下，将递归算法转化成等价的非递归算法应该设置__________。

5．表达式 $d/(b-c)+a$ 的后缀表达式是__________。

三、综合题

1．设有编号为 A、B、C、D 的 4 辆列车，顺序进入一个栈式结构的站台，试写出这 4 辆列车开出车站的所有可能的顺序。

2．借助栈（可用栈的基本运算）来实现单链表上的逆置运算。

3．用一个循环单链表表示队列，该队列只设一个队尾指针 rear，不设队首指针。试编写算法，完成入队、出队操作。

4．设从键盘输入一整数的序列：$a_1,a_2,a_3,\cdots,a_n$，试编写算法实现：用栈结构存储输入的整数，当 $a_i \neq -1$ 时，将 a_i 进栈；当 $a_i=-1$ 时，输入栈顶整数并出栈。算法应对异常情况（如栈满等）给出相应的信息。

第4章 串

【内容提要及目标】

本章主要介绍串的有关概念和术语，详细介绍串的存储方法、串的基本运算及其实现、串的模式匹配概念和实现算法，通过实例的方式深入了解串的应用。通过本章学习，读者应该掌握以下内容：

- 熟悉串的基本概念和术语、串和线性表的关系。
- 理解串的顺序存储和链式存储结构的异同。
- 熟练掌握串的基本运算。
- 熟练掌握 BF 模式匹配算法。
- 理解 KMP 模式匹配算法。

【本章重点及难点】

熟悉串的基本概念和术语、存储结构和数据的运算；理解串的模式匹配算法，掌握其算法的基本思想。

4.1 串的基本概念

4.1.1 串的定义和术语

1. 串的定义

串是字符串的简称，其结构也是一种特殊的线性表。应用于信息检索、文本编辑和符号处理等领域中。

串（String）是由零个或零个以上字符组成的有限序列。一般记为：

$s=''a_1a_2a_3\cdots a_n''\quad(n\geqslant 0)$

其中 s 为串名，n 为串的长度，代表字符串有 n 个字符，字符可以是数字、字母或其他 ASCII 字符，字符串用一对双引号包含起来，双引号本身不是串的内容，仅作为串的标志。

例如，"abcdef"、"$%^&*12345"、"happy2012"、"PROGRAM"等。

2. 串的术语

空串（Null String）：当 n=0 时，该串为空串，串中不包含任何字符，可以用 ϕ 表示。

空格串：由一个或多个空格组成的串。它不等同于空串，它的长度是所包含的空格数，在一般字符串中，空格也计算在串长度中。

子串：串中任意个连续字符构成的子序列称为该串的子串。特别提示：空串是任何串的子串。

主串：包含子串的串称为该子串的主串。

串相等：字符串的长度相等且各对应位置上的字符都相同。

例如：

```
a= "";                          b= "12345";
c= "   ";                       d=12345;
e="Program Design";             f="am";
g= "program design ";           h=" am"。
```

字符串 a 为空串，长度为 0；字符串 c 为空格串，a 和 c 这两串不相等。

字符串 b 长度为 5；d 是算术变量不是字符串变量，字符串必须用双引号包含住，b 和 d 这两者不能等同。

字符串 e 长度为 14；字符串 f 长度为 2，是字符串 e 的子串，也是字符串 g 的子串；字符串 g 长度也为 14，但字符串 e 与字符串 g 不相等，ASCII 码表中大小写字符码值不相等。

字符串 h 与字符串 f 不相同，包含 1 个空格字符串也要计算长度，字符串 h 长度为 3。

上述举例中的 a、b、c、e、f、g、h 为字符串变量，与算术变量相同可以进行赋值运算，并参与字符串的相关运算，运算规则与算术变量不同，在下一节中详细介绍。

4.1.2　串的基本运算

字符串应用广泛，下列运算都是串的基本运算，利用这些基本运算可以实现字符串的其他运算。多数高级语言都提供了字符串的处理程序，比如 C 语言的库函数，读者可以参考相关内容，在使用 C 语言编程时直接调用。

对串运算及算法的深一步讲解，将在之后的章节中给出在顺序存储方式和链接存储方式下相关算法的实现。例如：

```
a=''data''
b=''structure''
```

1. 串赋值 Assign(t, s)

将一个串常量或串变量 s 赋给串变量 t。

例如：Assign(t,a)执行后，字符串 t="data"。

2. 求串长 StrLen(s)

求 s 串的长度，即统计串中字符个数，函数返回一个整数。

例如：StrLen(a)函数返回值为 4。

3. 串连接 Concat(s1，s2)

将字符串 s1 和 s2 首尾连接在一起形成一个新串。

例如：s=Concat(a, Concat(" ", b))执行后，字符串 s="data structure "，参与字符串运算的可以是字符串变量或者字符串常量。

4. 串判等 StrEqual(s1，s2)

比较两个字符串长度是否相等，以及各对应位置上的字符是否相等，并返回相应的值。若字符串 s1 和 s2 相等，则返回值 1；反之，两个字符串不相等，返回值为 0。

例如：StrEqual (a, b)返回值为 0，两字符串不相等。

5. 串插入 Insert(s1, i, s2)

在串 s1 第 i 个字符位置之后插入字符串 s2。

例如：执行 Insert(a, 3, "THIS")后，字符串 a="datTHISa"。

6. 串删除 StrDel (s, i, j)

从串 s 第 i 个字符开始（1≤i≤len），连续删除 j 个字符。若不足 j 个字符，删除到 s 的最后一个字符。

例如：StrDel(b, 5, 4)执行后字符串 b="strue"。

7. 串替换 StrReplace(t, s1, s2)

用串 s2 替换串 t 中出现与串 s1 相等的子串。

例如：StrReplace(b, "u" , "z")执行后字符串 b="strzctzre"。

8. 取子串 SubStr(s1, i, j)

从串 s1 的第 i 个字符开始，取连续 j 个字符构成一个新串，其中，1≤i≤strlen(sl)，1≤j≤strlen(s1)−i+l。

例如：执行 SubStr(b, 3, 4)后="ruct"。

特别注意，这里规定对任何串 s，函数 substr(s1, i, 0)的值为空串。

9. 子串定位 Index(s1, s2)

其功能是求子串 s2 在主串 s1 中的位置。在主串中查找是否有与子串匹配的序列，如果有就给出子串在主串中的位置，如果没有就返回 0。子串在主串中的位置为子串首次出现的起始位置。

例如：Index(b, "u")执行后，返回值为 4。

【例 4.1】已知字符串 s="ABCDEFG"，字符串 t="SPORT"，进行如下运算后 Concat(SubStr (s, 2,StrLen(t)), SubStr (s, StrLen(t), 2)) 将得到怎样的字符串？

【解析】将多个串的基本运算一起综合运用，可以进行复杂的字符串运算，并得到多种结果。读者在实际应用中，不能只停留在对串的基本运算的应用。

SubStr (s, 2, StrLen (t))是从 s 的第二个字符开始，取字符串 t 长度的字符数，即 5 个字符，得到字符串为"BCDEF"。

SubStr (s, StrLen (t), 2)是从 s 的第五个字符开始，取 2 个字符，得到字符串为"EF"。

将以上得到的子串进行连接 Concat 运算，得到字符串" BCDEFEF"。

4.2 "文本加密"实例

【实例目的】

综合应用串的多种运算，以实现更为复杂的功能，达到使用串结构解决实际问题的目的。

【实例内容】

一个文本串可用事先给定的字母映射表进行加密。例如，假设字母映射为：

a b c d e f g h i j k l m n o p q r s t u v w x y z

q w e r t y u i o p a s d f g h j k l z x c v b n m

将字符串 encrypt 加密为 tfeknhz，编写程序实现以下目标。

① 将输入的文本串进行加密后输出。

② 将输入的加密文本串进行解密后输出。

【实例步骤】

① 首先进行字符串匹配，将两个字符串中的字符关系一一对应起来，再进行解密和加密操作。当输入一个字符时，在字母表中查找其位置，然后在密码表中查找匹配的加密字符替换输入字符，如图 4-1 所示。

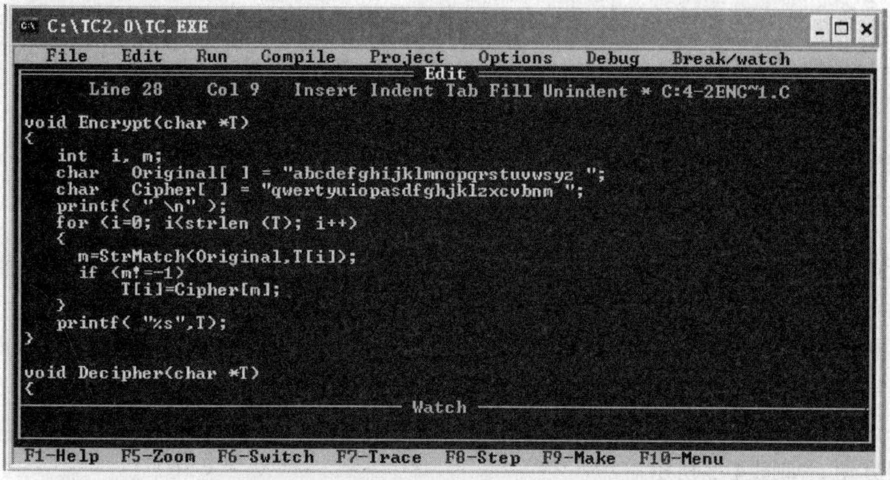

图 4-1　字符串匹配和加密函数代码界面

② 在主函数中根据提示逐个输入字符，调用加密函数 Encrypt()或解密函数 Decipher()进行相应操作，如图 4-2 所示。

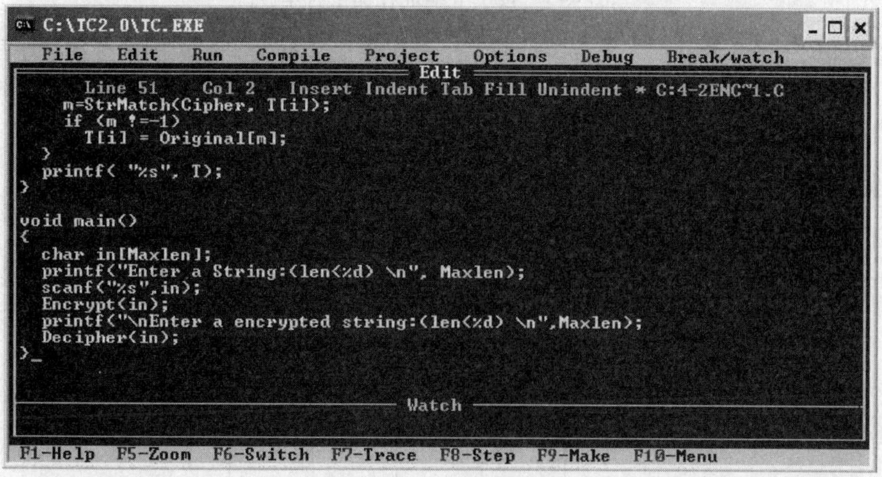

图 4-2　主函数代码界面

【实例相关知识点】

串作为线性表的一个特例，既适用于线性表的存储结构，也适用于串。同时，串的存储结构与计算机系统的具体编址方式有着十分密切的关系，它对串的处理效率影响相当大。因此，要根据不同的情况，综合考虑各种因素，选择合适的方法来存储串。串的存储方式有两种：一种是静态存储方式，串的存储空间分配在编译时完成，称为顺序存储方式；另一种是动态存储方式，串的存储空间在程序运行时动态分配，动态存储方式分为链式存储方式和堆存储方式，这里介绍链式存储方式。

4.2.1 串的顺序存储

串的顺序存储是用一组连续的存储单元依次存储串中的各个字符。按照串中字符的顺序，串中每个字符依次存储在连续的数组元素空间中。串的顺序存储结构表示为：

```
#define maxsize 100                    /* 定义串允许的最大字符个数 */
typedef struct
{
   char data[maxsize];                 /* 存放串中每个字符 */
   int len;                            /* 串的长度 0≤length≤maxsize */
}SqString;
```

由于串的最大长度固定，串中字符数为 len≤maxsize，因此超过串最大长度的串值将会舍去，称为截断。

计算机的编址方式决定 CPU 访问存储器的存取单位大小，通常有两种存取方法，即按字节编址（以字节为存取单位）和按字编址（以字为存取单位）。在按字节存取的计算机中，一个字符占用一个字节，因此字符串中相邻的字符是顺序存放在相邻的字节中，这样既节约存储空间，处理又很方便，如图 4-3 所示。

1	2	3	4	5	6	7	8	9	10	11	12	13	14
d	a	t	a		s	t	r	u	c	t	u	r	e	'\0'

图 4-3　按字节编址存储字符串

当计算机按字节（Byte）为单位编址时，一个机器字（存储单元）刚好存放一个字符，串中相邻的字符顺序存储在地址相邻的存储单元中；当计算机按字（Word）为单位编址时，一个存储单元由若干字节组成。此时，顺序存储结构有紧凑格式和非紧凑格式两种存储方式。

1. 紧凑格式

紧凑格式就是在存储单元中尽量多存储字符。例如，假设计算机的字长为 32 位（即 4B），s="data structure"，按紧凑格式可以存放在 4 个存储单元中，如图 4-4 所示。

存储地址				
1000	d	a	t	a
1001		s	t	r
1002	u	c	t	u
1003	r	e	'\0'	

图 4-4　紧凑格式存储示例

这种存储结构的优点是空间利用率高，但是对串中字符的处理效率低，需花费更多时间分离同一个字中的字符。

2. 非紧凑格式

非紧凑格式是一个存储单元只存放一个字符，存储时多余的空间置空不用，如图 4-5 所示，s="data structure" 按非紧凑格式存储的示意图占有 15 个存储单元。显然，紧凑格式的存储空间利用率高于非紧凑格式的存储空间利用率。

非紧凑格式的优缺点与紧凑格式的优缺点相反。在实际应用中，串的存储结构是采用紧凑格式还是非紧凑格式，应根据具体情况而定。

即便如此，串的静态存储结构存在两个缺点：

① 需要预先声明一个串允许的最大字符个数，若该值估计过大，较多的空间就会被浪费。

② 由于限定了串的最大字符个数，在使用串的置换、连接等操作时，会受到很大的限制，一旦出现超过最大字符个数时字符串将被截断。

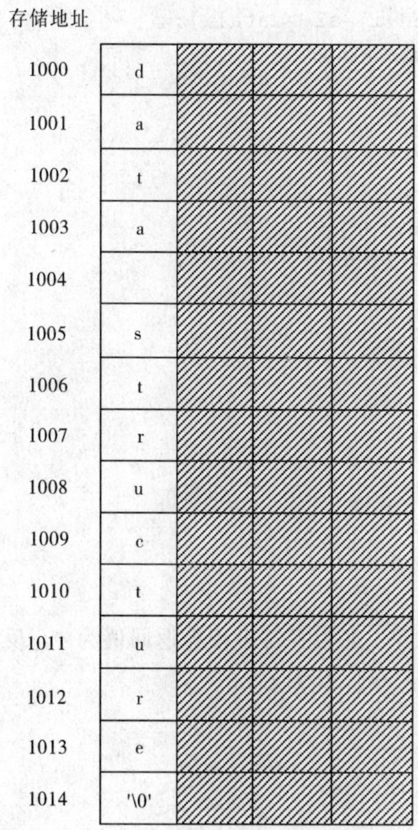

图 4-5　非紧凑格式存储示例

4.2.2　顺序串的基本运算

1. 串连接

将字符串 s1 和 s2 首尾连接在一起形成一个新串 s，s1 在前，s2 在后。若串相连后的新串长度超过了所规定的最大字符数，则两个字符串不能正常连接，需要进行截断。一般有 3 种可能：

① 若串 s1 的长度与串 s2 的长度和小于最大字符数，则将 s2 连接到 s1 的尾部。

② 若串 s1 长度等于最大字符数，则串 s2 不能进行连接操作。

③ 若串 s1 长度和串 s2 长度都小于最大字符数，而连接后的串长度大于最大字符数，则 s2 中超过的字符数将截断。

算法如下：

```
int Concat(SqString *&s, SqString *s1, SqString *s2)
{
  int i;
  if (s1->len+s2->len <= maxsize)
  {
    for(i=0;i<s1->len;i++)
      s->data[i]=s1->data[i];
    for(i=0;i<s2->len;i++)
      s->data[s1->len+i]=s2->data[i];
    s->len= s1->len+s2->len;
    return 1;
  }
  else if(s1->len<= maxsize)
  {
    for(i=0;i<s1->len;i++)
      s->data[i]=s1->data[i];
    for(i=0;i<(maxsize-s1->len);i++)
     s->data[s1->len+i]=s2->data[i];
    s->len=maxsize;
    return 1;
  }
  else
    return 0;
}
```

2. 串判等

比较字符串的长度是否相等，如果字符串相等返回值为 1，反之为 0。算法如下：

```
int StrEqual(SqString *s1,SqString *s2)
{
  int flag=1,i;
  if (s1->len==s2->len)
  {
   while (i<s1->len && flag==1)
   {
    if(s1->data[i]!=s2->data[i])
       flag=0;
     i++;
   }
    if (flag)
```

```
      return 1;
  }
  else
    return 0;
}
```

3. 串插入

在串 s1 第 i 个字符位置之后插入字符串 s2。串插入中需要考虑以下问题：

① 判断指定的插入位置是否合法。当 i> s1->len 或 i<0 时，不能进行插入操作。

② 如果能进行插入操作，还要考虑插入后串的字符数是否超过最大字符数，一旦超过最大字符数时需要截断。与串的连接类似，串的插入一般有以下可能：

- 若串 s1 的长度与串 s2 的长度和小于最大字符数，则将 s2 插入到 s1 的指定位置。
- 若串 s1 长度和串 s2 长度都小于最大字符数，而两串相连后的长度大于最大字符数，则串 s2 优先插入，最后根据 s1 和 s2 连接后的长度与最大字符数的比较来确定截断位置。

顺序串的插入和顺序表的操作类似，在插入 i 位置之前先要将 i 之后的字符往后移动，留出相当于串 s2 长度的位置，再进行插入操作。

算法如下：

```
int Insert(SqString *s1,int i,SqString *s2)
{
  int j;
  if (i>s1->len||i<0)
    return 0;
  if (s1->len+s2->len <= maxsize)
  {
    for(j=s1->len-1;j<i-1;j--)
      s1->data[j+s2->len]=s1->data[j];
    for(j=0;j<s2->len;j++)
      s1->data[i+j]=s2->data[j];
    s1->len=s1->len+s2->len;
    return 1;
  }
  else if(s2->len+i<=maxsize)
/* 插入后串长度大于maxsize,串 s2 却能全部插入, 串 s1 截断 */
  {
    for(j=maxsize-1,i>s2->len+i-1;j--)
      s1->data[j]=s1->data[j-s2->len];
    for(j=0;j<s2->len;j++)
      s1->data[i+j]=s2->data[j];
    s1->len=maxsize;
  }
  else
  {
    for(j=0;j<maxsize-i;j++)
      s1->data[i+j]=s2->data[j];
    s1->len=maxsize;
```

```
  }
  return 1;
}
```

4. 串删除

从串 s 第 i 个字符开始，连续删除 j 个字符。若不足 j 个字符，删除到 s 的最后一个字符。串删除中需要判断是否能进行删除操作，有以下几种情况：

① 串为空串，不能进行删除操作。

② 指定的删除位置不合法。当 i> s1->len 或 i<0 时，不能进行删除操作；

顺序串的删除操作和顺序表的删除操作类似，只需将删除位置后的字符往前移动。算法如下：

```
int StrDel(SqString *s, int i, int j)
{
  int m;
  if(s->len<=0)
  {
    printf("空串，无法进行删除操作！");
    return 0;
  }
  if(i+j>s->len)
    j=s->len-i+1;
  for (m=i;m<i+j; m++)
    s->data[m]=s->data[m+j];
  s->len=s->len-j;
  return 1;
}
```

5. 求子串

从非空串 s1 的第 i 个字符开始，取连续 j 个字符构成一个新串 s，其中 1≤i≤strlen(sl)，1≤j≤strlen(s1)-i+1；若是空串不能进行该操作。

```
int SubStr(SqString *s, SqString *s1, int i, int j)
{
  int m;
  if(s1->len<=0)
  {
    printf("空串，不能完成求子串操作！");
    return 0;
  }
  if(i+j>s1->len)
    j=s1->len-i+1;        /* 当子串超过主串长度时，只取到串尾即可 */
  for(m=0;m<j;m++)
    s->data[m]=s->data[m+j];
  s->len=j;
  return 1;
}
```

4.2.3 串的链式存储

串的链式存储是用链表实现串中字符序列的存储，链表中每个结点设置一个数据域 data 用来存储字符，设置一个指针域 next，存放指向下一个结点的地址。链表中每个结点可以存储一个字符或多个字符，这由定义结点的大小决定，如图 4-6（a）和图 4-6（b）所示。

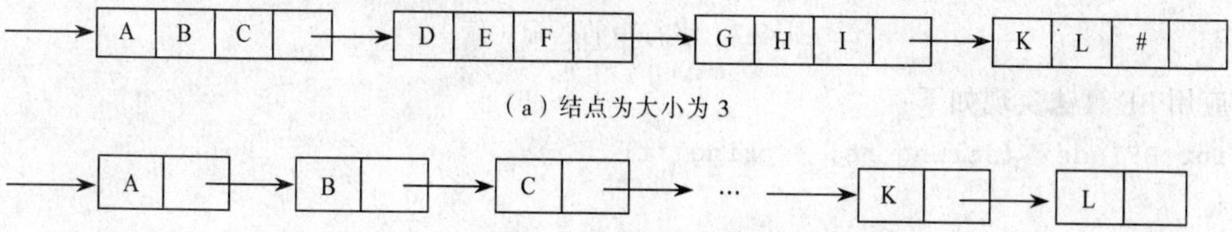

（a）结点为大小为 3

（b）结点大小为 1

图 4-6 串的链式存储

结点大小为 1 时，串的运算最容易实现，但每个字符都占有一个指针域空间，导致空间利用率低。结点大小大于 1 时（比如结点大小为 3），存储空间率提高了，但运算速度比结点大小为 1 要慢，而且当结点中字符个数少于结点大小时，要在数据域中添加特殊符号以示区别，如“#”。

*4.2.4 模式匹配

串的模式匹配目的在于判断串 t 是否是串 s 的子串。通常，将串 s 称为目标串，串 t 称为模式串。如果串 t 是串 s 的子串，则返回其在主串 s 中首次出现的起始位置，并返回匹配成功；反之匹配不成功，串 t 不在串 s 中。

由于串的顺序存储结构使用较多，本节主要讨论串匹配算法——BF 算法，采用顺序存储结构实现。另外，还将讨论一种改进的算法——KMP 算法。

1. BF 算法

BF（Brute-Force）算法的基本思想是：从目标串 s 的第一个字符开始和模式串 t 的第一个字符进行比较，若相等，依次比较后续字符，否则从串 s 的第二个字符开始重新与模式串的第一个字符比较，重复该过程，依次类推，直到在目标串 s 中找到字符序列与模式串 t 中字符序列一一相等时为止，则称该匹配成功，否则匹配失败。

【例 4.2】假设目标串 s="good moring the world"，模式串 t="or"，在目标串 s 中寻找模式串 t，若找到则返回模式串 t 在目标串 s 首次出现的起始位置，否则提示模式串 t 不在目标串 s 中。

【解析】设置变量 i 用来记录指向目标串 s 中当前比较字符在串中的位置，变量 j 指向模式串 t 中当前比较字符在串中的位置，部分匹配过程如图 4-7 所示。

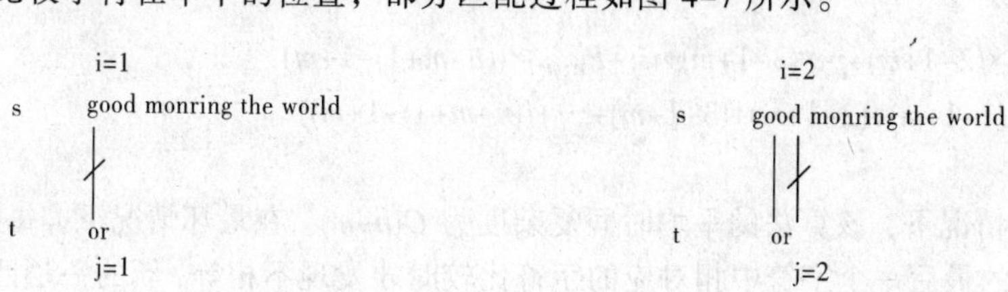

（a）第一次匹配

（b）第二次匹配

图 4-7 字符串的匹配

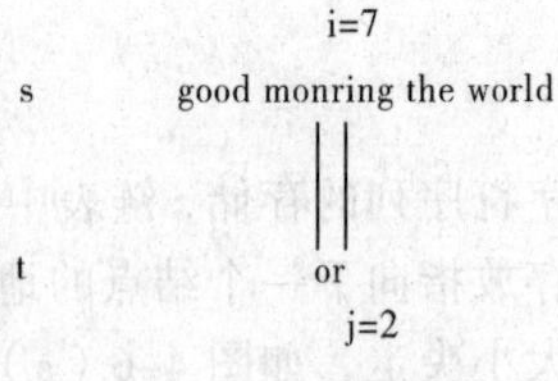

（c）第七次匹配

图 4-7　字符串的匹配（续）

应用 BF 算法实现如下：

```
int BFIndex (string *s,  string *t)
{
  int i, j;
  i=j=0;
  while ((i<s->len)&&(j<t->len))
  {
    if (s->data[i] ==t->data[j] )           /* 相等，则继续比较 */
    {
      i++;
      j++;
    }
    else
    {
      i=i-j+1;                              /* 指针 i 回溯重新开始寻找串 t  */
      j=0;
    }
  }
 if (j>=t->len)
  return (i-t->len);                        /* 返回匹配位置 */
 else
  return 0;
}
```

BF 模式匹配算法的过程比较简单，但效率不高。最好的情况下，每趟不成功的匹配都是模式串 t 的第一个字符与 s 中相应字符比较时就不等。假设从 s 的第 i 个位置开始与 t 串匹配成功的概率为 p_i，则字符比较次数在前面 i–1 趟匹配中共比较了 i–1 次，第 i 趟成功的匹配中字符比较次数为 m，可以得知总的比较次数是 $i-1+m$。要使匹配有可能成功，s 的开始位置只能是 1～$n-m+1$。再假设在这 $n-m+1$ 个开始位置上，匹配成功的概率都是相等的，因此最好情况下匹配成功的平均次数是：

$$p_1\times(1-1+m)+p_2\times(2-1+m)+p_3\times(3-1+m)+\cdots+P_{n-m+i}\times((n-m+1)-1+m)$$
$$=1/(n-m+1)\times((1-1+m)+(2-1+m)+(3-1+m)+\cdots+((n-m+1)-1+m))$$
$$=(n+m)/2$$

因此，在最好情况下，该算法的平均时间复杂度为 $O(n+m)$。在最坏情况下，每趟不成功的匹配都是在模式 t 的最后一个字符中相对应的字符比较时才发现不相等，新的一趟匹配开始前，指针 i 又要回溯到 $i-m+2$ 的位置上，每次失败的匹配都要比较 $4(m-4)$次。

在最坏的情况下，第 i 趟匹配成功，前面 i-l 趟不成功的匹配中，每趟比较了 m 次，第 i 趟成功时也比较了 m 次，所以共比较了 $i \times m$ 次。因此，最坏情况下的平均比较次数是：

$$p_i \times (1 \times m)+p_2 \times (2 \times m)+ p_3 \times (3 \times m)+\cdots+p_{n-m+1} \times ((n-m+1) \times m)$$
$$=m/(n-m+1) \times (1+2+\cdots+(n-m+1))$$
$$=m(n-m+2)/2$$

由于 $n>>m$，故上述情况下时间复杂度为 $O(n \times m)$。

BF 模式匹配算法较容易理解，应用于文本编辑等情况时，其效率较高。然而，由于其回溯次数过多，导致算法在最坏情况下的时间复杂度为 $O(n \times m)$。这种情况在只有 0、1 两种字符的文本串处理中经常出现，因为在主串中可能存在多个和模式串“部分匹配”的子串。

2. KMP 算法

这种改进算法是 D.E.Knuth、J.H.Morris 和 V.R.Patt 同时发现的，因此人们取每人名字的一个大写字母称为 KMP 算法。可以在时间复杂度为 O(s.curlen+t.curlen)时间数量级上完成串的模式匹配操作。其改进在于：每当一趟匹配过程中出现字符比较不等时，不需回溯指针，而是利用已经得到的“部分匹配”的结果将模式向右“滑动”尽可能远的一段距离后，继续进行比较，完成串的模式匹配。

为了进一步讨论 KMP 算法，下面首先讨论一个例子。假设 s="abacabab"，t="abab"， i,j 为指向字符串 s 和字符串 t 的指针。第一次匹配过程如图 4-8 所示。

```
第1次匹配    s=abacabab      i=3
               |||≠                 失败
             t=abab          j=3
```

图 4-8　第一次匹配过程

经过仔细观察，第一次匹配失败后，不必从 i=2，j=1 重新开始第二次匹配。因为 s.str[2]≠t.str[1]，s.str[3]=t.str[2]，因此，第二次匹配可直接从 i=5、j=1 开始。因为主 s 中的第 2、3、4 个字符为'b'、'a'、'c'，模式串中的第一个字符是'a'，因此它无须再和这几个字符进行比较，而仅须将模式向右滑动 3 个字符的位置继续进行 i=5、j=1 时的字符比较即可。由此，在整个匹配的过程中，i 指针没有回溯。

为讨论一般情况，假设主串为 s="$s_1s_2 \cdots s_i \cdots s_n$"，$t$="$t_1t_1 \cdots t_j \cdots t_m$"， 当 $s_i= t_j(1 \leqslant i \leqslant n, 1 \leqslant j \leqslant m)$时，存在：

$$"t_1t_2\cdots t_{j-2}\ t_{j-1}"="s_{i-j}s_{i-(j-1)}\cdots s_{i-2}s_{i-1}" \quad (4\text{-}1)$$

从上例的分析可知，为实现改进算法，需要解决以下问题：当主串中第 i 个字符与模式中第 j 个字符不相等时，下一次匹配，模式串应向右移动多远，即 s_i 应与串 t 的哪个字符进行比较？

假设此时应与模式串中第 k（$k<j$）个字符继续比较，则模式中前 k-1 个字符的子串必须满足下列关系式：

$$"t_1\cdots t_{k-2}\ t_{k-1}"="\ s_{i-(k-1)}\ \cdots s_{i-2}s_{i-1}" \quad (4\text{-}2)$$

即 t 的子串"$t_1 \cdots t_{k-2}\ t_k$"和 s 的子串"$s_{i-(k-1)} \cdots s_{i-2}s_{i-1}$"已经匹配。又根据已经得到的不匹配结果可以得到：

$$"t_{j-(k-1)}\ \cdots t_{k-2}\ t_{k-1}"="\ s_{i-(k-1)}\ \cdots s_{i-2}s_{i-1}" \quad (4\text{-}3)$$

由式（4–2）和式（4–3）得到：

$$"t_1 \cdots t_{k-2}\ t_{k-1}"="t_{j-(k-1)} \cdots t_{j-2}\ t_{j-1}" \quad (4\text{–}4)$$

因此，如果模式串 t 中存在满足式（4–4）的两个子串，则当匹配过程中出现 $s_i \neq t_j$ 时，需将模式串向右移到 t_k 与 s_i 对齐，s 的指针 i 不必回溯，下一次匹配直接从模式串的字符 t_k 与串 s 的 s_i 开始进行比较。

若另 next[j]=k，则 next[j]表示当 $s_i \neq t_j$ 时，在模式串 t 中需要下次与进行比较的字符位置，next()函数定义如下：

$$\text{next}[j]=\begin{cases}0 & \text{当} j=1\text{时}\\ \text{Man}\left\{k \mid 1<k<j \wedge t_1t_2\ldots t_{k-1}=t_{j-(k-1)}t_{j-k}\ldots t_{j-1}\right\} & \text{该集合不空时}\\ 1 & \text{其他情况}\end{cases} \quad (4\text{–}5)$$

在求得了 next[j]值之后，KMP 算法的思想是：

设目标串（主串））为 s，模式串为 t，并设 i 指针和 j 指针分别指示目标串和模式串中正待比较的字符，设 i 和 j 的初值均为 1。若有 $s_i=t_j$，则 i 和 j 分别加 1。否则，i 不变，j 退回到 j=next[j]的位置，再比较 s_i 和 t_j，若相等，则 i 和 j 分别加 1。否则，i 不变，j 再次退回到 j=next[j]的位置，依此类推。直到下列两种可能：

① j 退回到某个下一个[j]值时字符比较相等，则指针各自加 1 继续进行匹配。

② 退回到 j=0，将 i 和 j 分别加 1，即从主串的下一个字符 s_i+1 模式串的 t_1 重新开始匹配。

KMP 算法如下：

```
#define Max_Strlen 1024
int next[Max_Strlen];
int KMP_index (StringType  s , StringType  t)
  /* 用 KMP 算法进行模式匹配，匹配返回位置，否则返回-1 */
   /*用静态存储方式保存字符串，  s 和 t 分别表示主串和模式串  */
{   int  k=0 , j=0 ;        /*初始匹配位置设置 */
   while (k<s.length)&&(j<t.length)
     { if ((j==-1)||  (s. str[k]==t.str[j]))  {  k++ ; j++ ; }
        else j=next[j] ;
     }
     if (j>= t.length)  return(k-t.length) ;
     else  return(-1) ;
}
```

很显然，KMP_index()函数是在已知下一个函数值的基础上执行的，以下讨论如何求 next()函数值?

由式（4–3）知，求模式串的 next[j]值与主串 s 无关，只与模式串 t 本身的构成有关，则可把求 next()函数值的问题看成是一个模式匹配问题。由 next()函数定义可知：

当 j=1 时：next[1]=0。

设 next[j]=k，即在模式串中存在"$t_1 \cdots t_{k-2}\ t_{k-1}$"=$t_{j-(k-1)} \cdots$"$t_{k-2}\ t_{k-1}$"，其中下标 k 满足 $1<k<j$ 的某个最大值，此时求 next[j+1]的值有两种可能：

① 若有 $t_k=t_j$，则表明在模式串中有：

$t_1 \cdots t_{k-2}\ t_{k-1} = t_{j-(k-1)} \cdots t_{j-2}\ t_{j-1}$，且不可能存在 $k'>k$ 满足上式，即 next[j+1]=next[j]+1=k+1

② 若有 $t_k \neq t_j$：则表明在模式串中有 $t_1 \cdots t_{k-1}\ t_k \neq t_{j-(k-1)} \cdots t_{j-1}\ t_j$，当 $t_k \neq t_j$ 时应将模式向右滑动至以模式中的第 next[k]个字符和主串中的第 j 个字符相比较。若 next[k]=k'，且 $t_j = t_k$，则说明在主串中第 j+1 字符之前存在一个长度为 k'（即 next[k]）的最长子串，与模式串中从第一个字符起长度为 k'的子串相等，即 next[j+1]=k'+1。

同理，若 $t_j \neq t_k$，应将模式继续向右滑动至将模式中的第 next[k']个字符和 t_j 对齐，依此类推，直到 t_j 和模式串中的某个字符匹配成功或者不存在任何 $k'(1< k'<j)$满足等式 $t_1 \cdots t_{k-1}\ t_{k'} = t_{j-(k'-1)} \cdots t_{j-1} t_j$，则 next[$j$]+1=1。

根据上述分析，求 next()函数值的算法如下：

```
void next(StringType  t  , int next[])
{  /*求模式 t 的 next 串 t()函数值并保存在 next()数组中*/
   int  k=1 , j=0 ; next[1]=0;
   while (k<t.length)
   {  if ((j==0)|| (t.str[k]==t.str[j]))
      {  k++ ; j++ ;
         if ( t.str[k]!=t.str[j] )  next[k]=j;
          else  next[k]=next[j];
      }
    else  next[j]=j ;
   }
}
```

求 next()函数算法的时间复杂度为 $O(m)$，通常，模式串的长度 m 比主串的长度 n 要小得多，因此，对整个匹配算法来说，所增加的这点时间是值得的。

KMP 算法的时间复杂度是 $O(n*m)$，但在一般情况下，其实际的执行时间近似于 $O(n+m)$，因此至今仍被采用。KMP 算法仅当模式与主串之间存在许多“部分匹配”的情况下才显得快些。但其最大特点在于避免了指针进行多次回溯操作。

小　结

串是一种特殊的线性表，它的结点值仅由一个字符组成。串的应用非常广泛，凡是涉及字符处理的领域都要使用串。很多高级语言都具有较强的串处理功能，C 语言更是如此。

结合串的基本运算可以变成较为复杂的运算，而串的运算算法，可根据串的存储结构的不同而选择不同的方式实现。由于顺序存储结构在串中较为广泛的应用，本章以顺序串结构的算法来实现，读者可根据自身的需求，设计出其他存储结构的算法。应用串来解决的常见问题是串匹配的问题，文中介绍了最简单的 BF 模式匹配算法，分析其特点。虽然 BF 算法较易理解，但其匹配过程中指针回溯次数过多，效率低。KMP 算法对此进行改进，消除了指针的回溯，提高了算法的效率。

思考与练习

一、单选题

1. 若串中字符经常发生变化，则采用（　　）存储方式最合适。
   A. 定长顺序　　B. 堆　　C. 链式　　D. 散列

2．串是一种特殊的线性表，其特殊性体现在（　　）。

A．可顺序存储　　B．数据元素是一个字符

C．可链接存储　　D．数据元素可以是多个字符。

3．设 s1="Hello", s2="student",函数 StrDel (s2，strlen(s1)，3)的值是（　　）。

A．空串　　B．lo　　C．stud　　D．ent

4．若字符串"abcdefg"采用链式存储，假设每个字符占用 1 个字节，每个指针占用 2 个字节，则该字符串的存储密度为（　　）。

A．20%　　B．30%　　C．33.3%　　D．40%

5．串 s1='ABCDEFG'，s2='PQRST'，函数 concat(x，y)返回 x 和 y 串的连接串，substr(s，i，j)返回串 s 的从序号 i 的字符开始的 j 个字符组成的子串，strlen(s)返回串 s 的长度，则 concat(substr(s1，2，strlen(s2))，substr(s1，strlen(s2)，2))=（　　）。

A．BCDEF　　B．BCDEFG　　C．BCPQRST　　D．BCDEFEF

二、填空题

1．一个串的任意连续字符组成的子序列称为串的__________，该串称为__________。

2. 空串是__________，其长度等于__________；空格串是__________，其长度是__________。

3．若两个串的长度相等且对应位置上的字符也相等，则称两个串__________。

4．串 s1='abcdefg'，s2='hijkl'，则 concat(substr(s1，2， strlen(s2))，substr(s1，strlen(s2)，2))= __________。

三、综合题

1．已知 S=" (xyz)*"，T="(x+z)*y"，试用联接、求子串和置换等基本运算，将 S 转换为 T。

2．若 x 和 y 是两个单链表存储的串，编写一个函数找出 x 中第一个不在 y 中出现的字符。

3．函数 void Insert(char *s，char *t，int pos)将字符串 t 插入到字符串 s 中，插入位置为 pos，请用 C 语言实现该函数。假设分配给字符串 s 的空间足够让字符串 t 插入（说明：不得使用任何库函数）。

第5章 内部排序

【内容提要及目标】

本章首先介绍了排序的基本概念，然后对插入排序、交换排序、选择排序和归并排序的基本思想、排序过程、时间复杂度和空间复杂度以及优缺点进行了介绍。通过本章学习，读者应该掌握以下内容：

- 理解插入排序、交换排序、选择排序、归并排序以及基数排序的基本思想。
- 掌握插入排序、交换排序、选择排序、归并排序以及基数排序的排序过程和性能分析。
- 熟悉插入排序、交换排序、选择排序、归并排序以及基数排序的缺点。
- 熟悉插入排序、交换排序、选择排序、归并排序以及基数排序的优点。

【本章重点及难点】

插入排序、交换排序、选择排序以及归并排序的原理、排序的过程、算法、时间复杂度和空间复杂度的分析。

5.1 排序的基本概念

所谓排序就是将一组任意顺序的数据元素或记录，按其关键字排列成递增或递减的新序列的操作过程。为了方便研究，假定本章的排序序列是由一组记录组成，每条记录又是由若干数据项组成，关键字是某个数据项或某些数据项的集合。如果按关键字排序所得到的排序结果是唯一的，此关键字称为主关键字，否则称为次关键字。

例如，第 1 章中的表 1–1 是一张教师信息表，包括教师的工号、姓名、性别、授课课程、课程编号、住址和电话，可以按教师的工号或课程的编号排序，也可以按姓名、性别等排序。表中数据如果按关键字工号和课程编号递增排序可以得到一个结果，如果按关键字性别递增排序，结果是不唯一的，因为性别相同的教师有很多位，如果排序后工号 10001 的教师依然排在工号 10005 的教师前面，则称这种排序为稳定排序，否则为不稳定排序。也就是说，关键字具有相同值的数据在排序后，它们的顺序如果与没有排序前一样，该排序称为稳定排序；如果顺序发生变化，则该排序称为不稳定排序。

排序按其在排序过程中使用的存储设备的不同，分为内部排序和外部排序两种。内部排序是指整个排序过程都是在计算机的内存中完成，不是在内存和外存之间进行数据交换，本章所讲述的算法都是内部排序。外部排序是指待排序的序列太大，内存不够存放，在排序过程中借助外存，数据在内存和外存之间不断地进行交换，外部排序将在本书的第 12 章作详细介绍。

内部排序的方法有很多，大致分为：插入排序、交换排序、选择排序、归并排序和基数排序等，本章重点讲解前 3 种。在这些方法中，每个方法都有自己的优势和不足之处，简单地说哪个方法好是很困难的。一般来讲，评价一个排序方法的好坏可以从两个标准来把握：一是算法执行需要的时间，二是算法执行需要的空间，其中算法执行需要的时间是重要参考标准。所谓算法执行需要的时间是指该算法在排序过程中关键字的比较次数和记录移动的次数，本章所讲的算法将给出最坏、最好情况下或平均情况下的时间复杂度。

5.2 “学生成绩插入排序”实例

【实例目的】

掌握直接插入排序、希尔排序的基本思想和操作过程，并通过编程实现，理解这两种方法的特点，并能灵活应用。

【实例内容】

在学生成绩管理中，经常会遇到要统计学生成绩并进行排序的情形。现假设有若干名学生的成绩等待排序，要求用直接插入排序和希尔排序将学生成绩按从低分到高分的顺序进行排序并输出。

【实例步骤】

双击桌面的 Turbo C 快捷方法，输入源代码。为了使读者更清楚地了解程序的执行过程，下面给出编辑、编译和运行的具体步骤。

① 编辑程序。在 Turbo C 2.0 编译界面中按 Alt+F 组合键，选择 New 命令，然后输入源程序，如图 5-1 所示。

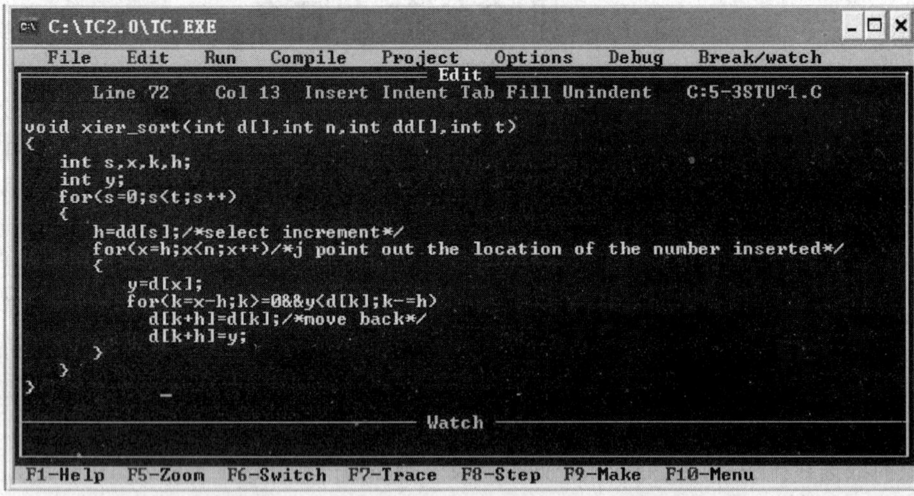

图 5-1 直接插入排序和希尔排序源代码界面

分析：程序中先输入学生成绩的个数，再分别输入每个学生的成绩。若选择 1，输出的是直接插入排序的结果，若选择 2，输出的是希尔排序的结果。在直接插入程序中，引进了一个附加记录来保存 d[s]的副本，同时监视变量 q 的下标是否越界，这个附加记录被称为监视哨或哨兵。

② 编译和运行程序，运行结果如图 5-2 所示，最后保存好程序。

说明：本实例中，一共输入了 10 个学生的成绩，分别是 67、78、56、87、79、99、85、74、43、88，排序之后的结果应为 43、56、67、74、78、79、85、87、88、99。

图 5-2　运行结果界面

5.2.1　直接插入排序

1. 直接插入排序的基本思想

直接插入排序的基本思想：将一条待排序的记录按其关键字的大小插入到已经有序的记录中，直到所有记录插入完成，并成为一个递增序列。向有序表中插入记录，主要完成如下操作：

① 搜索插入位置。

② 移动插入点及其以后的记录空出插入位置。

③ 插入记录。

假设将 n 个待排序的记录顺序存放在长度为 $n+1$ 的数组 R[1]～R[n] 中。R[0]作为辅助空间，用来暂时存储需要插入的记录，起监视哨的作用。开始时有序表中只有 1 个记录[R[1]]，然后需要将 R[2]～R[n]的记录依次插入到有序表中，总共要进行 $n-1$ 次插入操作。首先从无序表中取出待插入的第 i 个记录 R[i]，暂存在 R[0]中；然后将 R[0].key 依次与 R[$i-1$].key，R[$i-2$].key，…进行比较，如果 R[0].key<R[$i-j$].key（$1 \leqslant j \leqslant i-1$），则将 R[$i-j$]后移一个单元；如果 R[0].key≥R[$i-j$].key，则找到 R[0]插入的位置 $i-j+1$，此位置已经空出，将 R[0]（即 R[i])记录直接插入即可。然后采用同样的方法完成下一个记录 R[i+1]的插入排序。如此不断进行，直到完成记录 R[n]的插入排序，整个序列变成按关键字非递减的有序序列为止。在搜索插入位置的过程中，R[0].key 与 R[$i-j$].key 进行比较时，如果 $j=i$，则循环条件 R[0].key<R[$i-j$].key 不成立，从而退出 while 循环。由此可见 R[0]起到了监视哨的作用，避免了数组下标的出界。

算法代码如下：

```
void Insert_Sort(int R[],int n)
{
  int i,j;
  for(i=2;i<=n; i++)                  /* 表示待插入元素的下标 */
  {
    R[0]=R[i];                        /* 设置监视哨保存待插入元素，腾出 R[i]空间 */
    j=i-1;                            /* j 指示当前空位置的前一个元素 */
```

```
        while(R[0].key<R[j].key)    /* 搜索插入位置并后移腾出空间 */
        {
            R[j+1]=R[j];
            j--;
        }
        R[j+1]=R[0];                /* 插入元素 */
    }
}
```

下面举一个例子来演示上述排序过程。

【例 5.1】假设待排序记录 R 有 8 个数据元素{18，22，19，10，8，32，19，15}，按直接插入算法排序，排序过程如图 5-3 所示。

R 的初始状态：{18，22，19，10，8，32，19，15}

第一趟：排 18，{(18，) 22，19，10，8，32，19，15}

第二趟：排 22，{(18，22，) 19，10，8，32，19，15}

第三趟：排 22，{(18，19，22，) 10，8，32，19，15}

第四趟：排 22，{(10，18，19，22，) 8，32，19，15}

第五趟：排 22，{(8，10，18，19，22，) 32，19，15}

第六趟：排 22，{(8，10，18，19，22，32，) 19，15}

第七趟：排 22，{(8，10，18，19，19，22，32，) 15}

第八趟：排 22，{(8，10，15，18，19，19，22，32)}

图 5-3　直接插入排序过程

读者可以模仿图 5-3 的排序过程，自己写出任意一组多个数据元素的每一趟直接插入排序情况。

2. 直接插入排序的性能分析

(1) 空间复杂度分析

从上面的叙述和实例中所给的算法来看，直接插入排序在排序过程中只需要一个辅助空间，所以空间复杂度为 $O(1)$。

(2) 时间复杂度分析

① 最好的情况下：当待排序的记录本身就是递增顺序的记录时，第一个关键字不参与比较，从第二个关键字开始，每个关键字只需要与其前一个关键字比较一次，每个关键字都不需要移动。总的比较次数和移动次数分别为：

总比较次数 $=\sum_{i=2}^{n}1=n-1$

总移动的次数=0

所以，最好情况下直接插入排序的时间复杂度为 $O(n)$。

② 最坏情况下：当待排序的记录是递减顺序的记录时，第一个关键字不参与比较，从第二个关键字开始，每个关键字 i 需要与其前面 $i-1$ 个关键字比较，同时还要与监视哨比较一次，这里的监视哨是指每插入一个记录 R[i]前将其存入 R[0]，这样就在 R[0]中保存了另一副本，然后将 R[0]与 R[$i-1$]比较，每次下标减 1，当下标减到 0 时，即 R[0]与 R[0]比较，退出循环。R[0]起到防止越界的作用，称其为监视哨。因此，每个关键字 i 比较 i 次，移动 $i+1$ 次。此时总的比较次数和移动次数分别为：

$$\text{总比较次数}=\sum_{i=2}^{n}i=\frac{(n+2)(n-1)}{2}$$

$$\text{总移动次数}=\sum_{i=2}^{n}(i+1)=\frac{(n+4)(n-1)}{2}$$

所以，最坏情况下直接插入排序的时间复杂度为 $O(n^2)$。

③ 平均情况下：当待排序记录出现各种排列顺序的概率相同时，可以取最好情况下和最坏情况下的总比较次数和总移动次数的平均值作为直接插入排序的平均情况下的总比较次数和总移动次数。所以，平均情况下的时间复杂度为 $O(n^2)$。

3. 直接插入排序的优缺点

（1）直接插入排序具有的优点

① 当待排序的记录数量很少时，直接插入排序算法简单，容易实现。

② 直接插入排序是一种稳定的排序方法。这一点可以从例 5.1 看出来，关键字值相同的数据 19 在排序前后的位置没有发生变化。

（2）直接插入排序具有的缺点

① 只适用于待排序记录数量较少的情形，当待排序的记录数量比较大时，直接插入排序需要大量的关键字比较和移动记录。

② 只适用于待排序记录基本有序的情形。

5.2.2 希尔排序

希尔排序又称“缩小增量排序”，也是一种插入类排序方法，比直接插入排序在性能上有了很大的改进。直接插入排序在待排序记录数量小且基本有序时，算法执行的时间复杂度很高，可以达到 $O(n)$。当记录数量很大或没有顺序时，算法执行的效率很低。为了让记录数量大且基本无序的待排序序列同样可以将效率提高到 $O(n)$，引进一种新的插入排序方法——希尔排序。

1. 希尔排序的基本思想

希尔排序的基本思想：将整个排序记录分割成若干个子记录，每个子记录按直接插入方法排序，直到整个记录基本有序时，进行最后一次直接插入排序。

假设一个待排序记录为 R，将 R 按每个记录关键字下标的某个增量 d[1]分成若干子记录，按直接插入法排序每个子记录，得到第一趟排序的结果 R[1]，再将 R[1]按每个记录关键字下标的某个增量 d[2]分成若干子记录，按直接插入排序每个子记录，得到第二趟排序的结果 R[2]。依此类推，每次都先确定一个更小的增量，直至增量为 1 时，做最后一次直接插入排序。

一趟希尔排序算法代码如下：

```
void shell_pass(Sqlist *L, int d)
{  /*  对顺序表 L 进行一趟希尔排序，增量为 d*/
   int j, k;
   for (j=d+1; j<=L->length; j++)
   {
     L->R[0]=L->R[j];                          /*设置监视哨*/
     k=j-d;
     while (k>0&&LT(L->R[0].key, L->R[k].key) )
     {
       L->R[k+d]=L->R[k];
       k=k-d ;
     }
     L->R[k+j]=L->R[0];
   }
}
```

然后，根据增量数组 dk 进行希尔排序。

```
void shell_sort(Sqlist *L, int dk[], int t)
{  /*按增量序列 dk[0 … t-1],对顺序表 L 进行希尔排序*/
   int m;
  for (m=0; m<=t; m++)
  shell_pass(L, dk[m]);
}
```

下面举一个例子来演示上述排序过程。

【例 5.2】沿用例 5.1 中的待排序记录 R{18，22，19，10，8，32，19，15}，按希尔排序算法排序，排序过程如图 5-4 所示。

读者可以模仿图 5-4 的排序过程,自己写出任意一组多个数据元素的每一趟希尔排序情况。

2. 希尔排序增量的选择

在希尔排序中，增量可以有各种不同的选择方法，但最后一次增量选择必须是 1，并且选取的所有增量没有除 1 以外的其他公因子。增量的选择不同，希尔排序的执行效率也不同。在例 5.2 中，如果选择 d[1]=5，第一趟排序结果为{18，19，15， 10，8，32，22，19}；接着选择 d[2]=3，第二趟排序的结果为{10，8，15，18，19，32，22，19}；最后选择 d[3]=1，第三趟排序结果为{8，10，15，18，19，19，22，32}。

子序列的构成不是简单的“逐段分隔”，而是将相隔某个增量的记录组成一个子序列。希尔排序的时间复杂度与增量的选择有很大的关系。分组后 n 值减小，n^2 更小，而 $T(n)=O(n^2)$,所以 $T(n)$从总体上看是减小了。在增量序列的选取上应注意：增量序列无 1 以外的公因子；增量序列递减变化，且最后一个增量值必须为 1，由于关键字较小的记录跳跃式前移，在进行最后一趟增量为 1 的插入排序时，序列已基本有序。

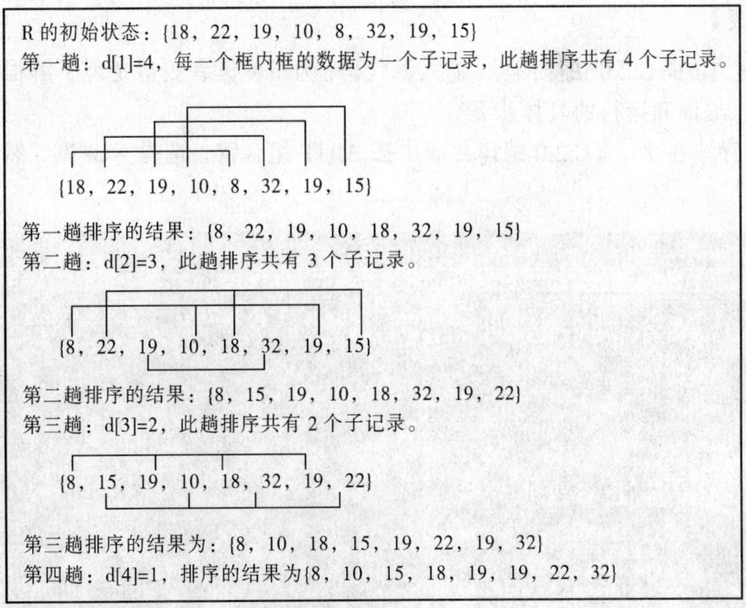

图 5-4　希尔排序过程

3. 希尔排序的性能分析

（1）空间复杂度分析。希尔排序的空间复杂度为常数 $O(1)$。

（2）时间复杂度分析。由于希尔排序的时间复杂度与增量的选取有关，所以对希尔排序的分析是一个复杂的问题。经过大量的研究得出，如果增量序列的取值比较合理，希尔排序的时间复杂度介于 $O(n\log_2 n)$和 $O(n^2)$之间。

4. 希尔排序的优缺点

（1）希尔排序具有的优点

① 对于中等规模的待排序记录，希尔排序的执行效率比较高。

② 希尔排序占用的内存空间小。

（2）希尔排序具有的缺点

① 希尔排序是一种不稳定的排序方法。

② 希尔排序增量的选择比较难。

5.3 “学生成绩交换排序”实例

【实例目的】

掌握冒泡排序、快速排序的基本思想和操作过程，并通过编程实现，理解这两种方法的特点，并能灵活应用。

【实例内容】

实例内容同 5.2 节，但要求用冒泡排序和快速排序将学生成绩按从低分到高分的顺序进行排序并输出。

【实例步骤】

双击桌面的 Turbo C 2.0 快捷图标，输入源代码。为了使读者更清楚地了解程序的执行过程，下面给出编辑、编译和运行的具体步骤。

① 编辑程序。在 Turbo C 2.0 编译界面中按 Alt+F 组合键，选择 New 键，然后输入源程序，如图 5-5 所示。

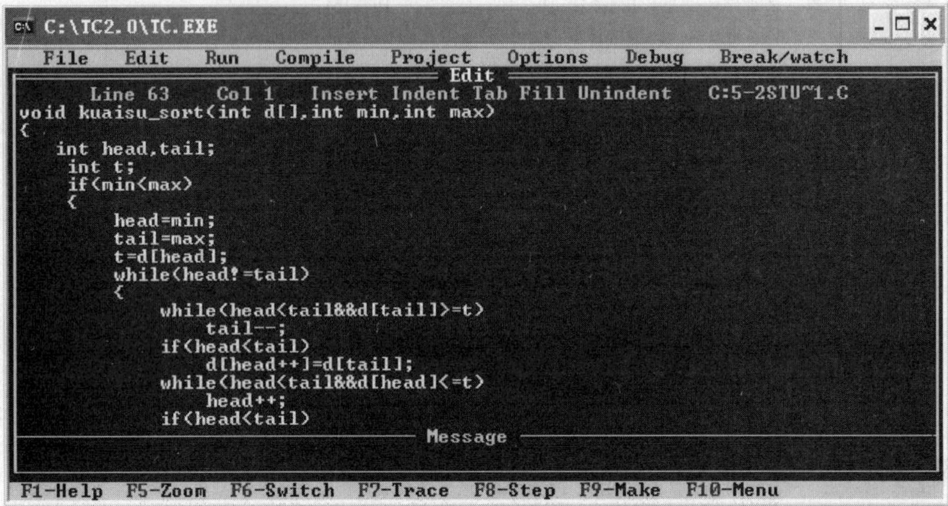

图 5-5　冒泡排序和快速排序源代码界面

分析：程序中先输入学生成绩的个数，再分别输入每个学生的成绩。若选择 1，输出的是冒泡排序的结果，若选择 2 输出的是快速排序的结果。

② 编译和运行程序，运行结果如图 5-6 所示，最后保存好程序。

说明：本实例中，输入 10 个学生成绩 67、78、56、87、79、99、85、74、43、88，排序之后的结果应为 43、56、67、74、78、79、85、87、88、99。

图 5-6　运行结果界面

5.3.1　冒泡排序

1. 冒泡排序的基本思想

冒泡排序是一种简单的交换排序。它的基本思想是：首先将待排序记录的第一个关键字和第二个关键字进行比较，如果第一个关键字比第二个关键字大，则两个关键字互换位置，再将第二个关键字和第三个关键字进行比较，第二个关键字大于第三个关键字，则两个关键字互换位置。依次类推，直到第 n-1 个关键字和第 n 个关键字比较为止，以上称为一趟排序结束。整个冒泡排序要进行若干趟排序，每趟排序都有一个最大的关键字被排列到最后的位置上。

假设有 n 个排序记录{R[1]，R[2]，…，R[n]}，它们对应的关键字为{R[1].key，R[2] .key，…，R[n] .key }。冒泡排序的过程如下：

（1）第一趟排序

将 R[1].key 和 R[2].key 比较，如果 R[1].key > R[2].key，则交换 R[1]和 R[2]的位置，再将 R[2].key 和 R[3].key 比较，如果 R[2].key > R[3].key，互换 R[2]和 R[3]的位置。依次类推，直到 R[n–1].key 和 R[n].key 比较完为止，此时关键字最大的一个记录被安排到第 n 个记录的位置。

（2）第二趟排序

对前 n–1 个记录的关键字进行比较，重复第一趟排序的过程，将关键字第二大的记录安排到第 n–1 个记录的位置。

（3）第 n–1 趟排序

完成整个排序过程。如果某一趟的排序结果已经是有序序列，可以提前结束排序过程，不再进行后面的排序。

算法代码如下：

```
void BubbleSort(SeqList R)
{ /*R (1..n)是待排序的文件，采用自下向上扫描，对 R 做冒泡排序*/
    int i, j;
    Boolean exchange;                       /*交换标志*/
    for(i=1;i<n;i++)
    {  /*最多做 n-1 趟排序*/
     exchange=FALSE;                        /*本趟排序开始前，交换标志应为假*/
     for(j=n-1;j>=i; j--)                   /*对当前无序区 R[i..n]自下向上扫描*/
       if(R[j+1].key<R[j].key)
       {   /*交换记录*/
          R[0]=R[j+1];                      /*R[0]不是监视哨，仅做暂存单元*/
          R[j+1]=R[j];
          R[j]=R[0];
          exchange=TRUE;                    /*发生了交换，故将交换标志置为真*/
       }
     if (!exchange)                         /*本趟排序未发生交换，提前终止算法*/
       return;
   }
}
```

下面举一个例子来演示上述排序过程。

【例 5.3】沿用例 5.1 中的待排序记录 R{18，22，19，10，8，32，19，15}，按冒泡算法排

序，排序过程如图 5-7 所示。

初始状态	第一趟排序结果	第二趟排序结果	第三趟排序结果	第四趟排序结果	第五趟排序结果	第六趟排序结果	第七趟排序结果
18	18	18	10	8	8	8	8
22	19	10	8	10	10	10	10
19	10	8	18	18	15	15	
10	8	19	19	15	18		
8	22	19	15	19			
32	19	15	19				
19	15	22					
15	32						

图 5-7　冒泡排序过程

读者可以模仿图 5-7 的排序过程，自己写出任意一组多个数据元素的每一趟冒泡排序情况。

2. 冒泡排序的性能分析

（1）空间复杂度分析

冒泡排序在排序过程中只需要一个辅助存储空间用作交换，所以它的空间复杂度为 $O(1)$。

（2）时间复杂度分析

① 最好的情况下：若待排序记录已经是递增顺序排列，冒泡排序只需要进行一趟即可完成，比较的次数为 $n-1$ 次，移动次数为 0，所以最好情况下的时间复杂度为 $O(n)$。

② 最坏的情况下：待排序记录是递减顺序排列的，冒泡排序要进行 $n-1$ 趟，第 i 趟的比较次数为 $n-i$ 次，每一次比较需要移动 3 次。

$$总比较次数=(n-1)+(n-2)+\cdots+1=\frac{n(n-1)}{2}$$

$$总的移动次数=\sum_{i=1}^{n-1}3\times(n-i)=\frac{(3n)(n-1)}{2}$$

所以，最坏情况下的时间复杂度为 $O(n^2)$。

③ 平均情况下：由①和②可知，平均情况下，冒泡排序的时间复杂度为 $O(n^2)$。

3. 冒泡排序的优缺点

（1）冒泡排序具有的优点

① 冒泡排序是一种稳定的排序方法。

② 冒泡排序占用的内存空间小。

（2）冒泡排序具有的缺点

冒泡排序中记录的移动次数较多，它的时间性能比直接插入排序差得多，只适用于待排序记录数量比较少的情况。

5.3.2　快速排序

1. 快速排序的基本思想

快速排序是冒泡排序的一种改进排序方法。其基本思想是：选择某个记录的关键字作为基准关键字（一般选择第一个记录的关键字），将待排序记录分割成两部分，一部分记录的关键字比基准关键字小，另一部分记录的关键字比基准关键字大。然后，在每个部分内继续排序，直到整个记录有序为止。

假设待排序记录为{R[1]，R[2]，…，R[n]}，它们对应的关键字为{R[1].key,R[2].key,…,R[n].key }。快速排序的过程如下：

（1）第 1 趟排序

① 选择记录 R[1]的关键字 R[1].key 作为基准关键字 basekey，假设两个指针 low 和 high，它们的初值分别指向 R[1].key 和 R[n].key。

② 从 high 所指向的最后一个记录从后往前扫描，找到第一个比 basekey 小的或相等关键字 R[j].key，将 basekey 和 R[j].key 互换位置，low=low-1。

③ 从 low 所指向的记录从前往后扫描，找到第一个比 basekey 大的或相等关键字 R[i].key，将 basekey 和 R[i].key 互换位置，high=high-1。

④ 重复以上 3 个步骤，直到 low=high，第一趟排序结束。

算法如下：

```
void Quick_Sort(DataType R[],int low,int high)
{  /*用递归方法把R[low]至R[high]的记录进行快速排序*/
  int i= low , j= high, k, basekey;
  if(low<high)
  {
     R[0]=R[low];
     baskey=R[low].key;              /*将区间的第 1 个记录作为基准置入临时单元中*/
     while(i!=j)
     {  /*从序列两端交替向中间扫描，直至 i=j 为止*/
        while(j>i && R[j].key>=basekey)
          j--;                       /*从右向左扫描，找第 1 个关键字小于 basekey 的 R[j] */
        if (i<j)
        {  /*若找到这样的 R[j]，将 R[j]存放到 R[i]处*/
           R[i] = R[j];
           i++;
        }
       while(i<j&&R[i].key<=basekey)
         i++;                        /*从左向右扫描，找第 1 个关键字大于 basekey 的 R[i] */
       if (i<j)
       {   */找到则将 R[i] 存放到 R[j] 处*/
           R[j] =R[i];
           j--;
       }
  }
  R[i] = R[0];                      /*将基准放入其最终位置*/
```

```
  return i;
}
```

（2）第 i 趟排序

将第 i-1 趟排序的结果划分成一前一后两部分，重复第一趟的步骤，直到前后两部分记录的元素只有一个为止。

递归算法实现如下：

```
void  quick_Sort(Sqlist *L , int low, int high)
{
   int k ;
   if  (low<high)
   {  /* 序列分为两部分后分别对每个子序列排序 */
      k=quick_one_pass(L, low, high);
      quick_Sort(L, low, k-1);
      quick_Sort(L, k+1, high);
   }
}
```

下面举一个例子来演示上述排序过程。

【例 5.4】沿用例 5.1 中的待排序记录 R{18，22，19，10，8，32，19，15}，按快速排序算法排序。排序过程如图 5-8 所示。

读者可以模仿图 5-8 所示的排序过程，自己写出任意一组多个数据元素的每一趟快速排序情况。

2．快速排序的性能分析

（1）空间复杂度分析

从上面的排序过程可以看出，快速排序是通过递归来实现，每次调用的指针和基准关键字的位置都需要用栈来存放。最好情况下，在一趟排序分割后，先对长度短的子序列进行快速排序，栈的空间需要 $O(\log_2 n)$；最坏情况下，每次排序后基准关键字都偏向子序列的一端，则栈的存放空间需要 $O(n)$。

（2）时间复杂度分析

① 最好的情况下：快速排序的最好情况就是每一趟排序都可以把待排序记录分成长度相等的两个子记录序列，此时快速排序的时间复杂度约为 $O(n\log_2 n)$。

② 最坏的情况下：快速排序的最坏情况就是每次选择的基准关键字都把待排序序列分割成一个子序列中没有的记录，另外一个子序列中的记录数量只比上一趟排序中记录的数量少一个，也就是说待排序记录序列初始时已经有序或基本有序时，快速排序就蜕化为冒泡排序，此时的时间复杂度为 $O(n^2)$。

③ 平均情况下：可以证明快速排序的平均时间复杂度也是 $O(n\log_2 n)$，并且是所有同数量级 $O(n\log_2 n)$的排序方法中，平均性能最好的一个。

3．快速排序的优缺点

（1）快速排序具有的优点

快速排序是平均情况下速度最快的排序算法，因此被称为“快速排序”。

（2）快速排序具有的缺点

① 快速排序是不稳定的排序算法。

② 快速排序占用内存空间较大。

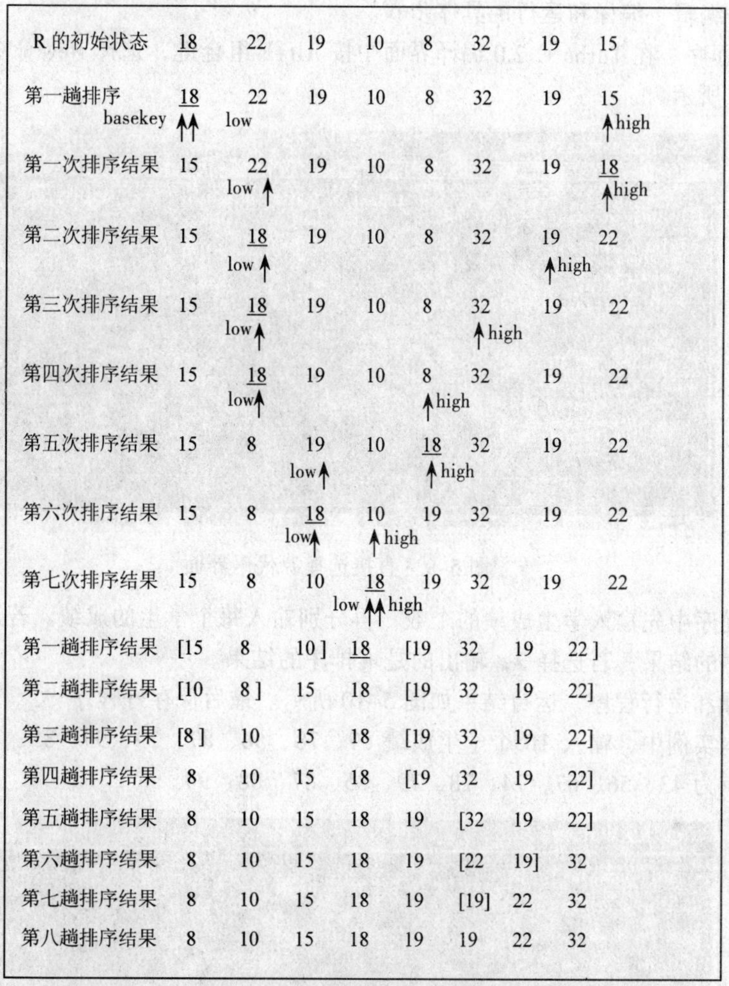

图 5-8　快速排序过程

5.4 “学生成绩选择排序”实例

【实例目的】

掌握直接选择排序、堆排序的基本思想和操作过程，并通过编程实现，理解这两种方法的特点，并能灵活应用。

【实例内容】

实例内容同 5.2 节，但要求用直接选择排序和堆排序将学生成绩按从低分到高分的顺序进行排序并输出。

【实例步骤】

双击桌面上的 Turbo C 2.0 快捷图标，输入源代码。为了使读者更清楚地了解程序的执行过程，下面给出编辑、编译和运行的具体步骤。

① 编辑程序。在 Turbo C 2.0 编译界面中按 Alt+F 组合键，选择 New 命令，然后输入源程序，如图 5-9 所示。

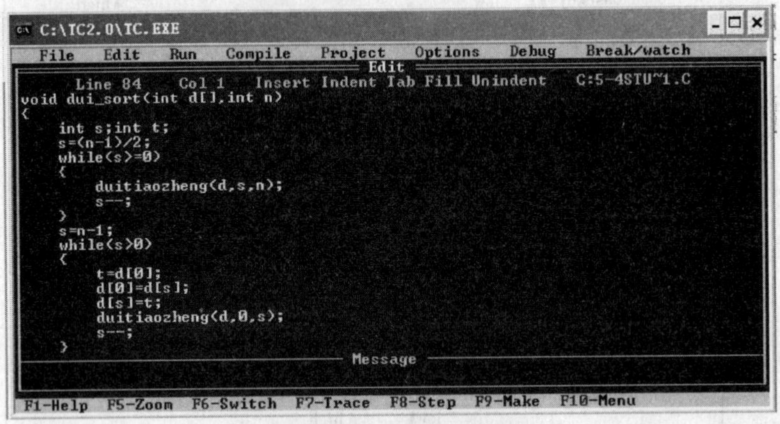

图 5-9　直接选择源代码界面

分析：程序中先输入学生成绩的个数，再分别输入每个学生的成绩。若选择 1，输出的是直接选择排序的结果；若选择 2，输出的是堆排序的结果。

② 编译和运行程序，运行结果如图 5-10 所示。最后保存好程序。

说明：本实例中，输入 10 个学生成绩 67、78、56、87、79、99、85、74、43、88，排序之后的结果应为 43、56、67、74、78、79、85、87、88、99。

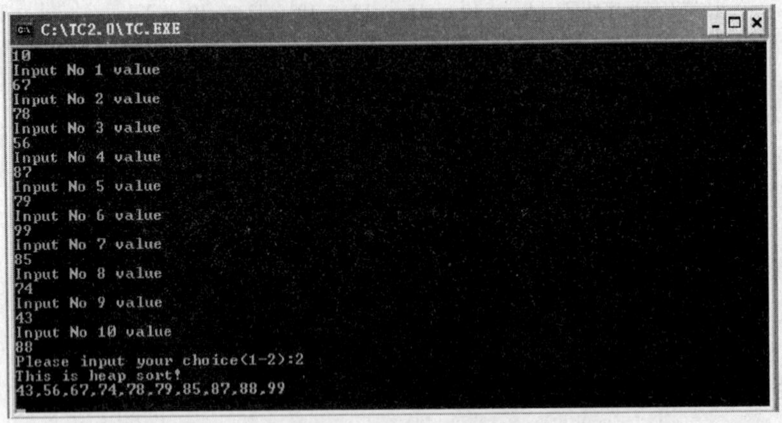

图 5-10　运行结果界面

5.4.1　直接选择排序

1. 直接选择排序的基本思想

直接选择排序的基本思想是：每次从待排序序列中选取关键字最小的记录，与当前排序序列的第一个记录互换位置，直到整个序列有序为止。

具体排序过程：假设待排序记录为{R[1]，R[2]，…，R[n]}，它们对应的关键字为{R[1].key，R[2] .key，…，R[n] .key }。第一趟直接选择排序找出关键字最小的记录 R[i]与 R[1]互换位置，第二趟从剩下的 n–1 个记录{R[2]，R[3] ，…，R[n]}中找出关键字最小的记录 R[j]与 R[2]互换位置，第三趟从 n–2 个记录{R[3] ，R[4] ，…，R[n]}中找出关键字最小的记录与 R[3]互换位置。依次类推，直到整个排序序列有序。

算法如下：

```
void SelectSort(SeqList R)
 {
   int i, j, k;
   for(i=1;i<n;i++)
   {  /*做第 i 趟排序(1≤i≤n-1)*/
    m=i;
    for(j=i+1;j<=n;j++)          /*在当前无序区 R[i..n]中选 key 最小的记录 R[m]*/
      if(R[j].key<R[m].key)
       m=j;                      /*m 记下目前找到的最小关键字所在的位置*/
      if(m!=i)
      {  /*交换 R[i]和 R[m]*/
       R[0]=R[i];
      R[i]=R[m];
      R[m]=R[0];                 /*R[0]作暂存单元*/
      }
    }
 }
```

下面举一个例子来演示上述排序过程。

【例 5.5】沿用例 5.1 中的待排序记录 R{18，22，19，10，8，32，19，15}，按直接选择算法排序，排序过程如图 5-11 所示。

初始状态	18	22	19	10	8	32	19	15
第一趟排序结果	8	[22	19	10	18	32	19	15]
第二趟排序结果	8	10	[19	22	18	32	19	15]
第三趟排序结果	8	10	15	[22	18	32	19	19]
第四趟排序结果	8	10	15	18	[22	32	19	19]
第五趟排序结果	8	10	15	18	19	[32	22	19]
第六趟排序结果	8	10	15	18	19	19	[32	22]
第七趟排序结果	8	10	15	18	19	19	22	32

图 5-11　直接选择排序过程

读者可以模仿图 5-11 的排序过程，自己写出任意一组多个数据元素的每一趟直接选择排序情况。

2．直接选择排序的性能分析

（1）空间复杂度分析

从上面的叙述和实例中所给的算法来看，直接选择排序在排序过程中只需要一个辅助空间，所以空间复杂度为 $O(1)$。

（2）时间复杂度分析

① 最好的情况下：当待排序序列为正序时，移动次数为 0，第一趟要比较 $n-1$ 次，第二趟要比较 $n-2$ 次，…，最后一趟比较 1 次，总的比较次数=$(n-1)+(n-2)+\cdots+1=\frac{n(n-1)}{2}$。所以，直接选择排序在最好情况下的时间复杂度为 $O(n^2)$。

② 最坏的情况下：当待排序序列为逆序时，移动次数达到最大为 $3(n-1)$,比较次数仍然为 $\frac{n(n-1)}{2}$。所以，直接选择排序在最坏情况下的时间复杂度也为 $O(n^2)$。

③ 平均情况下：直接选择排序的时间复杂度为 $O(n^2)$。

3．直接选择排序的优缺点

（1）直接选择排序具有的优点

直接选择排序编程简单，容易实现。

（2）直接选择排序具有的缺点

① 直接选择排序是不稳定的排序算法。

② 只适用于待排序记录数量比较小的情况。

5.4.2 堆排序

堆排序是直接选择排序的改进，它可以把直接选择排序的时间复杂度降为 $O(n\log_2 n)$。

1．堆的定义

有 n 个记录的序列$\{R[1], R[2], \cdots, R[n]\}$，它们对应的关键字序列为$\{K[1], K[2], \cdots, K[n]\}$。当且仅当关键字序列满足如下条件时，称该记录序列为堆。

$$\begin{cases} K[i]\geqslant K[2i] & (2i\leqslant n) \\ K[i]\geqslant K[2i+1] & (2i+1\leqslant n) \end{cases} \quad ①$$

或

$$\begin{cases} K[i]\leqslant K[2i] & 2i\leqslant n \\ K[i]\leqslant K[2i+1] & 2i+1\leqslant n \end{cases} \quad ②$$

其中，满足①式的称为大根堆，满足②式的称为小根堆。

由堆的定义可知，堆顶元素必为最大或最小的元素，可以用一个一维数组来存储堆中的元素，也可以用一个完全二叉树来表示堆的结构。例如，序列{30，15，22，9，7，18}是一个堆，它的完全二叉树表示如图 5-12 所示。

2．堆排序的基本思想

对一组待排序记录，首先把它们的关键字按堆定义排列成一个序列（称为初始建堆），堆顶元素为最小关键字的记录，将堆顶元素输出；然后对剩余的记录再建堆，得到次最小关键字记录；如此反复进行，直到全部记录有序为止，这个过程称为堆排序。

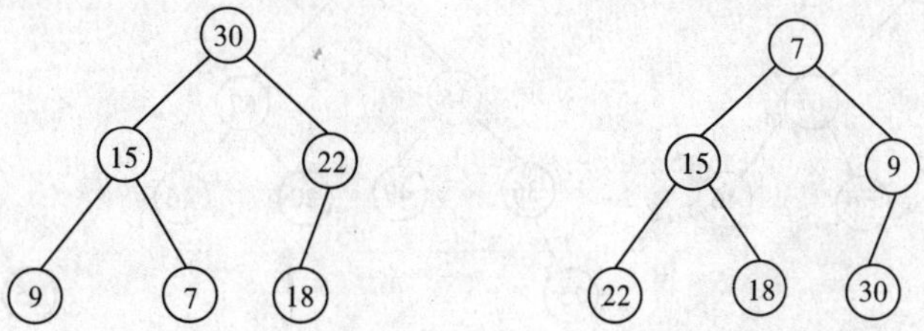

（a）大根堆　　　（b）小根堆

图 5-12　堆

3. 堆的建立和调整

由堆的定义和堆排序的基本思想可以看出，实现对排序要解决两个问题，一是如何将初始序列建立成一个初始堆，二是如何将剩下的元素重新组成一个堆（即堆的调整）。下面介绍如何解决这两个问题，由于建立初始堆也涉及堆的调整，所以先介绍如何进行堆的调整。

（1）堆的调整

堆的调整就是将某结点 i 为根的左右子树调整为一个堆，调整的前提是结点 i 的左右子树必须已经是一个堆。以大根堆为例，堆调整的具体过程为：从 $i=\lfloor n/2 \rfloor$ 的结点 $R[i]$开始，比较根结点与左、右孩子的关键字值，将结点 i 与其左右孩子结点比较，如果结点 i 的关键字大于左右孩子结点的关键字，则已经是堆，无须调整，否则将结点 i 与左右孩子结点中关键字大的结点互换位置，互换后如果以 i 结点为根的子树，不满足大根堆的条件，继续对 i 结点所在的子树重复以上操作，直到满足大根堆的条件或结点 i 是叶子结点为止。

堆调整过程算法代码如下：

```
void Heap_adjust(Sqlist *H, int s, int m)
/*H->R[s…m]中记录关键字除 H->R[s].key 均满足堆定义 */
/*调整 H->R[s]的位置使之成为大根堆*/
{
   int j=s, k=2*j ;            /*  计算 H->R[j]的左孩子的位置 */
   H->R[0]=H->R[j] ;           /*  临时保存 H->R[j]  */
   for (k=2*j; k<=m; k=2*k)
   {
      if ((k<m)&&(LT(H->R[k+1].key, H->R[k].key))
        k++ ;                  /*由函数 LT 返回左、右孩子中关键字的最大者 */
      if ( LT(H->R[k].key, H->R[0].key) )
      {
         H->R[j]=H->R[k] ;
         j=k ;
         k=2*j
      }
    else
       break ;
   }
  H->R[j]=H->R[0] ;
}
```

下面以图 5-13 来说明堆调整的具体过程。

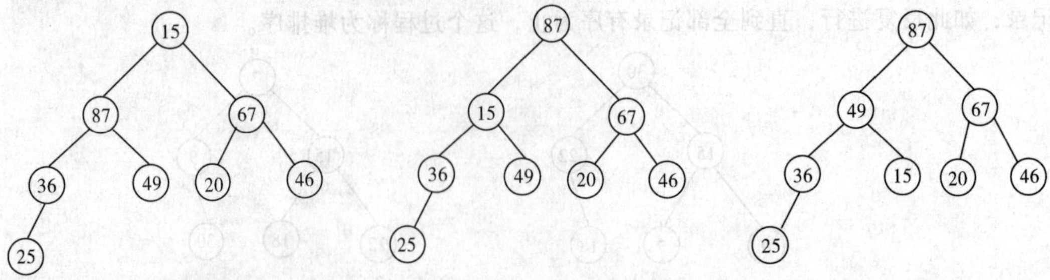

（a）调整前　　（b）调整中　　（c）调整后

图 5-13　堆调整

在图 5-13（a）中，根结点 15 的左右孩子子树都是堆，15 与 87 和 67 比较，将较大的 87 与 15 互换，得到图 5-13（b），由图中看出以 15 为根的子树不符合大堆根的条件，继续调整 15 所在的子树，15 与 36 和 49 比较，将 15 和较大的 49 互换，得到调整后的大根堆图，如图 5-13（c）所示。

（2）初始堆建设

把待排序记录存放在数组 $R[1..n]$之中，将 R 看做一棵二叉树，每个结点表示一个记录，将第一个记录 $R[1]$作为二叉树的根，以下各记录 $R[2..n]$依次逐层从左到右顺序排列，构成一棵完全二叉树，任意结点 $R[i]$的左孩子是 $R[2i]$，右孩子是 $R[2i+1]$，双亲是 $R[i/2]$。将待排序的所有记录放到一棵完全二叉树的各个结点中（此时的完全二叉树并不具备堆的特征），此时所有 $i>\lfloor n/2 \rfloor$的结点 $R[i]$都没有孩子结点，因此以 $R[i]$为根的子树已经是堆。图 5-14（a）左图所示为调整之前由序列构成的完全二叉树。

建好完全二叉树后，按照上述的堆调整方式，从 $i=\lfloor n/2 \rfloor$开始进行堆的调整，一直调整到根结点时，才完成初始堆的建立，如图 5-14（d）所示。建成的初始堆必须满足堆的定义。

下面以图 5-14 来说明初始堆的建立过程。初始序列为{24，31，15，40，52，56，45，79}。

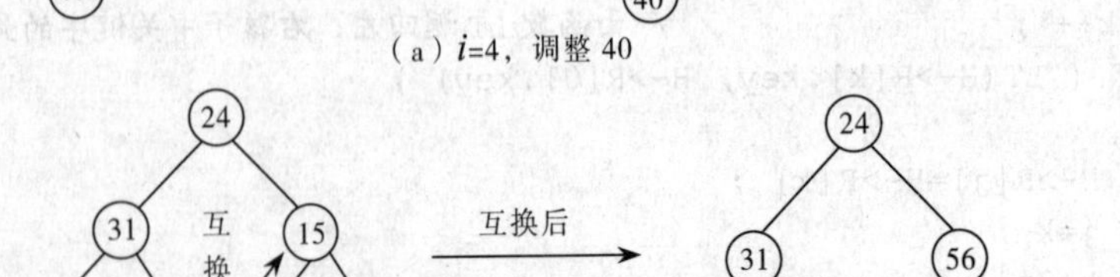

（a）i=4，调整 40

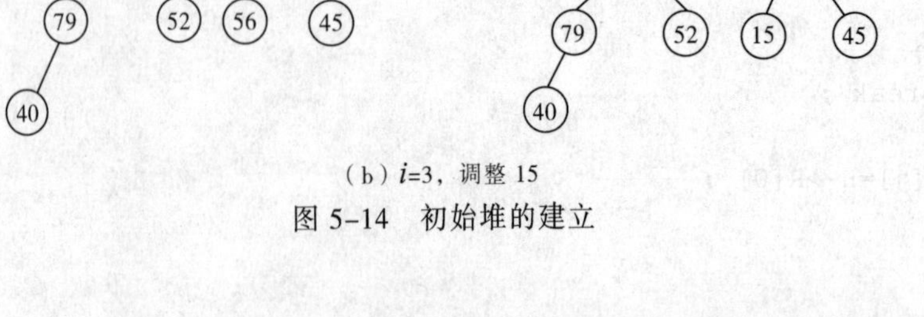

（b）i=3，调整 15

图 5-14　初始堆的建立

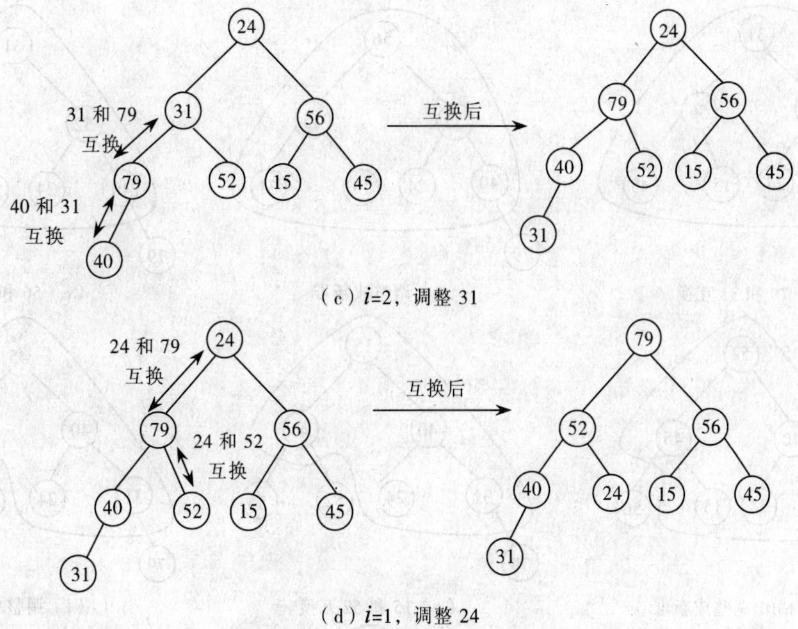

图 5-14　初始堆的建立（续）

（3）堆排序的过程

初始堆建好了，就可以进行堆排序。假设初始堆序列为{R[1]，R[2]，…，R[n]}是无序序列，将关键字最大的堆顶记录 R[1]与初始堆的最后一个记录 R[n]互换位置，得到新的无序序列{R[1]，R[2]，…，R[n–1]}和一个有序序列{R[n]}，无序序列中每一个记录的关键字都小于等于有序序列中的每一个记录的关键字。调整无序序列成为一个新的初始堆{R[1]，R[2]，…，R[n–1]}，将堆顶元素与最后一个元素互换，又得到一个无序序列{R[1]，R[2]，…，R[n–2]}和有序序列{R[n–1]，R[n]}。如此重复，直到有序序列为{R[1]，R[2]，…，R[n]}为止。

```
void  Heap_Sort(Sqlist *H)
{
   int j ;
   for (j=H->length/2; j>0; j--)
   Heap_adjust(H, j , H->length) ;         /* 初始建堆 */
   for (j=H->length/2; j>=1; j--)
   {
      H->R[0]=H->R[1] ; H->R[1]=H->R[j] ;
      H->R[j]=H->R[0] ;                    /* 堆顶与最后一个交换 */
      Heap_adjust(H, 1, j-1) ;
   }
}
```

下面以图 5-15 来说明堆排序的过程。沿用图 5-14 中的初始堆进行排序。

4．堆排序的性能分析

（1）空间复杂度分析

堆排序的空间复杂度为 $O(1)$，只需要一个辅助空间用来交换。

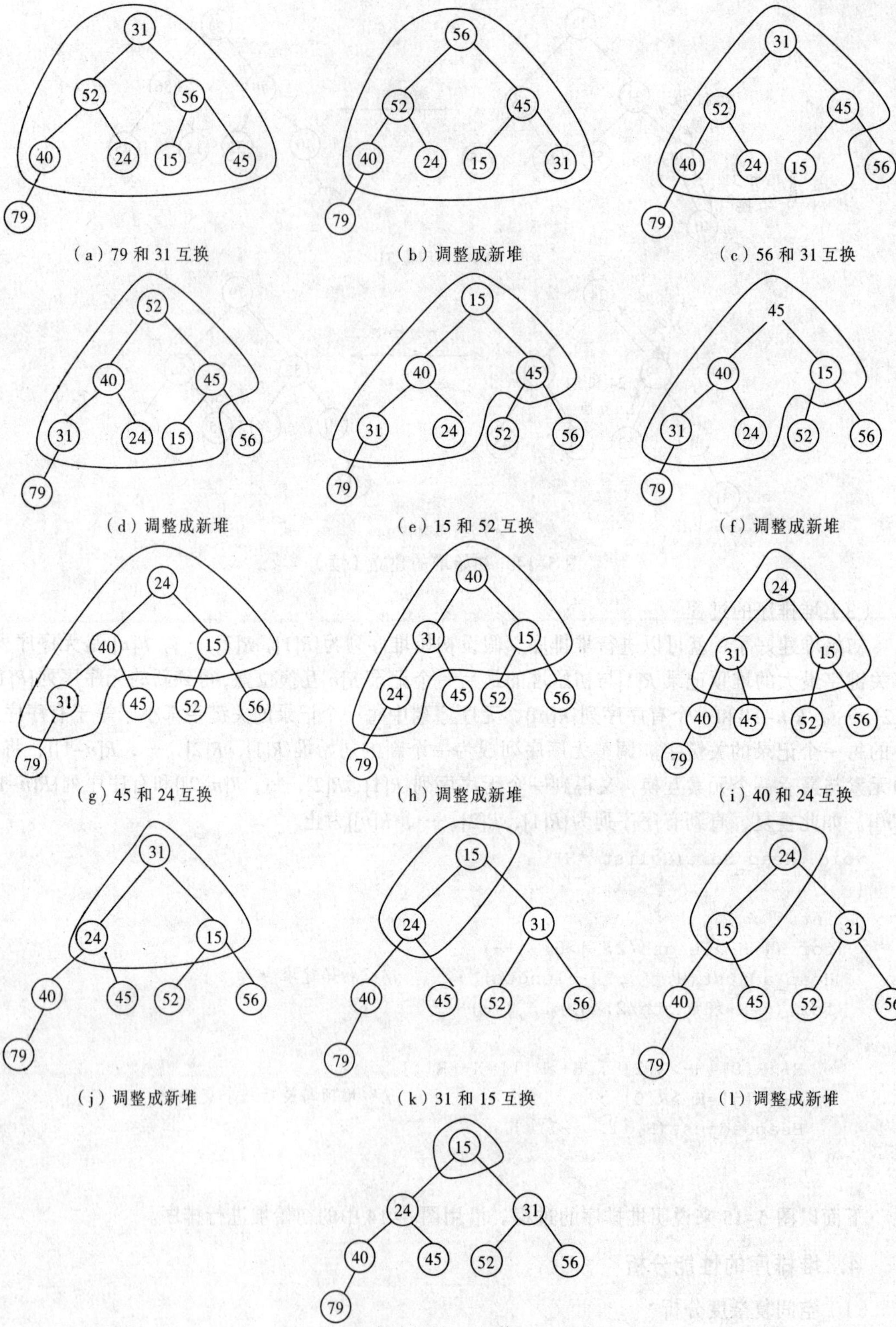

（a）79 和 31 互换　（b）调整成新堆　（c）56 和 31 互换

（d）调整成新堆　（e）15 和 52 互换　（f）调整成新堆

（g）45 和 24 互换　（h）调整成新堆　（i）40 和 24 互换

（j）调整成新堆　（k）31 和 15 互换　（l）调整成新堆

（m）15 和 24 互换

图 5-15　堆排序

（2）时间复杂度分析

堆排序的时间主要花在初始堆的建立和堆的调整上。建初始堆的比较次数不超过 $4n$，在堆调整时，深度为 k 的完全二叉树，$k=\lfloor \log_2 n \rfloor +1$，从树根到树叶的调整，最多比较 $2(k-1)$次，所以初始堆建好后，排序过程中的调整次数不超过 $O(2n\log_2 n)$。因此，堆排序的时间复杂度即使在最坏的情况下也为 $O(n\log_2 n)$。

5．堆排序的优缺点

（1）堆排序具有的优点

① 堆排序的时间复杂度即使在最坏情况下也是 $O(n\log_2 n)$，这是堆排序最大的优点。

② 堆排序占用的内存空间小。

（2）堆排序具有的缺点

① 只适用于排序记录比较多的情况。

② 堆排序是一种不稳定的排序方法。

5.5　其他排序介绍

前面介绍的几种排序方法，待排序序列的初始状态都是任意的，本节将讨论一种新的排序方法——二路归并排序。所谓二路归并排序就是指将两个有序序列合并成一个有序序列的过程，这个方法要求初始待排序序列已经部分有序。

5.5.1　有序序列的合并

有序序列的合并是归并排序的基础。下面以两个有序序列的合并为例，简单介绍一下有序序列的合并过程及其算法。

1．两个有序序列的合并过程

假设两个有序序列 R 和 L，R={R[1]，R[2]，…，R[m]}，L={L[m+1]，L[m+2]，…，L[n]}，现将它们合并成一个有序序列 S。合并过程如下：

① 将 R 和 L 序列中第一记录的关键字进行比较，找出关键字最小的记录放入 S 中。如果关键字相同，任选其中一个放入 S 中。

② 将选择的最小关键字所在的记录长度减 1，并将其后续记录作为第一个记录。

③ 反复执行以上两个步骤，直到 R 和 L 序列中有一个序列为空，然后将剩下的非空序列中的记录放入 S 的尾部，得到有序序列 S。

2．合并算法描述

算法的描述如下：

```
void Merge(list R[],list L[],list S[],int m,int n)
{
    int i=1,j=m+1,k=n;/* 把R[1], …,R[m]和L[m+1], …,L[n]合并成一个序列S[k] */
    while(i<=m&&j<=n)
   {
      if(R[i].key<=L[j].key)
```

```
        { /* 比较两个序列当前记录的关键字 */
           S[k]=R[i];
           i++;
           k++;
        }
      else
        {
           S[k]=L[j];
           j++;
           k++;
        }
    }
  while(i<=m)
  {  /* 将非空序列的记录放到 S 序列中 */
     S[k]=R[i];
     i++;
     k++;
  }
 while(j<=n)
 {  /* 将非空序列的记录放到 S 序列中 */
    S[k]=L[j];
    j++;
    k++;
  }
}
```

5.5.2 二路归并排序

1. 二路归并的基本思想

二路归并的基本思想是：将 n 个记录的待排序记录序列看做 n 个长度为 1 的子记录序列，将相邻的两个子记录序列依次合并，得到长度为 2 或 1（如果 n 为奇数，则最后一个记录单独为一个子序列）的子记录序列 $\lceil n/2 \rceil$ 个。然后，将这 $\lceil n/2 \rceil$ 个子记录序列看成长度为 1 的 $\lceil n/2 \rceil$ 个子记录序列，再将相邻的两个子记录序列两两合并。依次类推，直到合并后的序列有序为止。

下面举一个实例来演示上述过程。

【例 5.6】假设待排序记录的关键字为{43，25，78，32，89，15，56}，归并排序的全过程如图 5-16 所示。

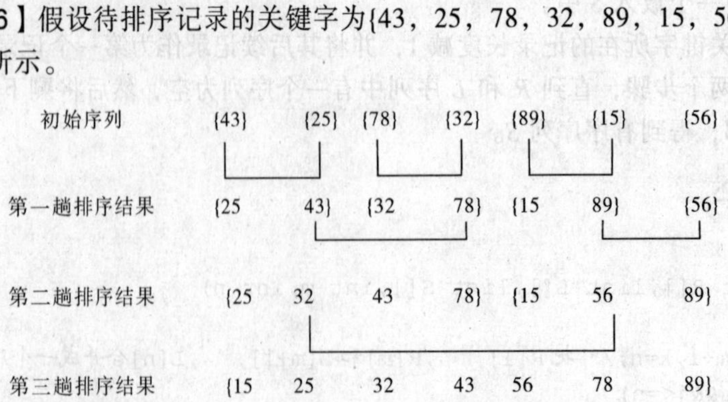

图 5-16 归并排序过程

2. 二路归并排序算法的描述

（1）一趟归并排序算法

从例 5.6 可以看出，二路归并排序要多次调用第一趟排序的结果，但每趟归并的子序列的长度不同。下面给出一趟归并排序的算法：

```
void MergPass(int len,int n ,list R[],list S[])
{
    int i=1,j;                     /* 归并相邻的两个子序列到 S 中，n 为记录总数 */
    whlie(i<=(n-2*len+1))
    {
      Merge(R,S,i+len-1,i+2*len-1);
      i=i+2*len;
    }
    if((i+len-1)<n)                /* 归并长度小于 2*len 的子序列 */
       Merge(R,S,i+len-1,n);
    else
       for(j=i;j<=n;j++)
         S[j]=R[j];
}
```

（2）二路归并排序算法

```
void Sort(int n,list R[])
{
int len=1;                 /* len 为归并子序列的长度 */
    list s[];
    while(len<n)
    {
      MergPass(len,n,R,S);
      len=2*len;
      MergPass(len,n,S,R);    /* R,S 互换位置 */
      len=2*len;
    }
}
```

3. 二路归并排序的性能分析

（1）空间复杂度分析

每一趟二路归并排序都需要与待排序子序列数量相等的辅助存储空间来存放暂时的记录，因此二路归并排序的空间复杂度为 $O(n)$。

（2）时间复杂度分析

二路归并排序一共要进行 $\lfloor \log_2 n \rfloor$ 趟，每一趟归并排序的时间复杂度为 $O(n)$，因此总的时间复杂度为 $O(n\log_2 n)$。

4. 二路归并排序的优缺点

（1）二路归并排序具有的优点

二路归并排序是一种稳定的排序方法。

（2）二路归并排序具有的缺点

二路归并排序需要占用与初始序列等长的辅助空间。

*5.5.3 基数排序

1. 基数排序的基本思想

基数排序又称为桶排序或数字排序，它将关键字分解成若干部分，即待排序记录的关键字的组成成分（或“位”），然后通过对各部分关键字的分别排序，完成对整个记录的排序。基数排序和前面的各种内部排序方法完全不同，不需要进行关键字的比较和记录的移动。借助于多关键字排序思想实现单逻辑关键字的排序。

设有 n 个记录$\{R_1, R_2, \ldots, R_n\}$，每个记录 R_i 的关键字是由 d 位数字组成，即记录 R_i 的关键字 Key 是若干项的集合：$\{K_i^d \ldots, K_i^2, K_i^1\}(d>1)$，每一个数字表示关键字的一位，其中 K_i^d 为最高位，K_i^1 最低位，每一位的值都在 $0\leqslant K_i^j<r$ 范围内，其中 r 称为基数。若排序数字为十进制数，则 r=10。

先按第一个关键字 K^1 进行排序，将记录序列分成若干个子序列，每个子序列有相同的 K^1 值；然后分别对每个子序列按第二个关键字 K^2 进行排序，每个子序列又被分成若干个更小的子序列；如此重复，直到按最后一个关键字 K^d 进行排序。

基数排序有两种过程：一种从低位开始，按次向高位进行排序完成整个过程，称为最低位优先（LSD）。另一种基数排序的过程从高位开始，按次向低位进行排序称为最高位优先（MSD）。

【例 5.7】设待排序记录的关键字为{112，214，312，902，156，712，451，623，643，834}，归并排序的全过程如下图 5-17 所示。

解析：这是一个 3 位数的待排序序列{112，214，312，902，156，712，451，623，643，834}

由于是十进制数，则需要从 0～9 共 10 个箱子。

第一趟排序：从个位（最低位）开始，按照原序列从左至右开始放入箱中对应位置处。

0	1	2	3	4	5	6	7	8	9
	451	112，312，902，712	623，643	214，834		156			

第一趟结果：{451，112，312，902，712，623，643，214，834，156}。

第二趟排序：在第一趟排序的基础上，从十位（次低位）开始，从左至右开始将数字放入箱中对应位置处；

0	1	2	3	4	5	6	7	8	9
902	112，312，712，214	623	834	643	451，156				

第二趟结果：{902，112，312，712，214，623，834，643，451，156}。

第三趟排序：在第二趟排序的基础上，从百位（最高位）开始，从左至右开始将数字放入箱中对应位置处；

0	1	2	3	4	5	6	7	8	9
	112，156	214	312	451		623 643	712	834	902

第三趟结果：{112，156，214，312，451，623，643，712，834，902}。

图 5-17 基数排序过程

2. 基数排序的算法描述

基数排序法的实现主要是箱排序的作用，假定待排序文件中所有记录的关键字为 d 位十进制非负整数，从最高位到最低位（个位）的编号为 0，1，2…9。当第一遍扫描文字时，将记录依次放入 0 号队列中；个位数为 1 的关键字，其记录放入 1 号队列中……；个位数为 9 的关键字，其记录放入 9 号队列中。整个过程进行按个位数分配。第 2 遍排序使用同样的办法，将第 1 遍排序后的记录按其十进制关键字的十位数分配到相应队列中，继续进行到第 *d* 遍排序，得到有序序列就是以 10 为基数的关键字的排序法。

基数排序算法代码如下：

```
typedef struct dataType
{
  char key[d];                          /*记录中的关键字*/
  struct dataType *next;                /*指向下一个记录的下标*/
  elemtype otherelement;                /*记录中的其他数据*/
} srecord;
```

算法描述为：

```
void RadixSort(srecord *head,srecord*F[],srecord*E[],int d,int r)
{  /*head是指向待排序记录链表的头指针，r为基数，d为每个关键字的最大位数*/
   int i,j,k;
   srecord *p,*q;
   for(i=0;i<d;i++)                     /*循环d次，对各位进行分配和收集*/
   {
     for(j=0;j<r;j++)                   /*清空保存各个队列头、尾指针的数组*/
     {
          F[j]=NULL;
       E[j]=NULL;
     }
   }
}
```

3. 基数排序的性能分析

基数排序中，排在后面的关键字依然是放置在原关键字的后面，相对位置改变不大，是一种稳定的排序方法。

（1）空间复杂度分析

在基数排序过程中一趟排序需要的辅助存储空间为 *r*（创建 *r* 个队列），但以后的排序中重复使用这些队列，所以基数排序的空间复杂度为 $O(r)$。

（2）时间复杂度分析

在基数排序过程中，共进行了 *d* 遍的分配和收集，每一遍分配和收集的时间为 $O(n+r)$，所以基数排序的时间复杂度为 $O(d(n+r))$。

4. 基数排序的特点

基数排序的最大特点是不需要进行关键字的比较，只需要按照各位数字进行划分，算法中所产生的有序区不一定是全局有序的。基数排序的时间效率与待排序数据序列的顺序无关。

5.6　各种排序的比较

对于本章内讨论的内部排序方法，主要介绍了插入排序、交换排序、选择排序、归并排序和基数排序共五大类排序方法，详细讨论了各种排序方法的基本原理，并从时间复杂度和空间复杂度以及排序的稳定性等方面讨论了各种排序方法的特点。

各种排序样本序的基本策略分别是：

1．插入排序

依次将无序序列中的一个记录，按关键字值的大小插入到已排好序一个子序列的适当位置，直到所有的记录都插入为止。具体的方法有：直接插入、表插入、二路插入和 shell 排序。

2．交换排序

对于待排序记录序列中的记录，两两比较记录的关键字，并对反序的两个记录进行交换，直到整个序列中没有反序的记录偶对为止。具体的方法有：冒泡排序、快速排序。

3．选择排序

不断地从待排序的记录序列中选取关键字最小的记录，放在已排好序的序列的最后，直到所有记录都被选取为止。具体的方法有：简单选择排序、堆排序。

4．归并排序

利用“归并”技术不断地对待排序记录序列中的有序子序列进行合并，直到合并为一个有序序列为止。

5．基数排序

按待排序记录的关键字的组成成分(“位”)从低到高(或从高到低)进行。每次是按记录关键字某一“位”的值将所有记录分配到相应的桶中，再按桶的编号依次将记录进行收集，最后得到一个有序序列。

各种排序工作原理不同，其性能差异也有较大差异。通过表 5-1 可以看到各种排序方法的具体时间复杂度和空间复杂度等方面的结论。

表 5-1　排序算法

排序方法	时间复杂度			空间复杂度	稳定性
	平均时间	最坏时间	最好时间		
直接插入排序	$O(n^2)$	$O(n^2)$	$O(n)$	$O(1)$	稳定
希尔排序	$O(n^{1.5})$			$O(1)$	不稳定
冒泡排序	$O(n^2)$	$O(n^2)$	$O(n)$	$O(1)$	稳定
快速排序	$O(n\log_2 n)$	$O(n^2)$	$O(n\log_2 n)$	$O(\log_2 n)$	不稳定
直接选择排序	$O(n^2)$	$O(n^2)$	$O(n^2)$	$O(1)$	不稳定
堆排序	$O(n\log_2 n)$	$O(n\log_2 n)$	$O(n\log_2 n)$	$O(1)$	不稳定
二路归并排序	$O(n\log_2 n)$	$O(n\log_2 n)$	$O(n\log_2 n)$	$O(n)$	稳定
基数排序	$O(d(n+r))$	$O(d(n+r))$	$O(d(n+r))$	$O(n+r)$	稳定

① 从排序关键字个数而言，若 n 较小（如 $n\leqslant 50$），可采用直接插入或直接选择排序。

当记录规模较小时，直接插入排序较好；否则因为直接选择移动的记录数少于直接插入，应选直接选择排序为宜。若 n 较大，则应采用时间复杂度为 $O(n\lg n)$的排序方法：快速排序、堆排序或归并排序。

② 若文件初始状态基本有序（指正序），则应选用直接插入、冒泡或随机的快速排序为宜。

③ 从平均性能上来说快速排序是内部排序中被认为是最好的方法，当待排序的关键字随机分布时，快速排序的平均时间最短；但快速排序在最坏情况下的时间性能不如堆排序和归并排序。

④ 从方法的稳定性来比较，堆排序所需的辅助空间少于快速排序，并且不会出现快速排序可能出现的最坏情况。除这两种排序，希尔排序、直接选择排序也是不稳定的。

若要求排序稳定，则可选用归并排序。但本章介绍的从单个记录起进行两两归并的排序算法并不值得提倡，通常可以将它和直接插入排序结合在一起使用。先利用直接插入排序求得较长的有序子文件，然后再两两归并之。因为直接插入排序是稳定的，所以改进后的归并排序仍是稳定的。

⑤ 在基于比较的排序方法中，每次比较两个关键字的大小之后，仅仅出现两种可能的转移，因此可以用一棵二叉树来描述比较判定过程。

综上所述，在本章讨论的所有排序方法中，没有哪种是绝对最优的。有的适用于 n 较大的情况，有的适用于 n 较小的情况，或是否要求排序稳定性，时间复杂度和空间复杂度的相关要求因素等。因而在使用时需根绝不同情况适当选用，甚至结合多种排序方法，进行次关键字等多条件的排序进行。

本章讨论的排序在顺序表上是通过一维数组的方式实现的，在排序过程中需要移动大量记录。当记录数目较大时，由于移动大量记录造成时间耗费增大时，可以考虑采用链式存储结构实现（如表插入排序、基数排序），以修改指针代替移动记录。但有些排序方法，在采用链表时无法实现部分排序算法，需要进行地址排序，即另设一个地址向量指示相应记录。

小　结

直接插入排序是将待排序记录按关键字大小直接插入到已经有序的记录中。这种方法操作简单，容易实现，但当待排序记录数量比较大时，直接插入排序的执行效率有点低。直接插入排序是一种稳定的排序。

希尔排序是对直接插入排序的一种改进，它将整个排序记录按某个增量分割成若干个子记录，每个子记录按直接插入方法排序，当整个记录基本有序时，再进行最后一次直接插入排序。这种方法的执行效率虽然比直接插入排序高，但其增量的取值难以把握。希尔排序是一种不稳定的排序方法。

冒泡排序是一种简单的交换排序，如果把待排序序列垂直放，冒泡排序就是每一趟排序都把关键字小的记录向上浮，把关键字大的往下沉。冒泡排序是一种稳定的排序。

快速排序是对冒泡排序的一种改进，每一趟排序，快速排序都将待排序记录分成独立的两部分，一部分的关键字比另一部分的关键字小，再对这两部分分别进行排序。

直接选择排序是每次从待排序序列中选取关键字最小的记录，与当前排序序列的第一个记录互换位置，直到整个序列有序为止。

堆排序每次输出堆顶的最大值（或最小值）之后，将剩下的元素重新组合成一个堆，再次输出堆顶元素。在堆排序过程中，建立初始堆和对堆进行调整很重要。

二路归并排序是将待排序记录的两个相邻的子记录合并，得到新的排序记录，再将新的排序记录相邻的两个子记录两两合并，依次类推，直到合并后的序列有序为止。

基数排序是类似于具有箱排序和多关键字排序的特点，按照最低位优先或最高位优先的形式，对序列中数字进行排序，其过程中按组成关键字的各个位的值来实现排序。

思考与练习

一、单选题

1．排序的目的是为了以后对已排序的数据元素进行（　　）操作。

A．打印输出　　B．分类　　C．合并　　D．查找

2．若有关键字序列{42，70，50，33，40，80}，则利用快速排序的方法，以第一个关键字为基准元素得到的一次划分结果为（　　）。

A．40，33，42，50，70，80　　B．40，33，80，42，50，70

C．40，33，42，80，50，70　　D．33，40，42，50，70，80

3．用某种排序方法对线性表(35，90，15，50，10，30，75，28，13)进行排序时，得到以下中间结果，则所采用的排序方法是（　　）。

13，28，15，30，10，35，75，50，90

10，13，15，30，28，35，50，75，90

10，13，15，28，30，35，50，75，90

A．希尔排序　　B．二路归并排序　　C．快速排序　　D．堆排序

4．若有关键字序列{20，80，10，50，60，95，15，55，30，40}，并且该序列是由5个长度为2的子序列组成，则用二路归并排序方法对该序列进行一趟二路归并后的结果为（　　）。

A．10，20，50，80，15，55，60，95，30，40

B．20，80，10，50，60，95，15，55，30，40

C．20，80，10，50，60，95，15，30，40，55

D．10，15，20，30，40，50，55，60，80，95

5．当文件局部有序或文件长度较小的情况下，最佳的排序方法是（　　）。

A．直接插入排序　　B．直接选择排序　　C．冒泡排序　　D．二路归并排序

二、填空题

1．根据在排序过程中使用的存储器将排序方法分为：__________和__________。

2．若堆中某一数据元素在数组中的下标为30，则它的左孩子的下标为__________，右孩子的下标为__________。

3．对于堆排序和快速排序，若待排序序列基本有序，则选用__________较好；若待排序序列无序，则选用________较好。

4．设有字母序列{P，D，F，Z，E，P，N，B，X，M，G，W}，请写出按二路归并排序方法对该序列进行一趟扫描后的结果__________。

5．设表中元素的初始状态是按键值递增的，分别用堆排序、快速排序、冒泡排序和二路归并排序方法对其仍按递增顺序进行排序，则__________最省时间__________最费时间。

三、综合题

1．对于给定的一组键值：83、40、63、13、84、35、96、57、39、79、61、15，分别画出应用直接插入排序、希尔排序、冒泡排序、快速排序、直接选择排序、堆排序、二路归并排序对上述序列进行排序中各趟的结果。
2．采用单链表作存储结构，编写一个采用选择排序方法进行升序排序的函数。
3．写出非递归调用的快速排序算法。

第6章 查　找

【内容提要及目标】

查找是数据处理中最基本且重要的操作之一。本章从一个学生成绩查找案例入手，介绍了目前常用的几种查找算法，比如顺序查找、折半查找、索引查找、分块查找和哈希查找。不同的查找算法，有不同的查找效率。当数据量比较大的时候，查找效率就显得特别重要。通过本章学习，读者应该掌握以下内容：

- 熟悉查找的几种基本方法。
- 理解哈希表与哈希方法。
- 掌握哈希表的查找。

【本章重点及难点】

顺序查找、折半查找、索引查找、分块查找的算法实现及应用。

6.1 “学生成绩不及格的查找”实例

【实例目的】

① 熟悉顺序查找和折半查找的原理。

② 掌握顺序查找和折半查找的算法实现。

【实例内容】

学生成绩管理系统中，在录入每个学生的某门课程成绩后，就可以让学生查找。如果学生输入学号进行查找，要求能判断学生该课程的成绩是否不及格，以决定是否需要参加补考。

经过分析，这个过程可分为 3 个步骤：

① 学生输入学号。

② 在学生成绩表中查找该学号。

③ 如果找到该学号，就可以得到成绩，并判断是否不及格。

【实例步骤】

依据以上的分析，可以用 C 语言实现这个算法。

① 编辑程序。在 Turbo C 2.0 编译界面中按 Alt+F 组合键，选择 New 命令，然后输入源程序，如图 6-1 所示。

分析：在解决问题之前，必须先利用结构体构造一个学生成绩表，表中包含学生学号、姓名、成绩等信息。构造表的过程由函数 Creat_Seq()来实现，构造好表之后，就可以在表中进行查找，如图 6-2 所示。

解决这个问题的关键是如何在学生成绩表中查找给定的学号。查找的方法很多，在上述源代码中提供了两种查找算法，一种是顺序查找法，用函数 Search_Seq()实现，另一种折半查找法，用函数 Search_Bin()实现。两种算法可以选择其中一种，得到的结果是一样的。

② 编译和运行程序，运行结果如图 6-3 所示。

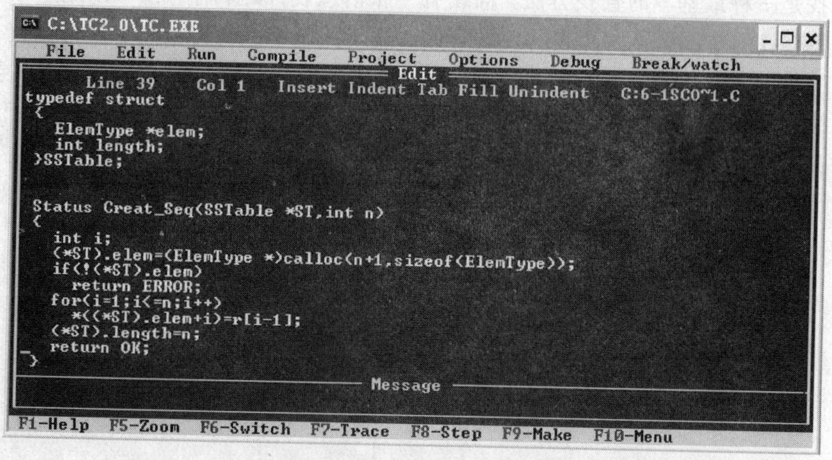

图 6-1　Creat_Seq()函数界面

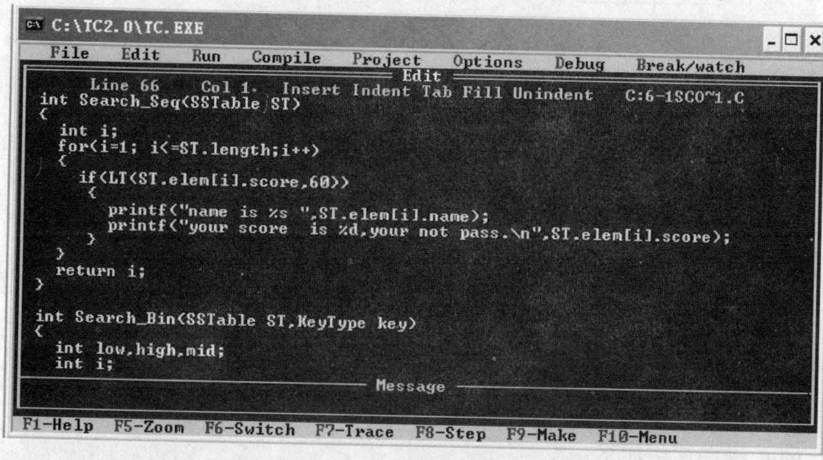

图 6-2　Search_Bin()函数界面

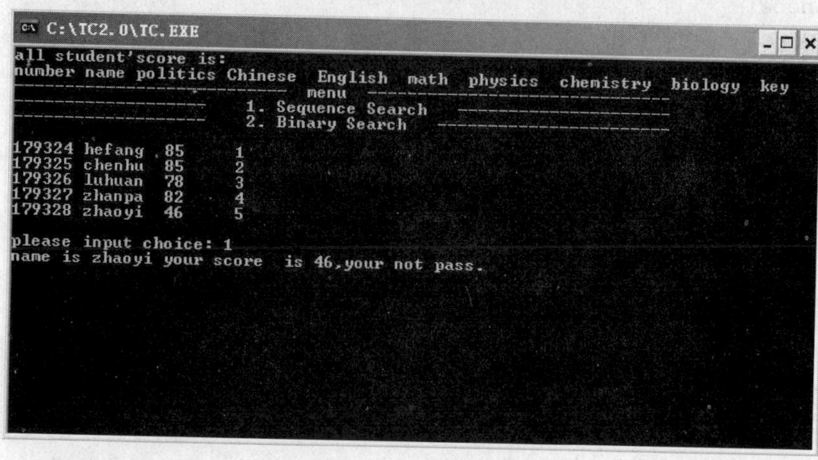

图 6-3　运行结果界面

6.1.1 顺序查找

顺序查找是一种最基本的查找方法。假设有一张信息表，其中有一项可以用来唯一标识的记录。根据顺序查找的基本思路，从表的一端开始，逐个关键字值与给定值 k 进行比较，若表中存在某个记录的关键字值与给定值 k 相等，则说明查找成功；若查找完整个表，仍未找到关键字值与给定值相等的记录，则表示查找失败。这种查找方法不管对顺序分配还是链式分配都适用。

顺序查找的算法流程图如图 6-4 所示。

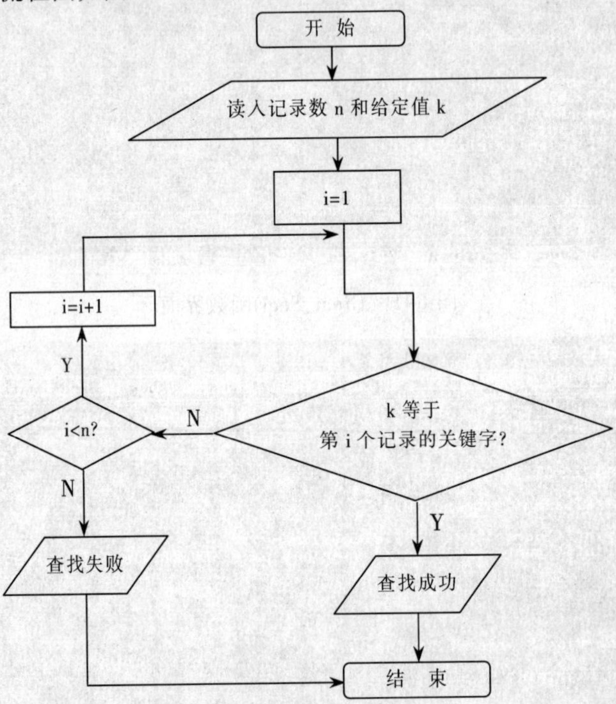

图 6-4 顺序查找的算法流程图

顺序查找的 C 语言算法如下：

```
struct node{
    int key;
    datatype data;
};
typedef struct node Node;
void findSeq(r,n,k,m)
{   /* 在长度为 n 的表 r 中查找关键字为 K 的元素，m 指示查找结果 */
    int i=0,n=num;                  /* 记录序号 */
    for(i=0;i<n;i++)                /* 查找循环 */
   if(r[i].key= =k)
   {
     m=i;
     break;
   }
   return m;                        /* 返回记录序号 */
```

}

在顺序查找的算法中，若表中的第 1 条记录符合给定值，则只要比较 1 次；若第 i 条记录符合给定值，则需要比较 i 次。对于查找算法，其执行时间通常取决于关键字的比较次数，若每条记录的查找概率相等，且每次查找都成功，有 $p_i=1/n$，则在等概率的情况下，顺序查找的平均比较次数公式为：

$$\text{ASL}=\sum_{i=1}^{n}P_iC_i=\frac{1}{n}\sum_{i=1}^{n}i=\frac{1}{n}\,\frac{n(n+1)}{2}=\frac{n+1}{2}\approx\frac{n}{2}$$

查找不成功的比较次数为 $n+1$，顺序查找算法的时间复杂性为 $O(n)$。

顺序查找算法比较简单，而且适应面较广，对表的结构也没有要求，无论记录是否按关键字排序都可应用。但是，平均查找长度较大（当 n 较大时），查找效率就会变得较低。

6.1.2　折半查找

折半查找是对有序表的一种效率较高的查找方式，也称二分法查找。折半查找要求所查找的线性表是顺序存储结构，且必须是有序表，即表中各记录是按照关键字的顺序排列。

在折半查找的过程中，线性表是有序表，所采取的策略是逐渐缩小查找范围，直到得到查找结果为止。折半查找的基本思想是：首先将线性表中间位置的记录关键字与给定的关键字进行比较，若相等，则说明查找成功；如果给定关键字比中间位置的关键字大，就说明所要查找的记录可能在表的后半部分；如果给定关键字比中间位置的关键字小，就说明所要查找的记录可能在表的前半部分。这样，每比较一次，查找范围就缩小了一半。经过反复比较，就可以逐步缩小查找范围，直至找到与给定关键字相等的记录为止。当然，也可能整个表中都找不到与给定关键字相等的记录。

折半查找算法的流程图，如图 6-5 所示。

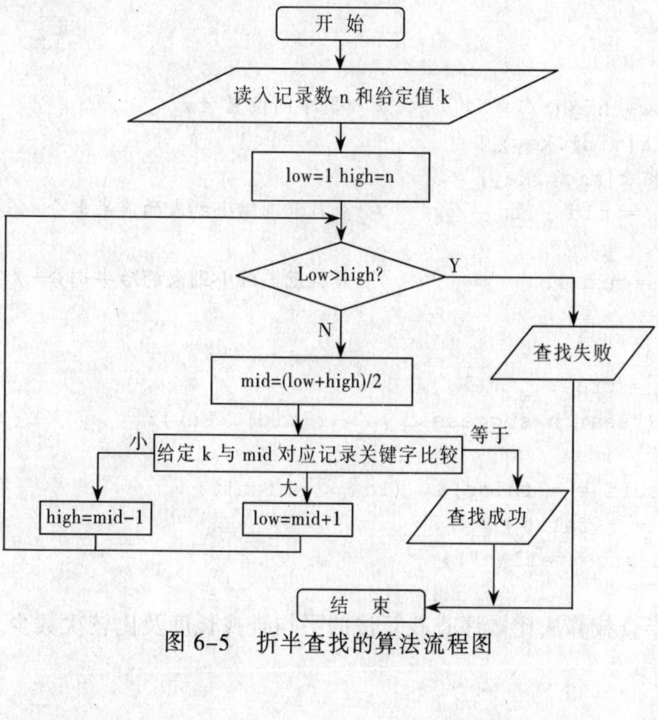

图 6-5　折半查找的算法流程图

在折半查找算法中须用到 3 个变量：low、high 和 mid，分别用来表示被查找的那一部分表的表头、表尾和中间位置。

若在顺序存储的有序表中，各记录的关键字为：

{34，45，55，60，76，83，96}

要求查找关键字 k=45 的记录，查找过程如图 6-6 所示。

1	2	3	4	5	6	7
34	45	55	60	76	83	96
low			mid			high

第一次

34	45	55	60	76	83	96
low	mid	high				

第二次

图 6-6　折半查找的描述图

在查找算法中，中间位置 mid = (low+high)/2，其中 low 代表表头，high 代表表尾。第一次比较时，给定值 k 小于 mid，说明所要查找的记录在表的前半部分，这时需要将 mid-1 值赋给 high，缩小表的查找范围；第二次比较时，由于表的上边界 high 的值发生变化，需要重新计算 mid 值，将给定值 k 与新的 mid 比较，发现刚好相等。经过两次比较，mid 所指位置的关键字刚好为 45，说明查找成功。

通过以上分析，可以用 C 语言实现其算法。算法如下：

```
void findBin(r,n,k)
{  /* 在长度为 n 的有序表 r 中查找关键字为 k 的元素 */
  int low,high,mid;
  bool result=false;
  low=0;
  high=n-1;
  do{
    mid = (low+ high)/2;           /* 取中间位置 */
    if (k != r[mid].key)
       if (k < r[mid].key)
          high = mid - 1;          /*查找范围缩小到表的前半部分*/
       else
          low = mid+1;             /*查找范围缩小到表的后半部分*/
    else
    {
       result = true;
       printf("search success%d\n", r[mid]. Key);
    }
  }while((result = = false)&& (low < =hign));
  if (result = = false)
    printf("search fail\n");
}
```

由此可见，折半查找算法比顺序查找算法的平均查找长度及比较次数少，查找速度快。但折半查找只限于顺序存储结构的有序表，不适于线性链表结构。

6.2 “学生成绩及格的查找”实例

【实例目的】

① 掌握索引查找的概念和算法。

② 掌握分块查找的算法。

【实例内容】

学生成绩管理系统中，在录入每个学生的某门课程成绩后，对成绩进行分块。如果学生输入学号进行查询，首先查找该成绩处在哪一个块里面，确定所要查找的块之后，进入到块内部再查找。找到该学号对应的成绩之后，判断成绩是否及格，以决定是否需要参加补考。

经过分析，这个过程可分为 3 个步骤：

① 学生输入学号。

② 在学生成绩表中查找该学号对应的成绩，判断成绩在哪一个区块内。

③ 在相应的区块查找该成绩是否存在，如果找到，判断成绩是否及格，以决定是否需要参加补考。

【实例步骤】

依据以上分析，可以用 C 语言实现这个算法。

① 编辑程序。在 Turbo C 2.0 编译界面中按 Alt+F 组合键，选择 New 命令，然后输入源程序，如图 6-7 所示。

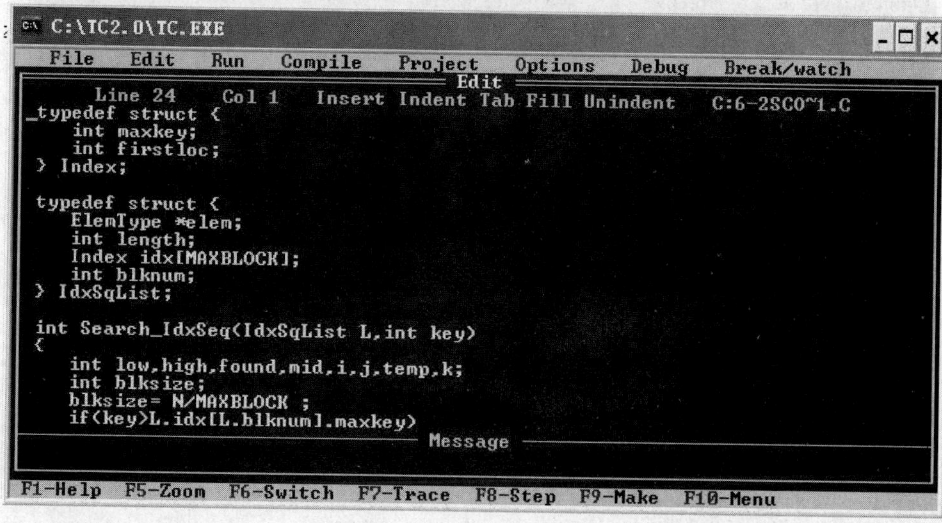

图 6-7　结构体定义界面

分析：在查找的过程中，第一步输入学号，找到对应的成绩，然后采用二分查找法确定该成绩处在哪一个块中；第二步在确定的块中采用顺序查找法找到该成绩，输出该成绩的信息，并判断该成绩是否及格，如图 6-8 所示。

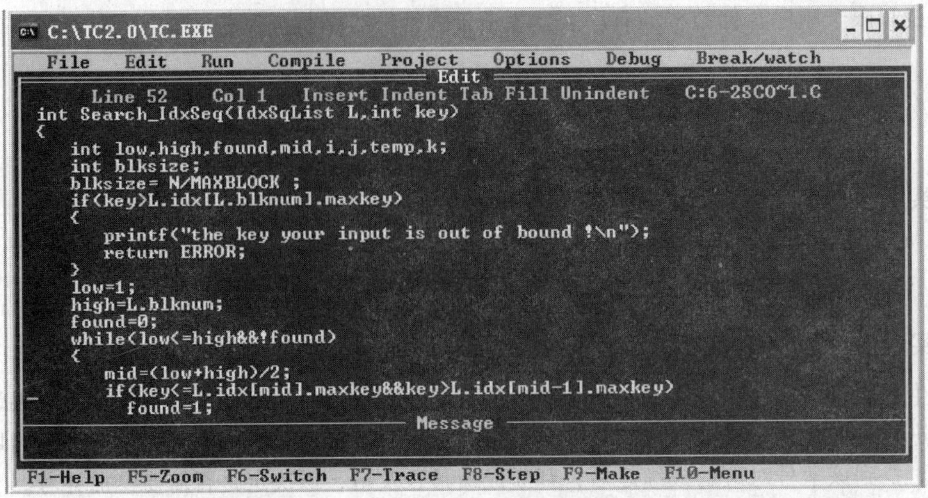

图 6-8 Search_IdxSeq()函数界面

分析：解决这个问题首先需要对学生的成绩进行分块，依据学号确定成绩在哪一个块中，然后在块里面进行查找。本案例采取分块查找的方法，使用 Search_IdxSeq()函数实现分块查找算法。

② 编译和运行程序，运行结果如图 6-9 所示。

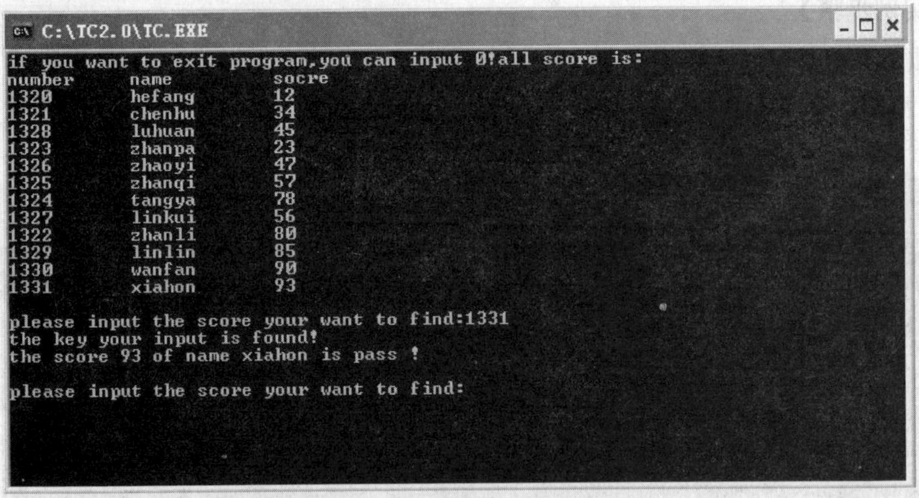

图 6-9 运行结果界面

6.2.1 索引查找的概念

索引查找是基于索引表的一种查找算法，索引表是按照索引存储方式构造的一种存储结构。在这种存储结构中包含结点表和索引表，在结点表中存储数据，同时还有一个附加的索引表，索引表中的每一项称为索引项，索引项一般包含关键字和地址的键值对：(关键字，地址)。关键字用来唯一标识某个结点，地址项指向对应结点的指针或相对地址。

由于索引表中的关键字是有序排列，在查找索引时，一般先在索引表中进行折半查找，然后查找到相应的关键字，再通过索引表的地址找到表中对应的结点。

在这种索引存储结构中，可以对结点进行随机访问。当进行插入和删除运算时，只需要修改索引表中对应结点的存储地址，不必移动存储在结点表中的具体结点。因此，索引查找的效率比顺序查找要高，但是索引查找需要建立索引表，增加了时间和空间的开销，效率比折半查找要低。

6.2.2　分块查找

分块查找也称索引顺序查找，它以顺序查找和折半查找方法为基础。一个索引顺序表由两部分组成：一个顺序表和一个索引表。其特点是：按照顺序表内数据元素的某种属性把表分成 $n(n>1)$ 个块，并建立一个相应的“索引表”，索引表中的每个元素对应一个块，顺序表中数据元素的关键字“按块有序”。所谓“按块有序”是指数据元素的关键字被划分成一些块，在任意相邻的块中，前面块中的任一数据元素的关键字小于后面块中的所有数据元素的关键字，但每个块的内部数据元素的关键字不一定有序。索引表的数据类型定义如下：

```
#define N
typedef struct
{
KeyType key;                              /* KeyType 为关键字的类型 */
int link;                                 /* 指向对应块的起始下标 */
}indexType;
Typedef indexType indexList[N];           /* 索引表类型 */
```

在图 6-10 中，长度 n 为 12 的顺序表 R 按关键字划分为 3 个块（13，18，15，6）、（20，34，26，31）、（48，37，54，45）。它们的关键字按块有序，比如第一块中最大的键值为 18，第二块中的最小关键字为 20，第一块中的任一关键字小于第二块中的所有关键字。

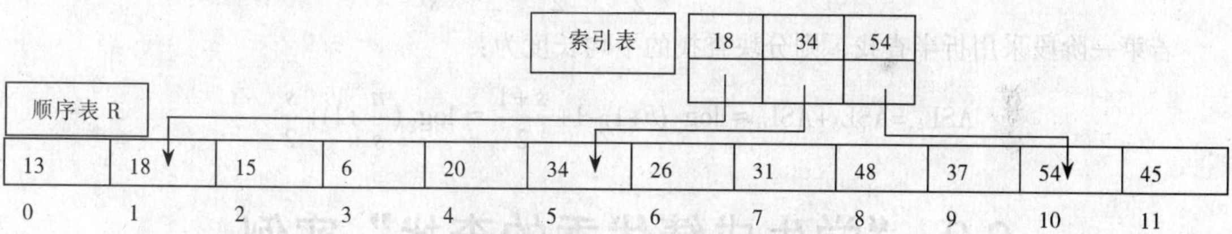

图 6-10　索引表的建立

分块查找的执行过程分成两步进行，第一步在索引表中确定待查数据元素所在的块，由于索引表是顺序表，可以采用折半查找；第二步在对应的块中进行查找。在图 6-10 中，假设给定 K=26，首先将 K 与索引表中的各块最大关键字进行比较，发现 K 在第二块，然后去第二块中查找，由于块内部没有顺序，所以只能使用顺序查找法。

采用折半查找索引表的分块查找算法如下

```
int IndexSearch（indexList list，int m，SeqList r，int n，KeyType k）
{
  /* m 为索引表的长度，n 为顺序表的长度，k 为待查的元素关键字  */
  int low=0,high=m-1,mid,i;
  int b=n/m;                  /*  b 为每块的数据元素个数  */
  while (low<=high)           /*  在索引表中进行折半查找，结果位于 high+1 块中 */
  {
     mid = (low+high)/2;
```

```
        if (list[mid].key >=k)
            high = mid -1;
        else
            low = mid +1;
    }
    /* 在顺序表中进行顺序查找 */
    i = list[high+1].link;           /* k应位于high+1块中 */
    while (i<=list[high+1].link+b-1 && r[i].key!=k)
        i++;
    if (i<=list[high+1].link+b-1)
        return i;                    /* 查找成功，返回下标  */
    else
        return -1;                   /* 查找失败，返回-1   */
}
```

分块查找的过程经历了两个阶段，块的查找可以采用顺序查找，也可以采用折半查找，块内数据元素是任意排列的，只能采用顺序查找。因此，整个查找的平均查找长度是两个阶段的查找长度之和：

$$ASL_{bs}=ASL_b+ASL_s$$

其中，ASL_b 为查找索引表的平均查找长度，ASL_s 为查找数据元素的平均查找长度。

例如，将长度为 n 的表分为 b 块，每块有 s 个数据元素，在等概率的情况下，则块中每个元素的查找概率为 $1/s$。

若第一阶段采用顺序查找，则分块查找的平均长度为：

$$ASL_{bs}=ASL_b+ASL_s=\frac{b+1}{2}+\frac{s+1}{2}=\frac{1}{2}\left(\frac{n}{s}+s\right)+1$$

若第一阶段采用折半查找，则分块查找的平均长度为：

$$ASL_{bs}=ASL_b+ASL_s\approx\log_2(b+1)-1+\frac{s+1}{2}\approx\log_2\left(\frac{n}{s}+1\right)+\frac{s}{2}$$

6.3 “学生成绩优秀的查找”实例

【实例目的】

① 了解哈希表的特点。

② 掌握常用的哈希函数。

③ 熟悉哈希表的查找算法。

【实例内容】

在成绩管理系统中，当录入每个学生的某门课程成绩后，就可以查找到成绩优秀的学生。为了提高查询效率，可以将学生的学号和计算机中存放学生信息的地址相互关联起来，组成一张哈希表，这样很快能得到成绩优秀的学生信息。

【实例步骤】

依据以上分析，可以用C语言实现这个算法。

① 编辑程序。在 Turbo C 2.0 编译界面中按 Alt+F 组合键，选择 New 命令，然后输入源程序，如图 6-11 所示。

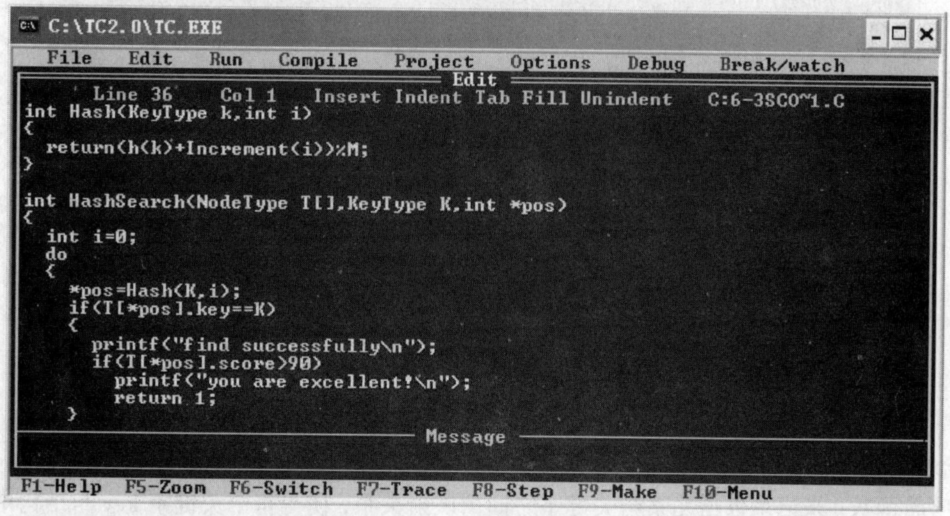

图 6-11　源代码界面

分析：在本案例中，重点是建立学生成绩的哈希表，一旦哈希表建立成功，查找的过程就变得很容易。建立哈希表的程序如图 6-12 所示。

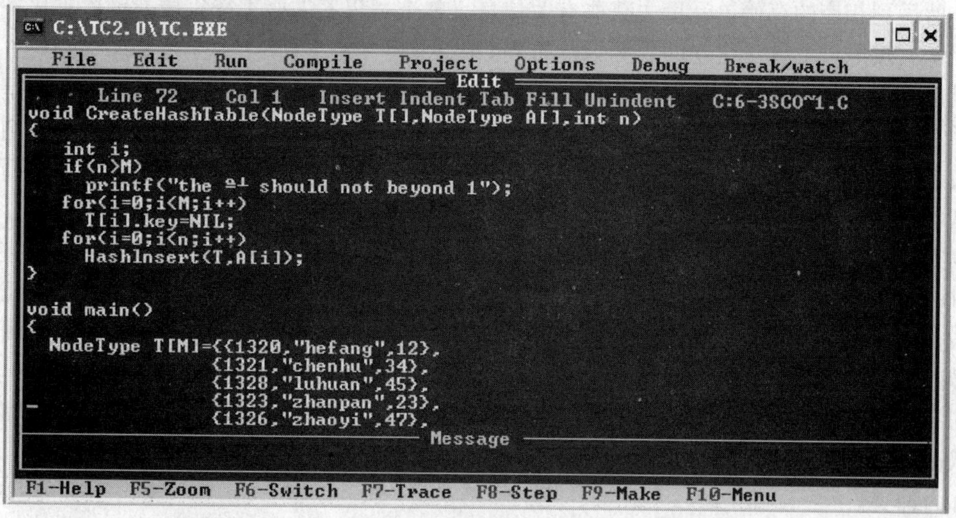

图 6-12　源代码界面

② 编译和运行程序，运行结果如图 6-13 所示。

6.3.1　哈希表与哈希方法

在先前探讨的各种查找方法中，数据在表中的位置是随机的，查找的过程需要不断进行比较和判断，才能确定数据元素在表中的具体位置，这些查找方法是建立在“比较”的基础上，其查找效率取决于比较的次数。

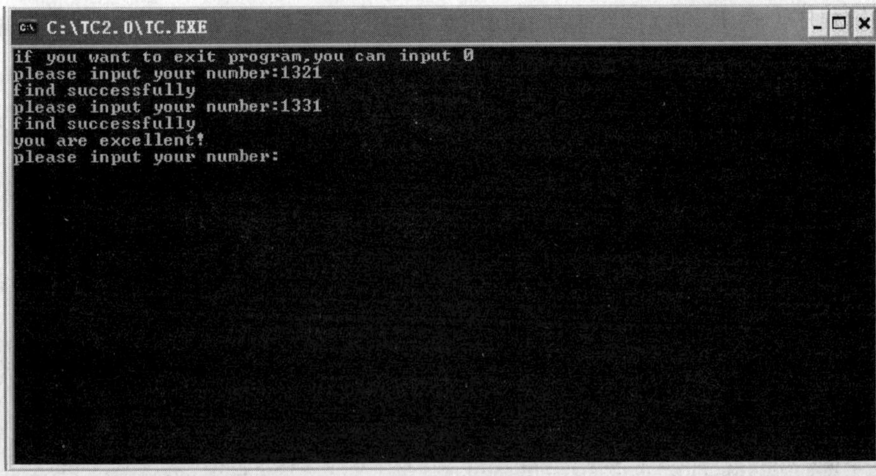

图 6-13 运行结果界面

哈希法是一种重要的存储方法，也是一种常用的查找方法。在哈希法中，通过一个函数 $H()$（称为哈希函数）来记录数据元素与关键字之间的映射关系，使得每个关键字 key 与结构中数据元素的存储地址相对应。该函数的自变量为数据元素的关键字 key，数据元素在表中的存储地址为函数值，生成表后把数据元素逐一存放到以相应函数值为地址的存储单元里，这样生成的表就称为哈希表。当进行查找时，根据同样的哈希函数 $H()$计算得到待查元素 K 在表中的存储地址，然后到相应的存储单元里去获取有关信息，整个过程不需要进行比较就可以直接查找到所查记录。按照以上方法建立的表称为哈希表。

显然，上述哈希查找法是以哈希存储方式为前提的，只有数据结构中的每个元素都是按照哈希函数存储，才能使用对应的哈希函数找到其存储的位置。因此，根据哈希函数值找到哈希地址的过程称为“查找”过程；根据哈希函数找到的哈希地址映射到内存地址称为“散列”过程，这两个过程构成了哈希查找的过程。

例如，学生机房有 60 个座位，编号为 1～60。如果学生进入机房不按照指定位置就座，在查找时，必须将待查的学生与当前座位上的学生进行比较，这种方式就是前面讨论的这几种查找方法，而哈希法的做法是规定学生的座位，而且学生的座位应和其学号的最后两位相同，学生按号就座。在查找时，只要知道学生的学号，就可以找到座位的编号。

如果学生来自不同的班级，他们学号的末尾两位可能相同，就会发生几个学生争坐同一座位的状况。对于某个哈希函数$H()$和两个关键字K_i，和K_j，如果$K_i \neq K_j$、而且$H(K_i)=H(K_j)$，这种现象称为冲突。

如果有一个数据元素的关键字至多由 5 个英文字母组成，则关键字的可能取值有：

$$26^5+26^4+26^3+26^2+26^1 = 321\,272\,406（个）$$

如果一个关键字对应一个存储地址，就不会发生冲突。但在实际问题中，集合中的数据元素的个数远小于这个值，这是因为存储空间难以满足，而且一个源程序也不会用这么多的标识符。大多数情况下，哈希函数是一种压缩映像函数，它将关键字取值的数据集合映射到一个范围确定的表中。

在现实应用中，冲突现象是难免的，只有尽量产生一一对应的哈希函数，才能尽可能地降低发生冲突的概率。因此，对于哈希法主要考虑两个问题：一是如何构造哈希函数，另一个是如何解决冲突。

6.3.2　哈希函数的构造方法

构造一个好的哈希函数主要解决以下两个问题：

① 哈希函数应该是一个压缩映像函数，它具有较大的压缩性，以节省存储空间。

② 哈希函数应该具有较好的散列性，冲突是不可避免的，应尽可能减少。

为了避免不同记录的关键字产生相同的哈希函数值，在构造哈希函数时，一般都要对关键字进行计算，使关键字的各个成分都对它的哈希地址产生影响。

符号表中的关键字是由字母组成，但在不同的计算机中的关键字都有相应的内部表示法，最后都以二进制或十进制的正整数来表示。现在介绍几种常用的哈希函数的构造方法。

1. 数字分析法

数字分析法也称为数字选择法，适用于事先可以确定所有可能出现的键值，并且关键字的位数比哈希地址的位数多。对各个关键字内部代码的各个码位进行分析，若第 i 位上各个关键字中出现的数码种类比较多（即重复出现的数码较少），则可选中该位为哈希函数值的一部分。具体选多少位来构成哈希函数值，应根据存储区地址范围而定。

例如，在表 6-1 所示的构成哈希函数的表中，需要 4 位哈希函数值(地址码)，对下列关键字进行数字分析，则关键字的前 3 位及第 5、7 位分布不均，有很多重复，所以不使用这 5 位。而第 4、6、8、9 这 4 位分布比较均匀，由这 4 位来构成哈希函数值。

表 6-1　由 4 位构成的哈希函数值

关　键　字	哈希函数值
000219421	2921
000368319	3819
000117428	1728
000667833	6733
000813486	8386
000215472	2572
000738305	7805
000412394	4294
…	…

这种方法比较直观，但需要事先知道每个关键字的键值，因此限制了它的应用范围。

2. 除余法

除余法是一种简单有效的构造方法。与数字分析法相比，除余法不要求事先知道全部的关键字，这种方法采用求余运算（%）来实现，选择一个合适的不大于哈希表长 m 的正整数 P，若给出的关键字为 K，则以关键字 K 除以 P 所得的余数 R 作为哈希地址，这种方法称为除余法哈希函数，所构造的哈希函数为：

$$H(K) = K \bmod P$$

如果 R 的值在存储区地址范围内，则 R 就取为哈希函数值；否则，再用一个线性函数求出哈希函数值。例如，有一组关键字为 000001～859999，对应的存储地址为 100000～100599，即 m=600，可选 P=599。若要转换关键字 K=172158，则有：

$$R = 172158\%599 = 245$$

由于 R 不在指定的地址范围内，所以取哈希函数为：

$$H(K) = 100000 + R = 100000 + K\%P$$

$H(K)=H(172148) = 100245$，这样就把关键字 K 直接转换成存储地址。

显然，这种方法的好坏关键在于 P 值的选取。如果取 P 为偶数，当关键字代码为偶数时，得到的哈希函数值也是偶数，即偶数关键字的数据映射到偶数地址上；当关键字代码为奇数时，哈希函数值也为奇数，即奇数关键字的数据映射到奇数地址上。因此，产生的哈希地址很可能不是均匀分布的。如果选择关键字代码的基数的幂次来除关键字，那么产生的哈希地址必是关键字的低位数字，均匀性较差。

【例 6.1】假设有值为整型的关键字系列{0118，4239，2056，1142，0039，0156}，若取 P 值为 100，则采用除余法所得的哈希地址为：

0118　4239　2056　1142　0039　0156

18　39　56　42　39　56

实际上所得的结果是关键字的最低两位的数值，因此产生的哈希函数不是一个好的哈希函数。

假如哈希表长为 200，若 P 取小于哈希表长的最大质数 199 时，产生的哈希函数就会好很多。

0118　4239　2056　1142　0039　0156

118　60　66　147　39　156

因此，如果 P 值选取合理，则除余法是一种简单有效的构造哈希函数的方法。

3. 平方取中法

这是比较常用的哈希函数。一个数的平方的中间几位与这个数的每一位都相关，根据这一特点，平方取中法先算出关键字内部代码的平方位，再取平方后的中间几位作为内存地址。

例如，若用 01~26 表示对应的 26 个英文字母，下列 4 个关键字与其内部代码为：

关键字　KEYA　KEYB　AKEY　BKEY

内部代码　11052501　11052502　01110525　02110525

如果符号表的存储地址是 0~1000，则只能取平方值的中间某 3 位。对上面给出的 4 个关键字，其结果如表 6-2 所示。

表 6-2　取平方值的中间 3 位

关键字	内部代码	内部代码平方值	哈希函数值
KEYA	11052501	122157778355001	778
KEYB	11052502	122155800460004	800
AKEY	01110525	001233265775625	265
BKEY	01110525	004454315775625	315

上面得出的哈希函数值就是存储地址。这种方法计算简单而且不需要事先了解关键字的分布情况，同时平方取中的方法能够扩大关键字的差别，所以最后得到的存储地址比较均匀。

4. 直接定址法

假设关键字是整型数时，可以利用关键字的某个线性函数来构造哈希地址。

$$H(K)=K \text{ 或者 } H(K)=aK+b \text{（}a,b\text{ 为常数）}$$

由此可见，直接定址法是一种算术公式的方法。

【例 6.2】在人口统计中，如果要统计 1～100 岁的人口数，用年龄作为关键字，取关键字本身作为哈希函数值，如表 6-3 所示。若要统计从 1949 年至今出生的人口数字，则可以年份为关键字。哈希函数是 $M(\text{key}) = \text{key}+1948$。

表 6-3　人口统计表

（a）人口统计哈希表——年龄

哈希地址	01	02	03	…	25	26	…	99	100
年龄	1	2	3	…	25	26	…	99	100
人口数	1 300	800	1 100	…	8 000	7 500	…	80	15
…									

（b）人口统计哈希表——年份

哈希地址	01	02	03	…	25	26	…	99	100
年份	1949	1950	1951	…	1974	1975	…	2047	2048
人口数	1 300	800	1 100	…	8 000	7 500	…	80	15
…									

使用直接定址法，使得哈希函数比较简单，对于不同的关键字，不会产生冲突。但是，关键字很少是连续的，因此这种方法构造的哈希表会造成空间上的浪费。

5. 随机数法

在随机数法中，选取一个随机函数 random()，并把关键字在该函数下的值作为哈希地址，即 $H(K)=\text{random}(K)$。随机法适用于关键字长度不等的情况。

综上所述，若要构造一个好的哈希函数，需要考虑以下因素：

① 关键字的特点，比如关键字的分布情况，或者是否等长。

② 哈希函数效率，即所需时间。

③ 哈希数的大小。

④ 数据元素的查找概率。

*6.3.3　处理冲突的方法

如前所述，无论怎样构造哈希函数，都不可避免地出现冲突现象。在哈希表中，虽然冲突难以避免，但产生冲突的可能性大为减少，这主要取决于以下因素：

① 与所采用的哈希函数有关。如果选取的哈希函数可以使哈希地址均匀分布在哈希地址空间，那么冲突的可能性也就会减少。

② 与填充因子有关。填充因子是指哈希表中已经存入的数据元素数目与哈希地址空间大小的比例，这个比例越小，说明空闲的单元就越多，插入的数据与已经存在的数据发生冲突的可能性就越小；反之，冲突的可能性就大。

③ 与解决冲突的冲突函数有关。选择好的冲突函数可以减少冲突的发生。

解决冲突的方法很多，基本上可以分为两大类：一类是开放地址法，另一类是链地址法。下面分别具体介绍这两类方法。

1. 开放地址法

在开放地址法中，将发生冲突的哈希地址作为自变量，通过某个哈希冲突函数得到一个空闲的哈希地址。用开放地址法解决冲突，产生一个探测序列。当发生冲突时，按照某种方法到存储区的其他单元进行探测，直到找到空闲位置为止。这种方法的数学描述如下：

$$H_i(K)=(H(K)+d_i)\bmod m \quad (i=1, 2, \cdots, m-1)$$

在上式中，$H(K)$为关键字 K 的哈希地址，m 为哈希表的表长，d_i 为一下次探测的地址增量。如果 $H(K)$单元已经被占用，继续查看 $H(K)+d_1$ 单元；若这个单元也被占用，则继续往下探测，直到发现空闲位置为止。

当 d_i 为 1，2，3，…时，说明地址增量是线性的，这种方法称为线性探查法。当发生冲突时，沿着这个探测序列一个个单元地查询，直到找到一个开放的地址。

例如，某数据的关键字为 K，哈希函数值为 $H(K)$，若在 $H(K)$位置上发生冲突，则顺序地从 H(K)+1 的位置逐个单元地进行探测。在探测过程中，如果在某一位置上查到了关键字等于 K 的数据，则查找成功；如果一直没有找到关键字为 K 的数据，但又存在空闲单元，可以在该位置上进行插入操作；如果查遍全表，也没有查到指定关键字的数据，同时哈希表空间已满，则说明溢出。

还有一种平方探查法，其中 d_i 为 1^2，2^2，3^2，…。这种方法不能探查到表的所有单元，但至少能够查到一半的单元。

【例 6.3】假设哈希表的长度为 $m=12$，采用除余法并结合线性探查法构造如下的哈希表：{23，44，54，86，16，34，29，60，47，39}。

首先，除余法的哈希函数为 $H(K)=K \bmod P$，其中 P 应为小于 m 的素数，假如 P 为 11，采用线性探查法得到表 6-4。

表 6-4 冲突解决过程表

$H(23)=1$	没有冲突，将 23 放在 Hash[1]处
$H(44)=0$	没有冲突，将 44 放在 Hash[0]处
$H(54)=10$	没有冲突，将 54 放在 Hash[10]处
$H(86)=9$	没有冲突，将 86 放在 Hash[9]处
$H(16)=5$	没有冲突，将 16 放在 Hash[5]处
$H(34)=1$	发生冲突
$d_0=1$，$d_1=(1+1)\bmod 11=2$	冲突已经解决，将 34 放在 Hash[2]处
$H(29)=7$	没有冲突，将 29 放在 Hash[7]处
$H(60)=5$	发生冲突
$d_0=5$，$d_1=(5+1)\bmod 11=6$	冲突已经解决，将 60 放在 Hash[6]处
$H(47)=3$	没有冲突，将 47 放在 Hash[3]处
$H(39)=6$	发生冲突
$d_0=6$，$d_1=(6+1)\bmod 11=7$	仍有冲突
$d_2=(7+1)\bmod 11=8$	冲突已经解决，将 39 放在 Hash[8]处

由此建立的哈希表，如表 6-5 所示。

表 6-5　哈希表 Hash[0,1,2⋯,11]

下标	0	1	2	3	4	5	6	7	8	9	10	11
K	44	23	34	47		16	60	29	39	86	54	

2. 链地址法

链地址法解决冲突的做法是：在哈希表的每一个记录中增加一个链域，链域中存放下一个具有相同哈希函数值的记录的存储地址。利用链域，把若干个发生冲突的记录链接在一个链表内。当链域值为 NULL 时，说明已经没有具有相同哈希函数值的后继记录。这种方式类似于线性链表，一旦发生冲突，查找、插入操作就跟线性链表的相关操作类似。

如果发生冲突，建立这种链表有两种方法，即内链地址法和外链地址法。

内链地址法是在哈希表内进行拉链，它只能在记录数小于哈希表容量时才可以使用并且只有在哈希表中找到空闲的位置才能存放发生冲突的记录，但之前我们很难知道哪些位置是空闲的，因此实现内链地址法是比较麻烦的。它的实现方法是把发生冲突的记录先暂时登记，待所有未冲突的记录都存入哈希表后，再把冲突的记录采用链表形式存入到空闲的位置中。因此，内链地址法适用于预先填好表后，只查询而不再插入或很少插入新记录的哈希表。

外链地址法有两部分组成，基本哈希表存区和附加区。把发生冲突的记录均存在附加区中，所以外链地址法适合于随时要求填入新记录的哈希表。

【例 6.4】关键字序列为{23，44，54，86，16，34，29，60，47，39}，按照哈希函数 $H(K)=K \bmod 11$ 和外链地址法，求处理冲突得到的哈希表。

由哈希函数得到的地址为：

H(23) = 1　　H(44) = 0　　H(54) = 10

H(86) = 9　　H(16) = 5　　H(34) = 1

H(29) = 7　　H(60) = 5　　H(47) = 3

H(39) = 6

构造出的哈希表，如图 6-14 所示。

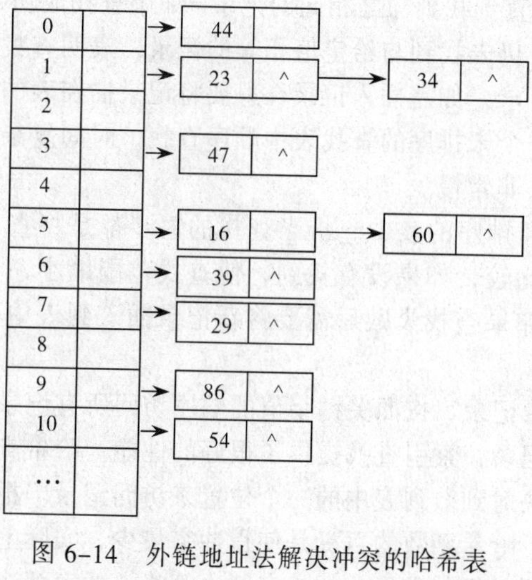

图 6-14　外链地址法解决冲突的哈希表

与开放地址法相比，链地址法上的空间是动态申请，它适用于事先无法确定表长的情况。使用这种方法容易实现删除操作，只需进行简单的删除链表的记录。

6.3.4 哈希表的查找分析

在哈希表上进行查找的过程和造哈希表的过程基本一致。给定 K 值，根据造表时设定的哈希函数求得哈希地址，若此地址上没有记录，则查找不成功；否则比较关键字，若相等，则查找成功，若不相等，根据造表时设置的处理冲突的方法找下一个地址，直至某个位置上为空或关键字比较相等为止。

哈希表是在关键字和存储位置之间直接建立函数映像，由于会发生冲突，哈希表的查找过程仍然是一个和关键字比较的过程。因此，仍需用平均查找长度来衡量哈希表的查找效率。在查找过程中，与关键字比较的次数取决于构造哈希表时选择的哈希函数和处理冲突的方法。发生冲突的次数和哈希表的装填程度有关，哈希表的填充因子为哈希表中已经存入的数据元素数目与哈希地址空间大小的比例，这个比例越小，说明空闲的单元就越多，发生冲突的可能性就越小。反之，冲突的可能性就大。

小　结

获取信息是大多数应用程序都会提供的功能，而查找数据是这些应用程序中最常使用的，查找方法的好坏对整个应用程序的执行效率影响很大。

查找是在一组有给定值的记录中找到某个记录，或者找到值符合一定条件的某些记录，作为查找依据的域称为查找关键字。在元素集合中查找的方法和集合中元素的存储结构有很大关系，查找方法分为 4 类：顺序方法、索引方法、树形方法和散列方法。

对于给定的关键字值，如果经过查找找到相应的记录，则称此次查找是成功的，否则称此次查找失败。当查找成功时，有时需要将记录进行插入。

顺序查找是查找的最简单方法。其基本思想是：在查找表中按照顺序依次将每个记录的关键字值同给定值进行比较，直到找到与之相同的记录。如果查找成功，返回该记录所在的位置；如果所有记录都比较完毕，仍未找到与给定值相等的记录，表明查找失败。顺序查找的方法对表中记录的排列次序没有要求，如需插入记录，只要将记录插在表的最后，不需要移动元素。其缺点是查找速度慢。在一个未排序的查找表中顺序查找，时间复杂度是 $O(n)$。对于重复查找大量记录，用顺序查找方法非常慢。

折半查找一般用在已经排序的表中，折半查找的每步都是将查找范围的中间位置的记录的关键字值与给定值进行比较，如果没有找到，使查找范围缩小一半。折半查找速度较快，但表中的记录必须有序。如果查找失败后需要将新记录插入到表中，则要花费相当长的时间移动记录。

如果查找表中含有大量记录，按照关键字值的顺序访问所有记录，或是查找记录的关键字值在某个范围之内的所有记录，索引查找提供了很好的性能。哈希查找可以直接由关键字查找到记录，通过把关键字值映射到散列表中的一个位置来访问记录。把关键字值映射到哈希表中位置的函数称为哈希函数，哈希函数的目标是使得冲突最少，实际上冲突一般是无法避免的。这样，哈希方法的实现必须包括某种形式的冲突解决策略。冲突解决方法可以分为两类：链地址法和开放地址法。链地址法和开放地址法的不同之处在于链地址法的解决冲突所需的空间是动态申请的，且容易实现删除操作。

思考与练习

一、单选题

1. 对有 n 个数据元素的顺序表做顺序查找时，若查找每个元素的概率相同，则平均查找长度为（　　）。

   A. $(n-1)/2$　　B. $n/2$
   C. $(n+1)/2$　　D. n

2. 对有 14 个数据元素的有序表 a[14]进行折半查找，搜索到 a[5]的关键字等于给定值，此时元素比较顺序依次为（　　）。

   A. a[8]，a[5]，a[6]，a[7]
   B. a[1]，a[8]，a[7]，a[6]
   C. a[6]，a[4]，a[8]，a[5]
   D. a[6]，a[2]，a[4]，a[5]

3. 下面关于哈希表的说法中，正确的是（　　）。

   A. 不管采用何种处理冲突方法，都可直接删除元素
   B. 哈希表不需比较关键字即可查找到元素
   C. 哈希函数构造得越复杂，冲突就越小
   D. 哈希函数在关键字与哈希地址之间建立映像

4. 设有一组关键字为{19，15，23，2，68，20，84，28，55，11，10，80}，用链地址法构造哈希表，哈希函数为 h(key)=key%13，则哈希地址为 2 的链表中有（　　）个记录。

   A. 1　　B. 2
   C. 3　　D. 4

二、填空题

1. 顺序查找在查找成功情况下的平均查找长度为________；在查找失败情况下的平均查找长度为________。
2. 已知一个有序表为{10，23，35，46，48，55，59，64，72，83，88，99}，当用折半查找方法查找值为 46 和 83 的元素时，分别需要比较________次和________次才能查找成功；若采用顺序查找时，分别需要比较________次和________次才能查找成功。
3. 索引顺序表上的查找分两个阶段，它们是________和________。
4. 在分块检索中，若索引表和各块内均采用顺序查找，则 900 个元素的线性表分成________块最好；若分成 25 块，其平均查找长度为________。
5. 在哈希函数 h(key)=key%m 中，m 值最好取________。

三、综合题

1. 顺序查找时间为 $O(n)$，折半查找时间为 $O(\log_2 n)$，哈希法为 $O(1)$，为什么有高效率的查找方法而低效率的方法不被放弃？

2. 已知一个有 7 个数据元素的有序顺序表，其关键字为{3，18，25，37，69，87，99}。请给出用折半查找方法查找关键字值 18 的查找过程。
3. 已知关键字序列{20，8，35，127，9，82，98，15，45，174，72}，哈希表长为 13，哈希函数为 h(key)=key %13，试分别给出采用线性探查法和平方探查法处理冲突时的哈希表，并计算查找成功时的平均查找长度。
4. 试写出二分查找的递归算法。

Ⅱ 树形结构

第7章 二 叉 树

【内容提要及目标】

在现实生活中，有很多数据是非线性的结构，比如社会的组织结构、人类的家族等，这些事物的数据关系比较复杂，用线性关系很难描述清楚。

树形结构是一种非常重要的非线性结构，它是一种层次结构，每一层上的数据元素可能和下一层的多个元素（也称子女结点）有关系，但却只和上层中一个元素（也称双亲结点）有关。树形结构中有一种特殊的结构（即二叉树），每一个结点最多只能有两个子女结点，并且子女结点的次序不能颠倒。通过本章学习，读者应该掌握以下内容：

- 了解二叉树的基本概念和性质。
- 掌握二叉树的各种遍历算法，并能够应用各种遍历算法实现二叉树的相关运算。
- 理解二叉树的线索化及实质，理解在各种线索二叉树中查找前驱和后继的方法。
- 掌握二叉排序树的建立以及平衡二叉树的调整。
- 掌握哈夫曼树的基本概念、哈夫曼编码。

【本章重点及难点】

二叉树的两种存储方式，二叉树的各种遍历算法及应用，二叉树的线索化，二叉排序树构建，平衡二叉树的调整和哈夫曼树编码。

7.1 “高校篮球比赛”实例

【实例目的】

① 了解二叉树的基本概念。
② 掌握二叉树的性质。
③ 掌握二叉树的存储方式。

【实例内容】

在每年一度的高校篮球比赛中，晋级方式采取的是单场淘汰制。首先对各个高校球队以两个队为一组进行分组，每个组里面的两个高校进行比赛，赢者将胜出，然后晋级到下一轮。在下一轮中，晋级后的高校球队再以两个队为一组进行分组，每个组里面的两个高校进行比赛，胜出者又将晋级下一轮，依次类推，最后只剩下两个球队进行决赛，决赛之后产生冠军。如果要将最后结果以二叉树的形式表达出来，则二叉树的根结点为冠军。算法简要描述如图 7-1 所示。

其中，A、B、C、D、E、F、G 代表高校球队。

下面介绍如何将这个结果存储在计算机中，并表达出这种上下层次关系。

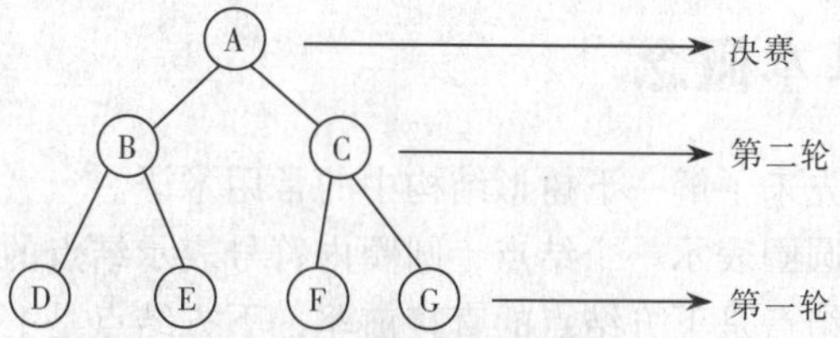

图 7-1　算法简要描述

【实现步骤】

① 实现过程分析。将比赛结果以二叉树的形式存储，有多种方式，其中常用的有顺序存储和链式存储，把二叉树的结点按照从上到下，从左至右的顺序存放在数组中，源代码如图 7-2 所示。

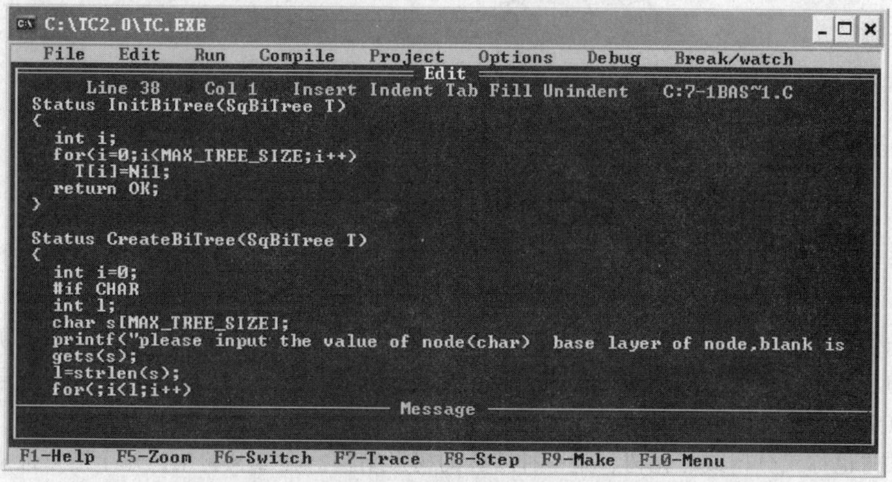

图 7-2　源代码界面

② 编译和运行程序，运行结果如图 7-3 所示。

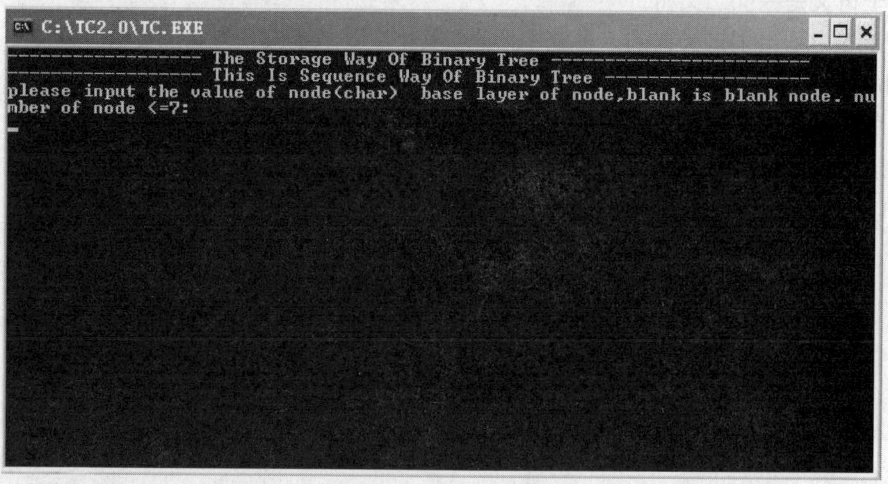

图 7-3　运行结果界面

7.1.1 二叉树的基本概念

在学习二叉树之前，先来了解一下树形结构中的常用术语。

在图 7–4 中，用一个圆圈表示一个结点，圆圈内符号表示结点的数据信息，结点间的关系通过连线表示。连线上方结点是下方结点的直接前驱，下方结点是上方结点的直接后继。

树的某个结点子树个数称为该结点的度。在图 7–1 中，结点 A 的度数为 2，结点 E 的度数为零，这种度数为零的结点称为终端结点(即树叶或叶子)。而树的度数是指该树中所有结点度数的最大值。在图 7–1 中，其度数为 2。

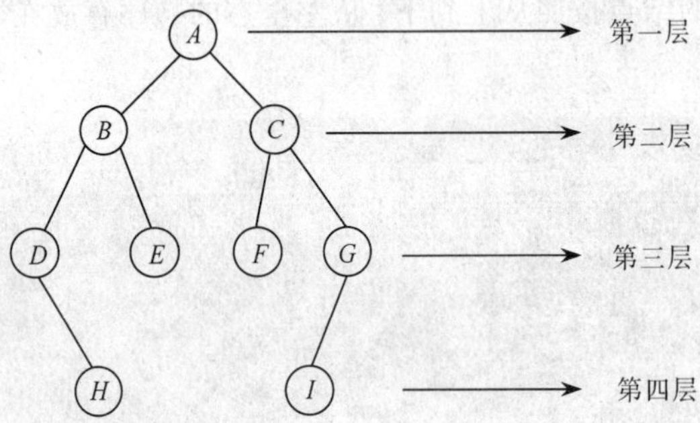

图 7–4 树形结构

在一棵树中，每个结点的直接后继被称为该结点的孩子结点或子女结点，该结点被称为孩子结点的双亲结点，同一双亲的孩子结点互为兄弟结点。树中每个结点都处在一定的层次上，树中结点最大层次称为树的高度。

二叉树也称二分树或二元树，是一种特殊的树形结构。在二叉树中，每个结点最多有两棵子树，子树之间有左右之分。二叉树是 n（$n \geqslant 0$）个结点的有限集合，当 n 为 0 时，称为空二叉树；当 $n>0$ 时，有且仅有一个结点为二叉树的根，其余不相交的结点分为左子树和右子树，并且每棵子树又是一棵二叉树。

在图 7–5 中列出了二叉树的 5 种基本形态。其中，图 7–5（a）为空二叉树，用符号 ø 表示，图 7–5（b）为只有一个根结点的二叉树，图 7–5（c）为右子树为空的二叉树，图 7–5（d）为左子树为空的二叉树，图 7–5（e）为左、右子树均非空的二叉树。

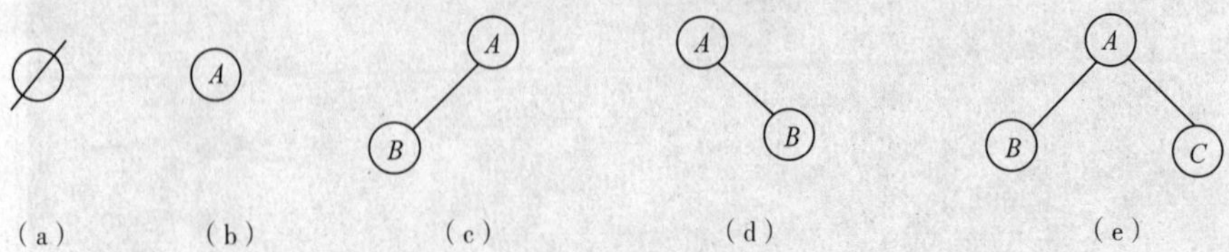

图 7–5 二叉树的 5 种基本形态

7.1.2 二叉树的主要性质

二叉树具有 5 个重要的性质：

性质 1 在二叉树中，第 i 层的结点数最多为 2^{i-1} 个结点（$i \geqslant 1$）。

利用归纳法容易证明此性质。当 $i=1$ 时，只有一个根结点。显然，$2^{i-1}=2^0=1$ 是正确的，现在假定对所有的，$1\leqslant j\leqslant i$，命题成立，即第 j 层上至多有 2^{j-1} 个结点。那么，可以证明 $j=i$ 时命题也成立。

由归纳假设：第 $i-1$ 层上最多有 2^{i-2} 个结点。由于二叉树中每个结点的度最多为 2，故在第 i 层上最大结点数为第 $i-1$ 层最大结点数的 2 倍，即 $2*2^{i-2}=2^{i-1}$。

性质 2　在深度为 k 的二叉树中结点总数最多为 2^k-1（$k\geqslant 1$）。

由性质 1 可知，深度为 k 的二叉树的最大结点数为：

$$\sum_{i=1}^{k}(\text{第}i\text{层上的最大结点数})=\sum_{i=1}^{k}2^{i-1}=2^k-1$$

性质 3　对任何一棵二叉树 BT，若其叶子结点（度为 0）数为 n_0，度为 2 的结点数为 n_2，则 $n_0=n_2+1$。

证明：假设度为 1 的结点个数为 n_1，结点总数为 n，$n=n_0+n_1+n_2$

二叉树中除根结点外，其余结点都有一个分支进入，设 B 为分支总数，则 $n=B+1$。由于这些分支是由度为 1 或 2 的结点发出的，所以又有 $B=n_1+2*n_2$。于是：

$$n=n_1+2*n_2+1$$

两个式子结合可得到：

$$n_0=n_2+1$$

在此，介绍两种特殊形态的二叉树：满二叉树和完全二叉树。

如果一棵深度为 k 的二叉树拥有 2^k-1 个结点，则此二叉树称为满二叉树；如果一棵满二叉树，从第 1 层的根结点开始，自上而下、从左到右地对结点进行连续编号，其每一个结点都与深度为 k 满二叉树中编号从 $1\sim n$ 的结点一一对应时，称之为完全二叉树。图 7-6 所示为一棵深度为 4 的满二叉树，如图 7-7 所示为一棵深度为 4 的完全二叉树。

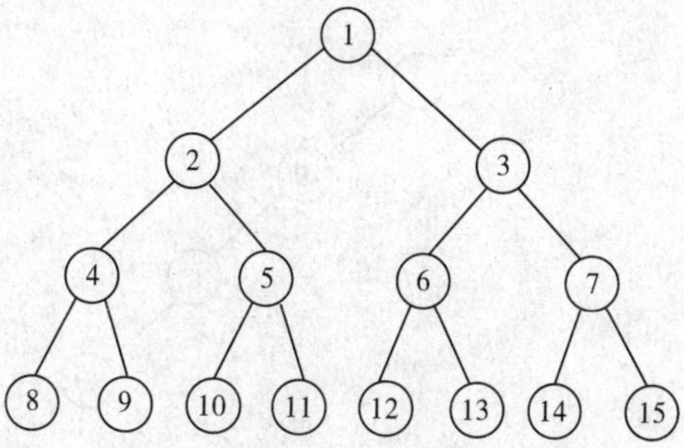

图 7-6　满二叉树

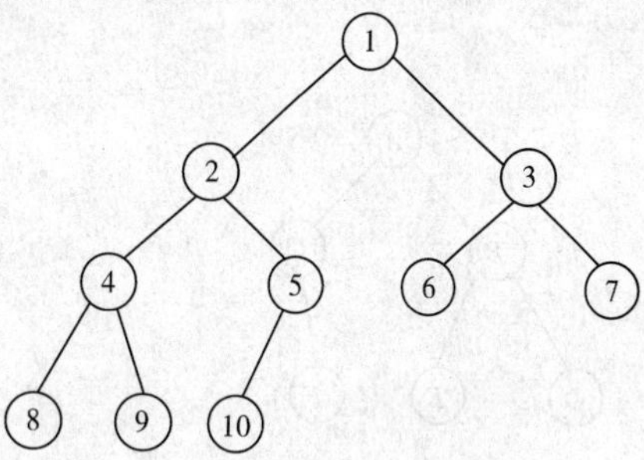

图 7-7　完全二叉树

完全二叉树的特点是：深度为 k 的完全二叉树，其前 $k-1$ 层是一棵满二叉树，最后第 k 层结点都排在靠左的位置上。显然，一棵满二叉树一定是完全二叉树，但一棵完全二叉树不一定是满二叉树。

性质 4　具有 n 个结点的完全二叉树的深度为 $\lfloor\log_2 n\rfloor+1$，其中 $\lfloor\log_2 n\rfloor$ 代表不大于 $\lfloor\log_2 n\rfloor$ 的最大整数。

证明：假设完全二叉树的深度为 k，根据性质 2 和完全二叉树的定义有

$$2^{k-1}-1<n\leqslant 2^k-1\quad\text{或者}\quad 2^{k-1}\leqslant n<2^k$$

取对数后有：$k-1\leqslant\lfloor\log_2 n\rfloor<k$，由于 k 为整数，所以 $k=\lfloor\log_2 n\rfloor+1$。

性质 5 如果对一棵有 n 个结点的完全二叉树的结点按顺序编号，则对任一结点 $i(1\leqslant i\leqslant n)$，有以下特性：

① 若 $i>1$，则 i 的双亲结点是结点 $\lfloor i/2\rfloor$；若 $i=1$，则 i 是根结点，没有双亲。

② 若 $2i>n$，则结点 i 没有左孩子且无右孩子；否则左孩子结点的编号为 $2i$。

③ 若 $2i+1>n$，则结点 i 没有右孩子；否则右孩子结点的编号为 $2i+1$。

可以利用数学归纳法证明这个性质。

当 $i=1$ 时，若 $n\geqslant 3$，则根的左右孩子的编号分别为 2，3；若 $n<3$，则根没有右孩子；若 $n<2$，则根没有左孩子。

假设对于所有的 $1\leqslant i\leqslant j$ 结论成立。即结点 j 的左孩子编号为 $2j$，右孩子编号为 $2j+1$。

在完全二叉树中，$i+1$ 的左右孩子紧邻在结点 i 的孩子后面，结点 i 的左、右孩子编号分别为 $2i$ 和 $2i+1$，所以结点 $i+1$ 的左、右孩子编号分别为 $2i+2$ 和 $2i+3$，即 $2(i+1)$ 和 $2(i+1)+1$。

由于二叉树是由 n 个结点组成，所以当 $2(i+1)+1>n$，且 $2(i+1)=n$ 时，结点 $i+1$ 只有左孩子，没有右孩子；当 $2(i+1)>n$ 时，结点 $i+1$ 既没有左孩子，也没有右孩子。

因此以上证明成立。

7.1.3 二叉树的存储

二叉树通常采用两种方式进行存储，顺序存储结构和链式存储结构。

1. 顺序存储结构

用一组连续的存储单元存储二叉树的数据，按满二叉树或者完全二叉树的结点顺序编号依次将二叉树中数据元素存放在连续的地址空间中，如图 7-8 和图 7-9 所示。用一维数组 T 存放二叉树的示例如表 7-1 和表 7-2 所示。

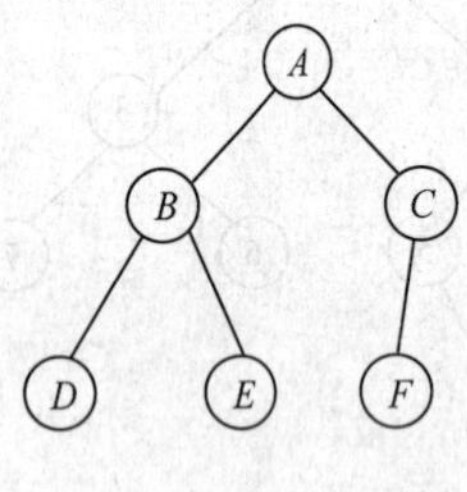

图 7-8 完全二叉树

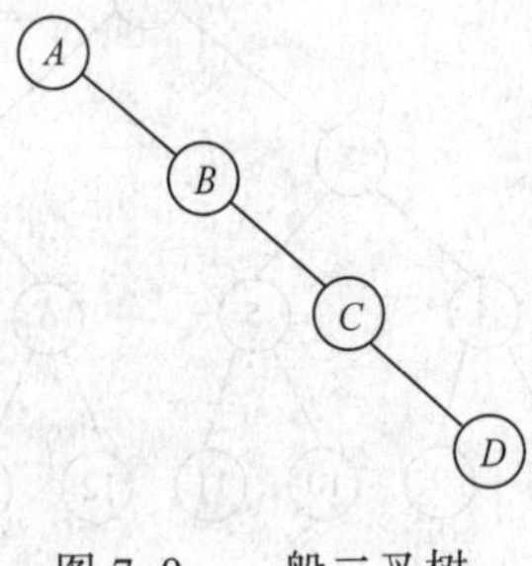

图 7-9 一般二叉树

表 7-1 完全二叉树的一维数组存放

0	1	2	3	4	5
A	*B*	*C*	*D*	*E*	*F*

表 7-2 一般二叉树的一维数组存放

0	1	2	3	4	5	6	7	…	14
A		*B*				*C*			*D*

这种存储结构适用于存放完全二叉树和满二叉树，其特点是空间利用率高，寻找孩子和双亲比较容易。若二叉树是一般的二叉树，将空缺位置用特定的符号填补，所以造成浪费的存储空间更大些。图 7-9 所示的二叉树，其顺序分配的空间状态比图 7-8 所用空间大。在最坏的情况下，一个深度为 k 且只有 k 个结点的单支树，需要 2^k-1 个存储单元。因此，对于一般二叉树使用顺序存储结构，会浪费较多的存储空间。

2．链式存储结构

链式存储结构是二叉树最常用的存储结构。二叉树的每一个结点最多可有左、右两棵子树，表示二叉树的链表中的结点由数据域和左指针域、右指针域组成，如图 7-10 所示。

Lchild	data	Rchild

图 7-10　二叉链表的结构

其中，Lchild 和 Rchild 是分别指向该结点左孩子和右孩子的指针，data 是数据元素的内容。一个二叉链表也有头指针，如果二叉树为空，则头指针指向 Null；若结点的某个孩子没有，则相应的指针为空。在一个有 n 个结点的二叉树中，应有 $2n$ 个指针域。图 7-11 所示为一棵二叉树及相应的链式存储结构，BT 是二叉链表的头指针。

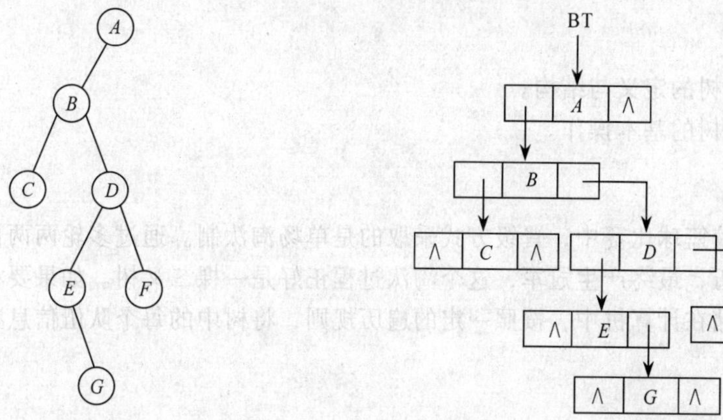

（a）二叉树　　（b）二叉链表表示

图 7-11　二叉树及相应的二叉链表

这种链式存储结构寻找孩子结点比较容易，但是寻找双亲比较困难。如果需要频繁地寻找双亲，就需要在每个结点中增加一个指向双亲结点的指针域，组成三叉链表，其结构如图 7-12 所示。

图 7-11 中的二叉树若采用三叉链表表示，如图 7-13 所示。

Lchild	data	Parent	Rchild

图 7-12　三叉链表的结构

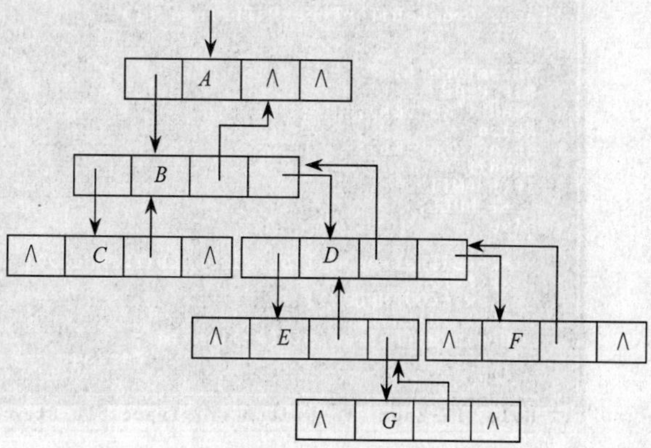

图 7-13　三叉链表表示

在 C 语言中，二叉链表结构的描述如下：

```
typedef  char DataType;       /* 假设结点数据类型为字符型 */
typedef  struct bnode{
    DataType data;
    struct bnode  *lchild,*rchild;
}Bnode,*BTree;
```

在 C 语言中，三叉链表结构的描述如下：

```
typedef  char DataType;       /* 假设结点数据类型为字符型 */
typedef  struct bnode{
    DataType data;
    struct bnode  *lchild,*rchild,*parent;
}Bnode,*BTree;
```

7.2 "高校篮球总决赛" 实例

【实例目的】

① 掌握线索二叉树的定义与结构。

② 掌握线索二叉树的基本操作。

【实例内容】

在每年一度的高校篮球比赛中，晋级方式采取的是单场淘汰制。通过多轮两两比赛之后，产生总决赛的两个队伍，最终产生冠军，这个淘汰过程正好是一棵二叉树。如果要将这样一棵二叉树以线性结构存储在计算机中，按照一定的遍历规则，将树中的每个队伍信息存放在线性结构中。

【实现步骤】

① 编辑程序。在 Turbo C 2.0 编译界面中按 Alt+F 组合键，选择 New 命令，然后输入源程序，源代码如图 7-14 所示。

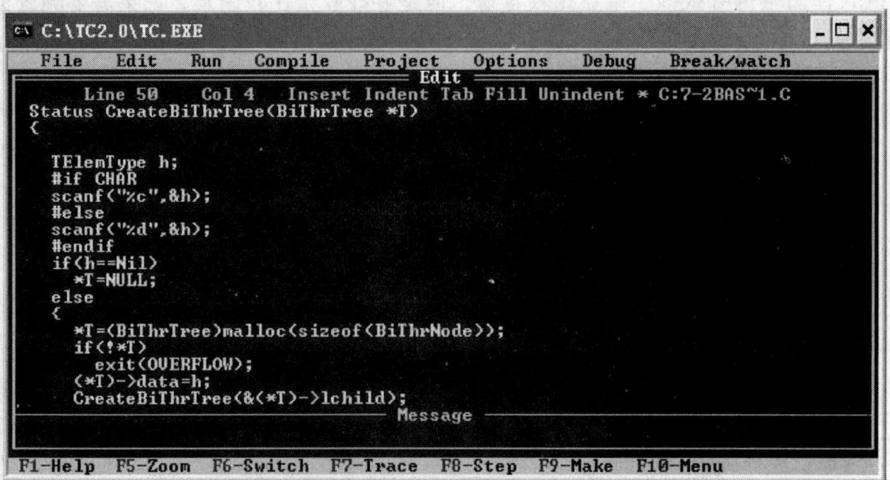

图 7-14　源代码界面

② 中序遍历二叉树，并将其中序线索化，实现函数如图 7-15 所示。

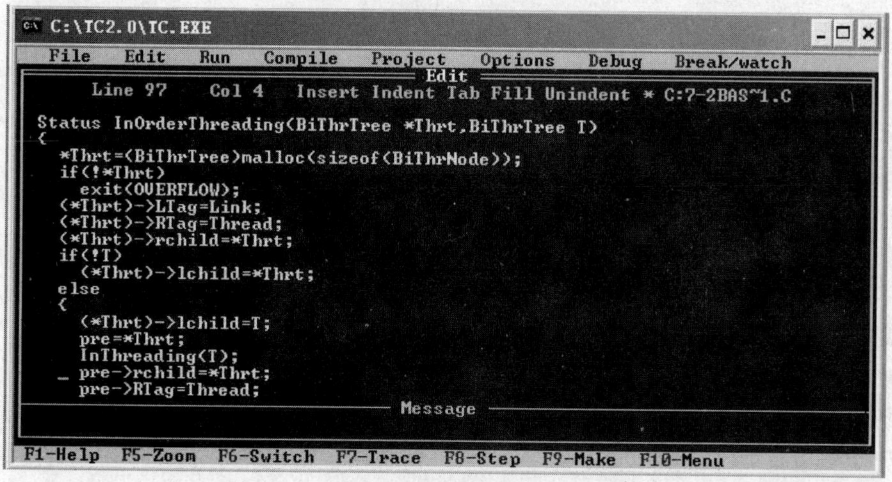

图 7-15　中序线索化

7.2.1　遍历二叉树

遍历二叉树是指按一定次序访问二叉树的每一个结点，并且每个结点只能被访问一次。只要按照次序访问到每个结点，就可以输出结点的内容。由于二叉树是一个非线性结构，每一个结点都可能有两棵子树，所以需要按照一定的规则，使二叉树上结点按被访问的先后顺序排列起来，得到一个线性序列。

若规定先遍历左子树，后遍历右子树，则有 3 种遍历方法，分别称为先序遍历、中序遍历和后序遍历。

1. 先序遍历

若二叉树不为空，先序遍历二叉树的过程如下：

① 访问根结点。

② 先序遍历左子树。

③ 先序遍历右子树。

相应的递归函数如下：

```
void preorder (p)
Node *p;
 {
   if( p! = NULL)
   {
      printf("%c",p->data);
      preorder(p->lchild);
      preorder (p->rchild);
   }
}
```

对于图 7-16 所示的二叉树，用先序遍历法得到的序列是 *ABDECF*。

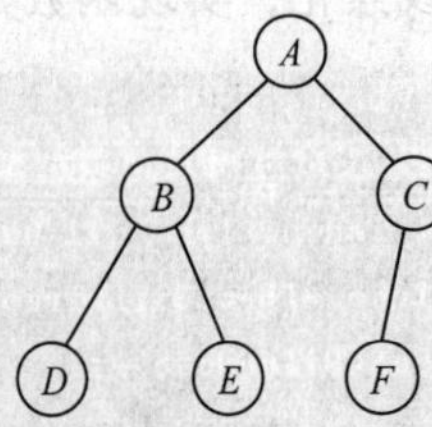

图 7-16　二叉树

2. 中序遍历

若二叉树不为空，中序遍历二叉树的过程如下：

① 中序遍历左子树。

② 访问根结点。

③ 中序遍历右子树。

相应的递归函数如下：

```
void  inorder (p)
Node *p;
 {
   if( p! =NULL)
   {
      inorder(p->lchild);
      printf("%c",p->data);
      inorder (p->rchild);
   }
 }
```

用中序遍历法遍历图 7-16 所示的二叉树，得到的序列是 *DBEAFC*。

3. 后序遍历

若二叉树不为空，后序遍历二叉树的过程如下：

① 后序遍历左子树。

② 后序遍历右子树。

③ 访问根结点。

相应的递归函数如下：

```
void  postorder (p)
Node *p;
 {
   if( p! =NULL)
   {
      postorder (p->lchild);
      postorder (p->rchild);
      printf("%c",p->data);
   }
 }
```

用后序遍历法遍历图 7-16 所示的二叉树，得到的序列是 *DEBFCA*。

7.2.2　线索二叉树的定义及结构

遍历二叉树是按照一定规则将二叉树中结点排列成一个线性序列。这个过程实际上是对一个非线性结构进行线性化操作，使每个结点在这些线性序列中有且仅有一个前驱和后继。

在二叉树的链表结构中，对于有 n 个结点的二叉树，在 $2n$ 个孩子域中仅有 $n-1$ 个域是用来指示结点的孩子，而 $n+1$ 个域存放的是 NULL。如果把这些空链域利用起来，使其指向结点的直接前驱或直接后继，那些原来就有内容的链域仍然存放左孩子或右孩子结点的地址。也就是说，利用指向线性序列中“直接前驱”和“直接后继”的指针作为线索。

由于遍历方式不同，产生的线性序列也就不同。当某个结点的左指针为空时，将指针指向线性序列中该结点的直接前驱结点；当某个结点的右指针为空时，将指针指向线性序列中该结点的直接后继结点。但是，如何区分左指针指向的结点是左孩子结点还是直接前驱结点，右指针指向的结点是右孩子结点还是直接后继结点呢？只要在保留 lchild 和 rchild 两个链域外，再增加两个标志域 lt 和 rt，就可用来区分这两种情况。其存储结构如图 7-17 所示。

$$\text{lt（rt）}=\begin{cases}0 & \text{表示链域指向左孩子（或右孩子）}\\ 1 & \text{表示链域指向前驱（或后继）}\end{cases}$$

这样得到的每个结点的存储结构如图 7-17 所示。

lt	lchild	Data	rchild	rt

图 7-17　线索结点的存储结构

上述结点中用来指向前驱或后继的链域指针 lt 和 rt 称为“线索”，对二叉树以某种次序进行遍历并加上线索的过程称为“线索化”，经线索化后生成的二叉树的链表称为线索二叉树。

7.2.3　线索二叉树的基本操作

对于相同的一棵二叉树，按不同遍历规则进行线索化得到的线索二叉树是不同的，分别用前序、中序、后序遍历规则，对给定二叉树进行线索化得到的线索二叉树，分别称之为先序、中序、后序线索二叉树。其遍历过程如图 7-18 所示。

下面仅给出建立中序线索二叉树的算法。

建立中序线索二叉树的算法，实际上在中序遍历的算法中，访问结点的同时将空链改为线索。结合线索二叉树的定义，中序线索二叉树在链式方式下的数据类型定义为：

```
typedef char DataType;  /* 假设结点数据类型为字符型 */
typedef struct node{
   DataType data;
   int lt,rt;
   struct node  *lchild,*rchild;
}BInsnode,*BInstree;
```

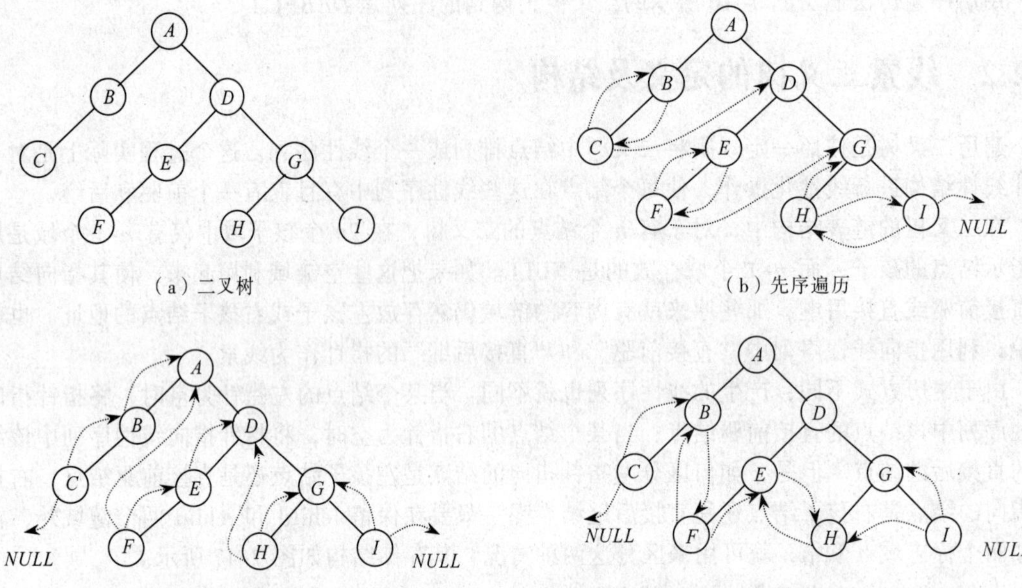

图 7-18　线索结点的存储结构

1. 创建中序线索二叉树

创建的过程为：首先建立一棵一般的二叉树，然后进行中序线索化，在中序遍历的同时，将结点中的空链改为线索，从而实现线索化。具体算法如下：

```
BInstree pre= NULL;                                  /* 初始化前驱结点 */
void CreateBinstree(BInstree *t)
{
   char ch;
ch=getchar();
getchar();
if(ch = = '')                                        /* 空二叉树 */
   *t=NULL;
   else
   {
      *t = (BInstree)malloc(sizeof(BInstree));  /* 创建根结点 */
      if(!*t)
        exit();
      (*t)->data=ch;                                 /* 生成根结点(先序)  */
      CreateBinstree (&(*t)->lchild);                /* 递归创建左子树 */
      CreateBiThrTree(&(*t)->rchild);                /* 递归创建右子树 */
   }
}
void InThreading(BInstree *p)                        /* 中序遍历进行中序线索化 */
 {
   if(*p)
   {
    InThreading (p->lchild);                         /* 递归左子树线索化 */
```

```
    if(!p->lchild)                               /* 没有左孩子 */
    {
      p->lt=1;                                   /* 前驱线索*/
      p->lchild=pre;                             /* 左孩子指针指向前驱 */
    }
    if(!pre->rchild)                             /* 前驱没有右孩子 */
    {
      pre->rt=1;                                 /* 后继线索 */
      pre->rchild=p;                             /* 前驱右孩子指针指向后继 */
    }
   pre=p;
   InThreading(p->rchild);                       /* 递归右子树线索化 */
  }
}
```

2. 中序遍历中序线索二叉树

建立了中序线索二叉树之后，就可以查找指定结点在中序遍历下的前驱和后继结点。依据所创建的线索，首先找到中序遍历下的第一个结点，然后从它出发，不断寻找后继结点，只要右标志中的值为 1，说明右指针刚好指向中序遍历下的后继。遍历算法的实现方法如下：

```
void InThrTree(BInstree t)
{    /* 中序遍历二叉线索树 T(头结点)的非递归算法 */
   BInstree p;
   p=t->lchild;         /* p 指向根结点，t 为中序遍历的起点，t->lchild 指向根 */
   while(p!=t)                          /* 当回到头结点时遍历结束 */
   {
     while(p->lt==0)                    /* 到最左下端结点 */
     p=p->lchild;
     printf("%c",p->data);              /* 访问最左下端结点 */
     while(p->rt==1&&p->rchild!=t)      /* 访问后续结点 */
    {
     p=p->rchild;
     printf("%c",p->data);
    }
    p=p->rchild;                        /* 进入右子树继续 */
   }
}
```

7.3 "学生成绩及格的查找"实例

【实例目的】

掌握二叉排序树的原理及应用。

【实例内容】

在学生成绩管理系统中，录入完每个学生的某门课程成绩之后，将学生成绩组建一棵二叉树，在这棵二叉树中结点的值是有序的，左子树的结点值小于右子树结点的值。如果已经建好了该二叉树，就可以实现查找功能，找到学号对应的成绩之后，判断成绩是否及格，以决定是否需要参加补考。

【实现步骤】

① 编辑程序。在 Turbo C 2.0 编译界面中按 Alt+F 组合键，选择 New 命令，然后输入源程序，如图 7-19 所示。

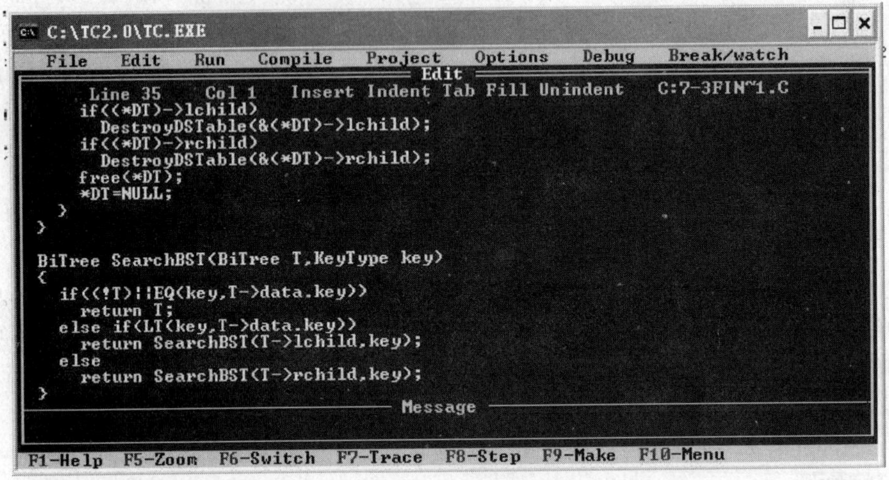

图 7-19 源代码界面

② 编译和运行程序，运行结果如图 7-20 所示。

图 7-20 运行结果界面

7.3.1 二叉排序树

二叉排序树是二叉树中最简单的应用。二叉排序树是一种特殊结构的二叉树，二叉排序树或者是一棵空二叉树，或者是有以下性质的二叉树：

① 若它的左子树不为空，则左子树上所有结点的关键字均小于它的根结点的关键字。

② 若它的右子树不为空，则右子树上所有结点的关键字均大于或等于它的根结点的关键字。

③ 它的左、右子树也分别为二叉排序树。

根据定义，在一棵二叉排序树中，其结点的关键字值是按照左子树、根和右子树有序排列的，所以对它进行中序遍历得到的结点序列仍是一个有序序列。

图 7-21 所示为一棵二叉排序树，对该树进行中序遍历可以得到一个有序序列{10，15，23，25，30，50，60，65}。

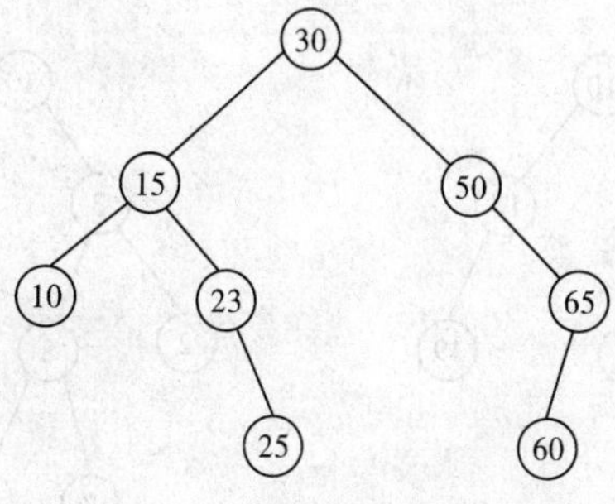

图 7-21　一棵二叉排序树

二叉排序树是一种重要的数据类型，它能够有效地实现查找算法，而不必遍历整个二叉树。二叉排序树可以将一个任意序列变成一个有序序列，因此，构造二叉排序树的过程实质是排序过程。

1. 二叉排序树的生成

生成二叉排序树，首先从一个空的二叉排序树开始，然后将每个结点按照要求插入到二叉排序树中。假设结点的关键字是一个集合 K，$K=\{K_1, K_2, \cdots, K_n\}$，各个结点的关键字存放在结点的数据域中，且为整型。具体的类型说明如下：

```
struct node
{
   int data;
   struct node *rchild,*lchild;
};
typedef struct node Node;
```

创建一个新结点时，把关键字存放在结点数据域中，如果二叉排序树为空，则新结点为二叉排序树的根；如果二叉排序树不空，将当前关键字与根结点的关键字进行比较，若小于根结点的关键字，则插入到根结点的左子树中，否则插入到根结点的右子树中。反复递归，直到所有结点作为一个新的叶子插入到已有的二叉排序树中为止。

例如，给出 $K=\{10, 18, 3, 8, 19, 2, 7, 8\}$，其建立过程如图 7-22 所示。

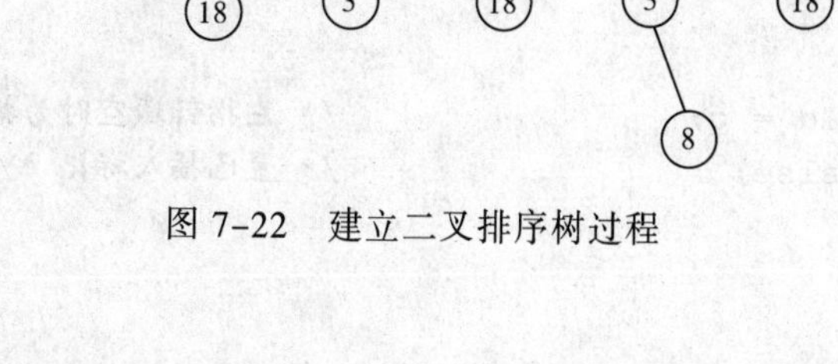

图 7-22　建立二叉排序树过程

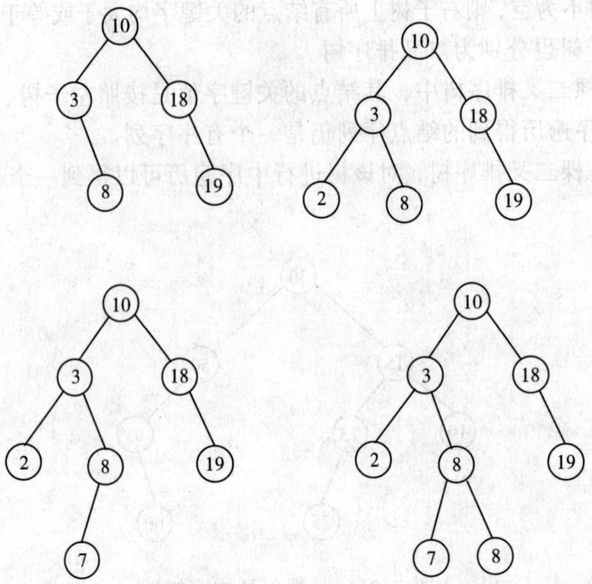

图 7-22　建立二叉排序树过程（续）

依据这个过程，二叉排序树的生成算法如下：

```
Node CreateSortTree (t)
Node *t;
{
  int  x,i,n;
  enum{ false,true} bool;
  Node  *p,*q;
  scanf("%d", &x);
  q = (Node *) malloc (sizeof(Node));  /* 生成要插入的结点 */
  q ->lchild = NULL;
  q ->rchild = NULL;
  q ->data = x;
  if(t = = NULL)                       /* t 为空时，插入该结点并结束 */
    t = q;
  else
  {
    p = t;
    bool = true;
    do
    if(p ->data > x)                   /* 插入方向为左子树 */
     if(p ->lchild != NULL)            /* 继续寻找插入点 */
        p = p ->lchild;
     else
     {
        p ->lchild = q;                /* 左指针域空时为插入点 */
        bool = false;                  /* 置已插入标记 */
     }
```

```
    else                                /* 插入方向为右子树 */
    if (p ->rchild != NULL)             /* 继续寻找插入点 */
        p = p ->rchild;
    else
    {
    p ->rchild = q;                     /* 右指针域为空时为插入点 */
        bool = false;                   /* 置已插入标记 */
    }
    while(bool !=true)                  /* 当 bool 为 false 时插入完成 */
  }
  return(t);
}
```

2．二叉排序树的删除

在二叉排序树中，删除结点是指删除某一个指定的结点，而不是把以这个结点为根的子树都删除，且删除该结点后，该二叉树仍保持二叉排序树的性质。

设 p 为要删除的结点，则有以下 4 种情况：

① 被删除结点 p 没有左、右孩子，则直接删去 p。

② 被删除结点 p 没有左子树，则用其右子树的根结点取代结点 p 的位置。

③ 被删除结点 p 没有右子树，则用其左子树的根结点取代结点 p 的位置。

④ 被删除结点 p 有左、右子树，则要找出右子树中关键字最小的结点 s，并用 s 来取代结点 p。

*7.3.2　平衡二叉树

1．平衡二叉树的概念

1962 年，由阿德尔森-维尔斯和兰迪斯（Adelson-Velskii and Landis）首先提出一种二叉树结构。这种二叉树对于各级子树的深度是平衡的，成为平衡二叉树(Balanced Binary Tree)，又称 AVL 树。满足如下情况：

① 平衡二叉树是指树中任一结点的左右子树的高度大致相同。

② 任一结点的左右子树的高度均相同(如满二叉树)，则二叉树是完全平衡的。通常，只要二叉树的高度为 $O(\log_2 n)$，就可看做是平衡的。

③ 平衡的二叉排序树指满足 BST（Binay Sort Tree）性质的平衡二叉树。

④ AVL 树中任一结点的左、右子树的高度之差的绝对值不超过 1。在最坏情况下，n 个结点的 AVL 树的高度约为 $1.44\log_2 n$。而完全平衡的二叉树度高约为 $\log_2 n$，AVL 树接近最优。

2．平衡二叉树的调整

为了保证二叉排序树的高度为 $\log_2 n$，从而保证然二叉排序树上实现的插入、删除和查找等基本操作的平均时间为 $O(\log_2 n)$，在往树中插入或删除结点时，要调整树的形态来保持树的平衡。使之既保持 BST 性质不变又保证树的高度在任何情况下均为 $O(\log_2 n)$，从而确保树上的基本操作在最坏情况下的时间均为 $O(\log_2 n)$。

沿着插入结点上行到根结点就能找到某些结点，这些结点的平衡因子和子树深度都会发生变化，这样的结点称为失衡结点。调整原则有两点：一是满足平衡二叉树的要求；二是要保持二叉排序树的性质。

（1）LL 型平衡化旋转

在结点 a 的左孩子的左子树上进行插入，插入使结点 a 失去平衡。a 插入前的平衡因子是 1，插入后的平衡因子是 2。设 b 是 a 的左孩子，b 在插入前的平衡因子只能是 0，插入后的平衡因子是 1（否则 b 就是失衡结点）。

通过顺时针旋转操作实现，如图 7-23 所示。

用 b 取代 a 的位置，a 成为 b 的右子树的根结点，b 原来的右子树作为 a 的左子树。

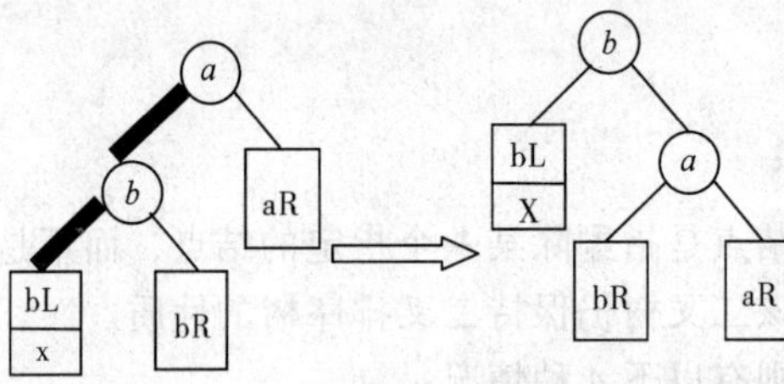

图 7-23　LL 型平衡转化过程

插入后各结点的平衡因子变为：

① 旋转前的平衡因子。设插入后 b 的左子树的深度为 H_{bL}，则其右子树的深度为 $H_{bL}-1$；a 的左子树的深度为 $H_{bL}+1$。a 的平衡因子为 2，则 a 的右子树的深度为：

$H_{aR}=H_{bL}+1-2=H_{bL}-1$。

② 旋转后的平衡因子。a 的右子树没有变，而左子树是 b 的右子树，则平衡因子是 $H_{aL}-H_{aR}=(H_{bL}-1)-(H_{bL}-1)=0$，即 a 是平衡的，以 a 为根的子树的深度是 H_{bL}。

b 的左子树没有变化，右子树是以 a 为根的子树，则平衡因子是 $H_{bL}-H_{bL}=0$，即 b 也是平衡的，以 b 为根的子树的深度是 $H_{bL}+1$，与插入前 a 的子树的深度相同，则该子树的上层各结点的平衡因子没有变化，即整棵树旋转后是平衡的。

旋转算法代码如下：

```
void  LL_rotate(BBSTNode *a)
{
   BBSTNode *b ;
   b=a->Lchild ;
   a->Lchild=b->Rchild ;
   b->Rchild=a ;
   a->Bfactor=b->Bfactor=0 ;
   a=b ;
}
```

（2）LR 型平衡化旋转

在结点 a 的左孩子的右子树上进行插入，插入使结点 a 失去平衡。a 插入前的平衡因子是 1，插入后 a 的平衡因子是 2。设 b 是 a 的左孩子，c 为 b 的右孩子，b 在插入前的平衡因子只能是 0，插入后的平衡因子是-1；c 在插入前的平衡因子只能是 0，否则，c 就是失衡结点。

插入后结点 c 的平衡因子的变化为：

① 插入后 c 的平衡因子是 1：即在 c 的左子树上插入。设 c 的左子树的深度为 H_{cL}，则右子树的深度为 $H_{cL}-1$；b 插入后的平衡因子是-1，则 b 的左子树的深度为 H_{cL}，以 b 为根的子树的深度是 $H_{cL}+2$。

因插入后 a 的平衡因子是 2 ，则 a 的右子树的深度是 H_{cL}。

② 插入后 c 的平衡因子是 0：c 本身是插入结点。设 c 的左子树的深度为 H_{cL}，则右子树的深度也是 H_{cL}；因 b 插入后的平衡因子是-1，则 b 的左子树的深度为 H_{cL}，以 b 为根的子树的深度是 $H_{cL}+2$；插入后 a 的平衡因子是 2，则 a 的右子树的深度是 H_{cL}。

③ 插入后 c 的平衡因子是-1：即在 c 的右子树上插入。设 c 的左子树的深度为 H_{cL}，则右子树的深度为 $H_{cL}+1$，以 c 为根的子树的深度是 $H_{cL}+2$；因 b 插入后的平衡因子是-1，则 b 的左子树的深度为 $H_{cL}+1$，以 b 为根的子树的深度是 $H_{cL}+3$；则 a 的右子树的深度是 $H_{cL}+1$。

平衡化旋转方法：先以 b 进行一次逆时针旋转（将以 b 为根的子树旋转为以 c 为根），再以 a 进行一次顺时针旋转，如图 7-24 所示。将整棵子树旋转为以 c 为根，b 是 c 的左子树，a 是 c 的右子树；c 的右子树移到 a 的左子树位置，c 的左子树移到 b 的右子树位置。

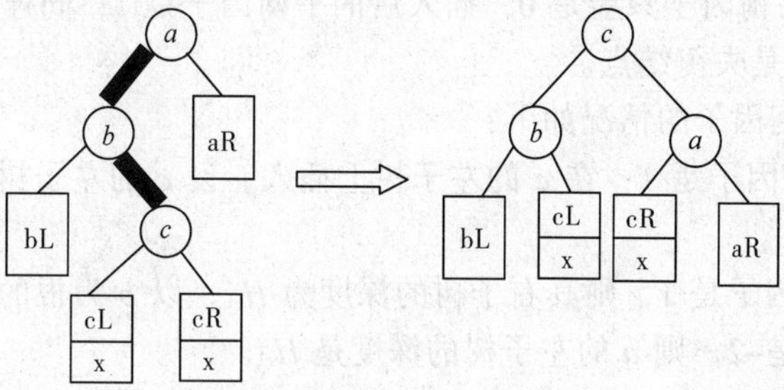

图 7-24　LR 型平衡转化过程

平衡转化过程分以下情况：

① 旋转前（插入后）c 的平衡因子是 1。a 的左子树深度为 $H_{cL}-1$，其右子树没有变化，深度是 H_{cL}，则 a 的平衡因子是-1；b 的左子树没有变化，深度为 H_{cL}，右子树是 c 旋转前的左子树，深度为 H_{cL}，则 b 的平衡因子是 0；c 的左、右子树分别是以 b 和 a 为根的子树，则 c 的平衡因子是 0 。

② 旋转前（插入后）c 的平衡因子是 0。旋转后 a、b、c 的平衡因子都是 0。

③ 旋转前（插入后）c 的平衡因子是-1。旋转后 a、b、c 的平衡因子分别是 0、-1、0。

综上所述，即整棵树旋转后是平衡的。

旋转算法代码如下：

```
void  LR_rotate(BBSTNode *a)
{
   BBSTNode *b,*c;
   b=a->Lchild;
   c=b->Rchild;              /*  初始化  */
   a->Lchild=c->Rchild ;
   b->Rchild=c->Lchild ;
   c->Lchild=b;
   c->Rchild=a;
```

```
    if (c->Bfactor= =1)
    {
      a->Bfactor=-1;
      b->Bfactor=0;
     }
    else if (c->Bfactor= =0)
      a->Bfactor=b->Bfactor=0;
    else
    {
      a->Bfactor=0;
      b->Bfactor=1;
    }
  }
```

（3）RL 型平衡化旋转

在结点 a 的右孩子的左子树上进行插入，插入使结点 a 失去平衡，与 LR 型正好对称。对于结点 a，插入前的平衡因子是-1，插入后 a 的平衡因子是-2。设 b 是 a 的右孩子，c 为 b 的左孩子，b 在插入前的平衡因子只能是 0，插入后的平衡因子是 1；同样，c 在插入前的平衡因子只能是 0，否则，c 就是失衡结点。

插入后结点 c 的平衡因子的情况如下：

① 插入后 c 的平衡因子是 1：在 c 的左子树上插入。设 c 的左子树的深度为 H_{cL}，则右子树的深度为 $H_{cL}-1$。

因 b 插入后的平衡因子是 1，则其右子树的深度为 H_{cL}，以 b 为根的子树的深度是 $H_{cL}+2$；因插入后 a 的平衡因子是-2，则 a 的左子树的深度是 H_{cL}。

② 插入后 c 的平衡因子是 0：c 本身是插入结点。设 c 的左子树的深度为 H_{cL}，则右子树的深度也是 H_{cL}；因 b 插入后的平衡因子是 1，则 b 的右子树的深度为 H_{cL}，以 b 为根的子树的深度是 $H_{cL}+2$；因插入后 a 的平衡因子是-2，则 a 的左子树的深度是 H_{cL}。

③ 插入后 c 的平衡因子是-1：在 c 的右子树上插入。设 c 的左子树的深度为 H_{cL}，则右子树的深度为 $H_{cL}+1$，以 c 为根的子树的深度是 $H_{cL}+2$；因 b 插入后的平衡因子是 1，则 b 的右子树的深度为 $H_{cL}+1$，以 b 为根的子树的深度是 $H_{cL}+3$；则 a 的右子树的深度是 $H_{cL}+1$。

平衡化旋转方法：先以 b 进行一次顺时针旋转，再以 a 进行一次逆时针旋转，如图 7-25 所示。即将整棵子树（以 a 为根）旋转为以 c 为根，a 是 c 的左子树，b 是 c 的右子树；c 的右子树移到 b 的左子树位置，c 的左子树移到 a 的右子树位置。

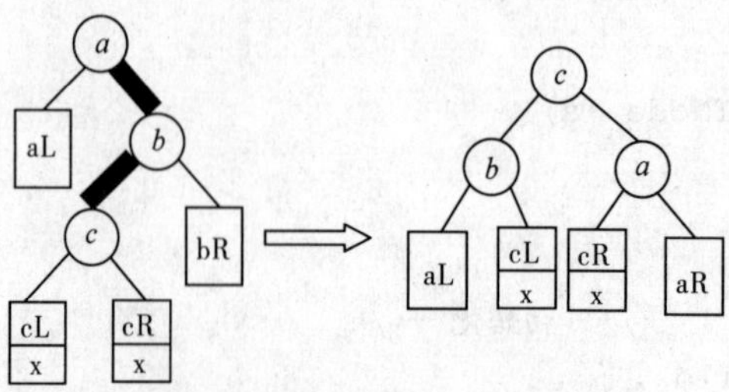

图 7-25　RL 型平衡转化过程

旋转后各结点(a,b,c)的平衡因子变为：

① 旋转前（插入后）c 的平衡因子是 1。a 的左子树没有变化，深度是 H_{cL}，右子树是 c 旋转前的左子树，深度为 H_{cL}，则 a 的平衡因子是 0；b 的右子树没有变化，深度为 H_{cL}，左子树是 c 旋转前的右子树，深度为 $H_{cL}-1$，则 b 的平衡因子是−1；c 的左、右子树分别是以 a 和 b 为根的子树，则 c 的平衡因子是 0。

② 旋转前（插入后）c 的平衡因子是 0。旋转后 a、b、c 的平衡因子都是 0。

③ 旋转前（插入后）c 的平衡因子是−1。旋转后 a、b、c 的平衡因子分别是 1、0、0。

旋转算法代码如下：

```
Void  LR_rotate(BBSTNode *a)
{
  BBSTNode *b,*c ;
  b=a->Rchild ;
  c=b->Lchild ;      /*  初始化   */
  a->Rchild=c->Lchild ;
  b->Lchild=c->Rchild ;
  c->Lchild=a ;
  c->Rchild=b ;
  if (c->Bfactor= =1)
  {
     a->Bfactor=0 ;
     b->Bfactor=-1 ;
  }
  else if (c->Bfactor==0)
  a->Bfactor=b->Bfactor=0 ;
  else
  {
     a->Bfactor=1 ;
     b->Bfactor=0 ;
  }
}
```

（4）RR 型平衡化旋转

在结点 a 的右孩子的右子树上进行插入，插入使结点 a 失去平衡。要进行一次逆时针旋转，和 LL 型平衡化旋转正好对称。

平衡化旋转方法：设 b 是 a 的右孩子，通过逆时针旋转实现，如图 7-26 所示。用 b 取代 a 的位置，a 作为 b 的左子树的根结点，b 原来的左子树作为 a 的右子树。

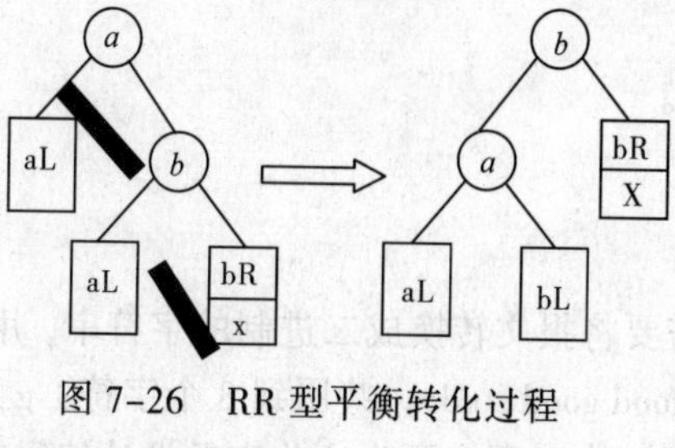

图 7-26　RR 型平衡转化过程

旋转算法代码如下：

```
BBSTNode  *RR_rotate(BBSTNode *a)
```

```
{
  BBSTNode *b ;
  b=a->Rchild ;
  a->Rchild=b->Lchild ;
  b->Lchild=a ;
  a->Bfactor=b->Bfactor=0 ;
  a=b ;
}
```

对于上述4种平衡化旋转，其正确性容易由“遍历所得中序序列不变”来证明。并且，无论是哪种情况，平衡化旋转处理完成后，形成的新子树仍然是平衡二叉排序树，且其深度和插入前以 a 为根结点的平衡二叉排序树的深度相同。所以，在平衡二叉排序树上因插入结点而失衡，仅需对失衡子树做平衡化旋转处理。

【例 7.1】设要构造的平衡二叉树中各结点的值分别是(4, 15, 30, 71, 36)，平衡二叉树的构造过程如图 7-27 所示。

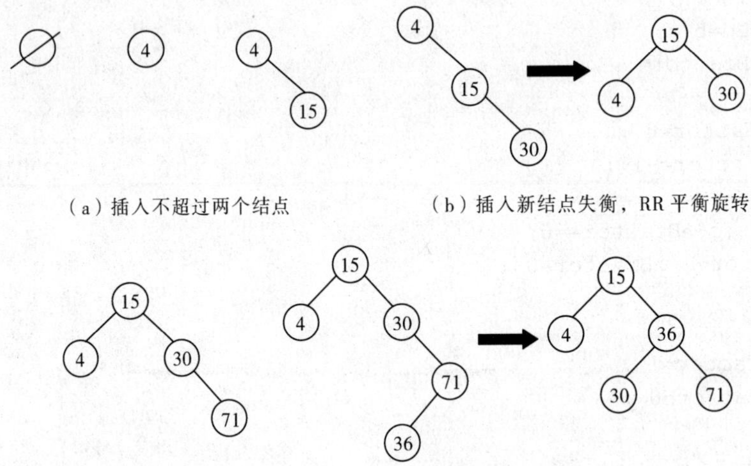

（a）插入不超过两个结点　　（b）插入新结点失衡，RR 平衡旋转

（c）插入新结点未失衡　　（d）插入结点失衡，RL 平衡旋转

图 7-27　平衡二叉树的构造过程

7.4 “报文”实例

【实例目的】

① 熟悉哈夫曼树的概念。

② 掌握哈夫曼编码。

【实例内容】

在远距离数据通信中，需要将报文转换成二进制的字符串，用0、1码的不同排列来表示字符串。例如，需要传送报文 good good study，共用到8个字符：g 用2次，o 用4次，d 用3次，空格用2次，s、t、u、y 各用1次，现在要为这些字母设计编码，最简单的二进制编码是等长编码，由于只用到8个字符，只要用3位二进制编码即可进行区别，共需要传输（2+4+3+2+4×1）

×3=45 个二进制位。但在实际应用中，往往更希望报文长度尽可能短，那么是否有一种编码方式能够实现所得报文长度最短?

【实现步骤】

① 实现过程分析。可以将 8 个字符看做叶子结点，每个字符出现的次数看做结点的权值，用等长编码的方式，实际上是构造了一个完全二叉树，很显然不能保证得到的报文总长度最小。如果想得到的报文长度最小，可以将这个问题抽象地理解为构造一棵二叉树，路径长度表示该字母的编码位数，权值表示该字母的出现次数。那么，总报文长度=每个字母的出现次数×该字母的编码位数之和=每个字母的权值×路径长度之和=带权路径长度之和，要使报文长度最小，就要使带权路径长度之和最小。由于哈夫曼树最重要的特点是带权路径长度最小，如果能够构造一棵哈夫曼树，问题就迎刃而解了。源代码如图 7-28 所示。

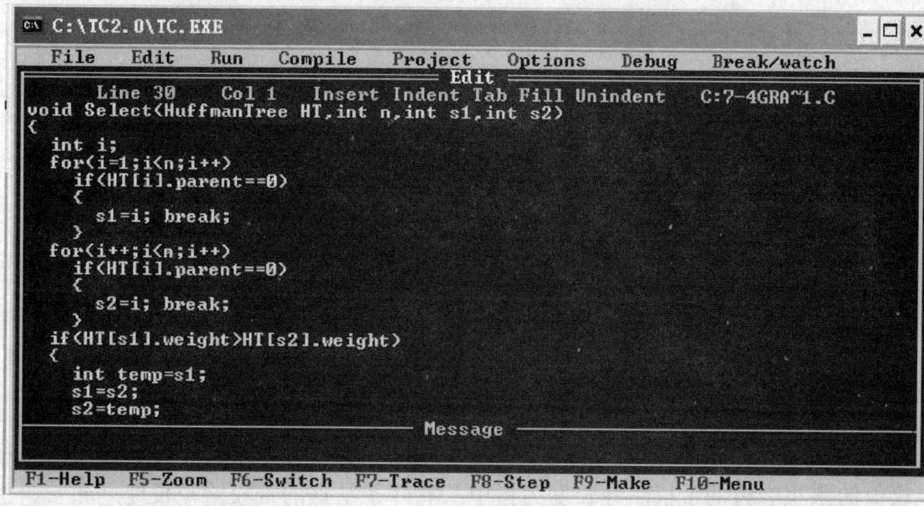

图 7-28　源代码界面

② 构造哈夫曼编码的程序，如图 7-29 所示。

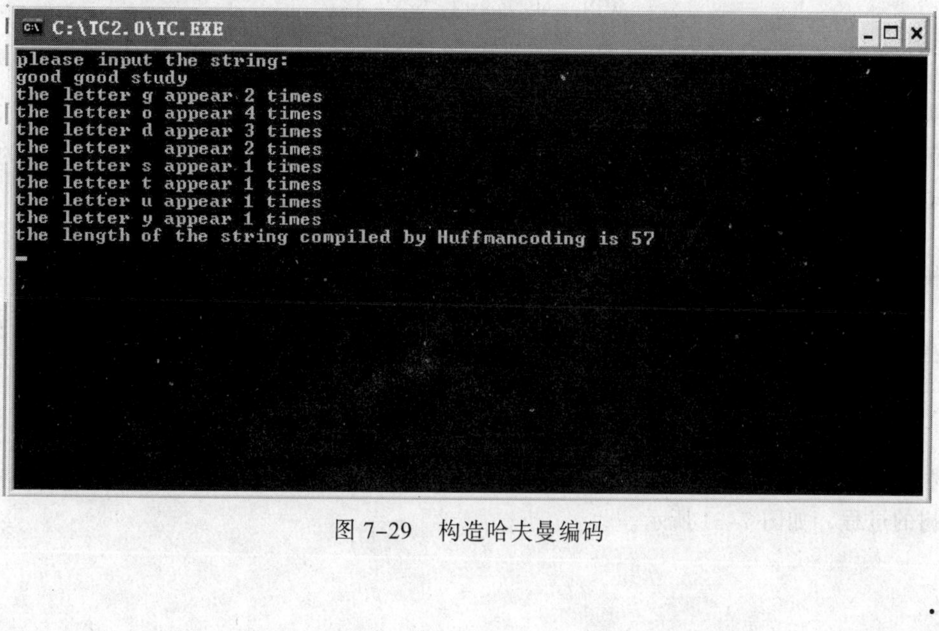

图 7-29　构造哈夫曼编码

7.4.1 哈夫曼树的基本概念

哈夫曼树也称最优二叉树，是一类带权路径长度最短的树，有着广泛的应用。

1. 基本概念

（1）路径和路径长度

在树中，从一个结点到另一个结点之间的分支构成这两个结点之间的路径，路径上的分支数目称做路径长度。树的路径长度是从树根到每一结点的路径长度之和，一般用 PL 表示。在结点数相同的条件下，满二叉树或完全二叉树的长度最短。图 7-30 所示的二叉树，其 PL 为

$$PL = 0+1+1+2+2+2+3 = 11$$

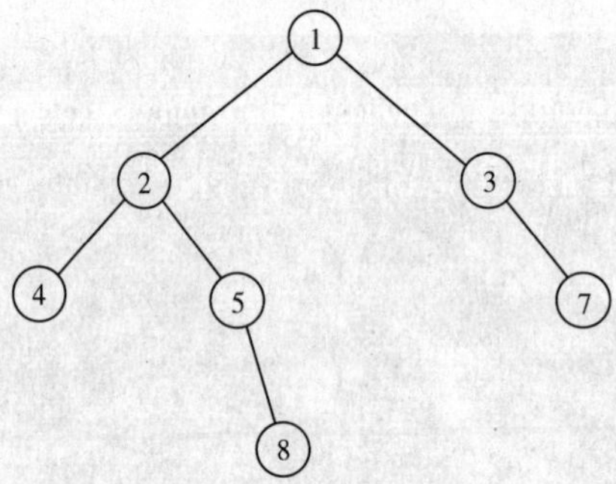

图 7-30　树的路径长度

（2）树的带权路径长度

如果树中每个结点都有一个权值，则结点的带权路径长度为该结点到树根之间的路径长度与结点上权值的乘积。树的带权路径长度为树中所有叶子结点的带权路径长度之和，树的带权路径长度用 WPL 表示。在图 7-30 中，若树的 3 个叶子结点都有权值，其权值分别是 4、8、7，它们的 WPL 为：

$$WPL = 4\times2+8\times3+7\times2 = 46$$

2. 哈夫曼树及其算法

哈夫曼树是 n 个带权叶子结点构成的所有二叉树中，带权路径长度 WPL 最小的二叉树。构造这种树的算法最早是由哈夫曼于 1952 年提出的，相应的算法称为哈夫曼算法。其算法的过程如下：

① 根据给定的 n 个权值(w_1，w_2，…，w_n)构成 n 棵二叉树的集合 $T=(T_1, T_2, \cdots, T_n)$，每棵二叉树中只有一个带权为 w_i 的根结点，其左、右子树均为空。

② 在 T 中选取两棵根结点的权值最小的树作为左右子树构造一棵新的二叉树，它的根结点的权值为其左、右子树上根结点的权值之和。

③ 在 T 中删除这两棵树，同时将新得到的二叉树加入 T 中。

④ 重复①和②，直到 T 只有一棵树为止，这棵树便是哈夫曼树。

【例 7.2】给定一组权值{8，6，2，4}，二叉树的集合为{a,b,c,d}，根据哈夫曼算法构成一棵哈夫曼树的过程，如图 7-31 所示。

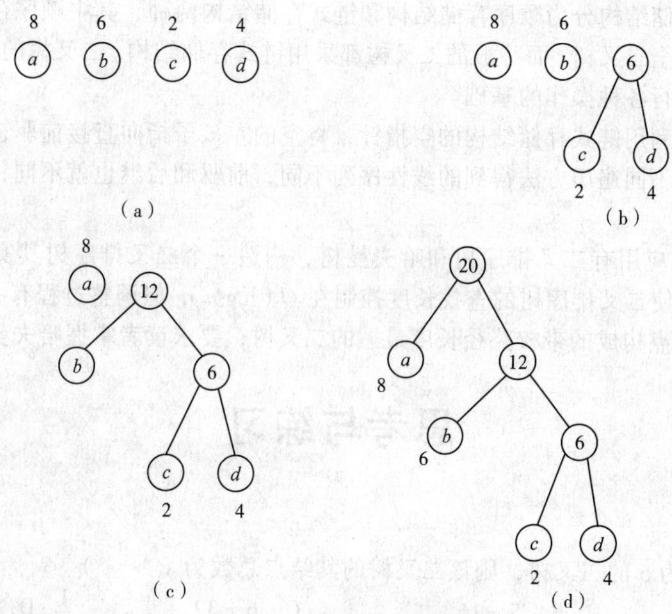

图 7-31　构造哈夫曼树

7.4.2　哈夫曼编码

哈夫曼树的应用很广，哈夫曼编码的应用之一就是在电报通信中。电文是以二进制 0、1 序列传送的，在发送端需要将电文中的字符序列转换成二进制 0、1 序列，在接收端又要把接收的 0、1 序列转换成对应的字符序列。

在传送电文时，希望总长尽可能短。如果对每个字符设计长度不等的编码，且让电文中出现次数较多字符采用尽可能短的编码，那么传送电文的总长度可减少。若要设计长短不等的编码，必须使任一字符编码不是另一个字符编码前缀，这种编码称为前缀编码。

假设字符集中的字符在电文中出现的次数为 W_i，其编码长度为 L_i，电文中有 n 种字符，则电文总长为 $\sum_{i=1}^{n} W_i L_i$，对应到二叉树上，若以 W_i 为叶子结点的权，L_i 为从根到叶子的路径长度，则 $\sum_{i=1}^{n} W_i L_i$ 为二叉树上带权路径长度。因此，设计电文总长最短的二进制前缀编码问题，成为以 n 种字符出现的频率作权设计哈夫曼树的问题。

这种编码的优点是：① 对于给出的文本，其编码长度是最短的；② 任一字符的编码均不可能是另一字符编码的前缀。这样，两个字符之间就不需要分隔符。但是，两个词之间仍需要留空格，以起到分隔作用。

这种编码的缺点是：每个字符的编码长度不相等，译码时较困难。至于信息的编码还应考虑其他一些因素，比如检测、纠错的能力等。

小　　结

在树形结构中，二叉树是一种非常重要的数据结构，二叉树 5 个性质揭示了二叉树的主要特征。二叉树的存储结构分为顺序存储结构和链式存储结构两种，其中顺序存储结构一般用来存储满二叉树和完全二叉树，而一般的二叉树都采用链式存储结构。二叉树的遍历有 3 种方法，对二叉树遍历是进行各种操作的基础。

线索二叉树是利用链式存储结构的空指针，将空的左孩子指向直接前驱，将空的右孩子指向直接后继，采用不同遍历方法得到的线性序列不同，前驱和后继也就不同，所以有 3 种线索二叉树。

二叉树的常见应用有二叉排序树和哈夫曼树，构造一个二叉排序树其实是一种排序的过程。平衡二叉树可使二叉排序树的查找长度控制在 $O(\log_2 n)$，但调整过程有一定难度。哈夫曼树是由 n 个叶子结点构成的带权路径长度最短的二叉树，要求读者掌握哈夫曼树的建立方法。

思考与练习

一、单选题

1. 已知一棵高度为 5 的二叉树，则该二叉树的其结点总数为（　　）。

A．6～17　　B．5～16　　C．6～32　　D．5～31

2. 已知一棵满二叉树有 47 个结点，则该二叉树有（　　）个叶子结点。

A．6　　B．12　　C．24　　D．48

3. 二叉排序树根结点的左子树中所有结点关键字值（　　）右子树中所有结点的关键字值。

A．小于　　B．等于

C．大于等于　　D．大于

4. 若已知一棵二叉树的先序序列和中序序列分别是 *BEFCGDH* 和 *FEBGCHD*，则它的后序序列是（　　），层次遍历序列是（　　）。

A．*EFGHBCD*　　B．*FEGHDCB*　　C．*BCDEFGH*

D．*EFBGCHD*　　E．*BECFGDH*　　F．*FEGBHDC*

5. 在图 7-32 中，哪个是哈夫曼树（　　）。

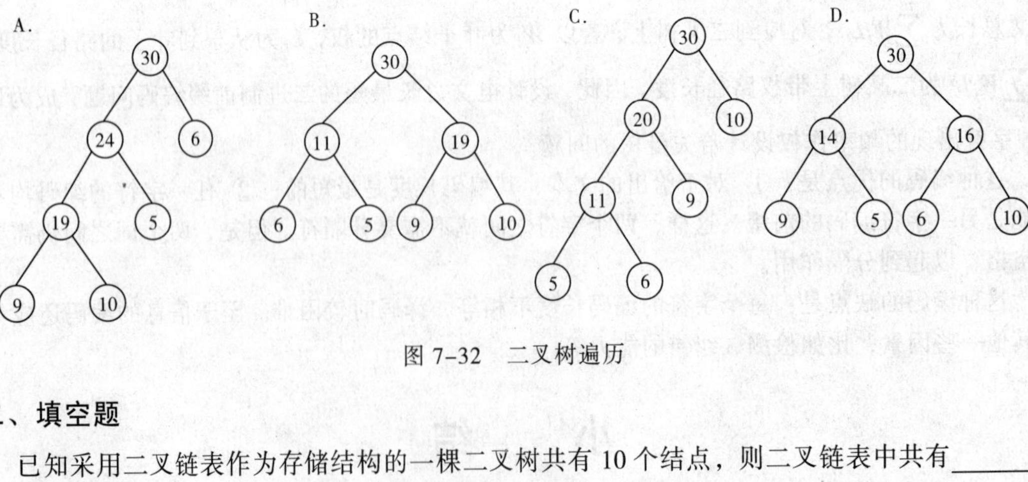

图 7-32　二叉树遍历

二、填空题

1. 已知采用二叉链表作为存储结构的一棵二叉树共有 10 个结点，则二叉链表中共有________个指针域。

2．一棵具有 31 个结点的满二叉树，它的高度是__________，共有__________个叶结点。
3．一棵二叉树的中序遍历序列为 *CAEFDRB*，后序遍历序列为 *CFEDABR*，则它的前序遍历序列为__________。
4．根据遍历方法不同，线索二叉树分为__________、__________和__________。
5．若以{4，5，6，7，8}作为叶子结点的权值构造哈夫曼树，则其带权路径长度是__________。

三、综合题

1．已知二叉树的前序遍历序列为 *HACDFGBE*，中序遍历序列为 *CAFDGHEB*，请画出该二叉树，并给出后序遍历序列。
2．已知某密码电文由 5 个字母 A、B、C、D、E 组成，每个字母在电文中的出现频率分别是 12、7、21、8、6，请给出 5 个字母的哈夫曼编码。
3．已知关键字序列为{53，17，19，61，98，75，79，63，46，40}，请给出利用这些关键字构造的二叉排序树。
4．具有 *n* 个结点的完全二叉树，顺序存储在一维数组 A[1…，z]中，设计算法将 A 中顺序存储变为二叉链表存储的二叉树。

第 8 章　树

【内容提要及目标】

本章从一个高校教师讲课比赛实例入手，首先介绍了树的概念、相关术语、树的 3 种表示方法，以及树的基本操作和存储结构，然后又从高校教师讲课比赛实例入手，介绍了树的遍历和树转化成二叉树的方法，最后介绍了森林的概念和森林转化成二叉树的方法。通过本章的学习，读者应该掌握以下内容：

- 熟悉树的概念、相关术语和树的表示方法。
- 熟练掌握树的存储结构和树的基本操作。
- 理解森林的概念。
- 掌握森林、树和二叉树之间的转换，以及森林和树的遍历。
- 理解 B-树、B+树和键树上查找的原理，以及插入和删除操作。

【本章重点及难点】

树的存储结构、树和森林的遍历，以及树、森林和二叉树之间的转换，树表上的动态查找。

8.1 “高校教师讲课比赛”实例一

【实例目的】

掌握树的基本概念和基本操作，熟悉树的基本术语和表示方法，掌握树的存储结构，并能在实际应用中灵活应用。

【实例内容】

在高校教学管理过程中，为了提高教师的教学质量，促进教师之间相互学习，经常举行教师讲课比赛。比赛一般分 3 个阶段：初赛、复赛和决赛。一般高校由 N 个二级学院组成，有的二级学院下设有若干个系部。初赛在各二级学院内部举行，复赛时由学校统一组织人员从各二级学院分别选拔出 1～2 名参加决赛。现将参加决赛的教师及其所在的学院和系用树表示出来（即复赛结果树），这棵树最多有 4 层，第一层的结点是学校，第二层的结点是各个二级学院，第三层的结点是各个系部，第四层的结点是各个参加决赛的教师，每个结点都用大写字母表示出来。

【实例步骤】

双击桌面上的 Turbo C 2.0 快捷图标，输入源代码。为了使读者更清楚地了解程序的执行过程，下面给出编辑、编译和运行的具体步骤。

（1）编辑程序

在 Turbo C 2.0 编译界面中按 Alt+F 组合键，选择 New 命令，然后输入源程序，如图 8-1 所示。

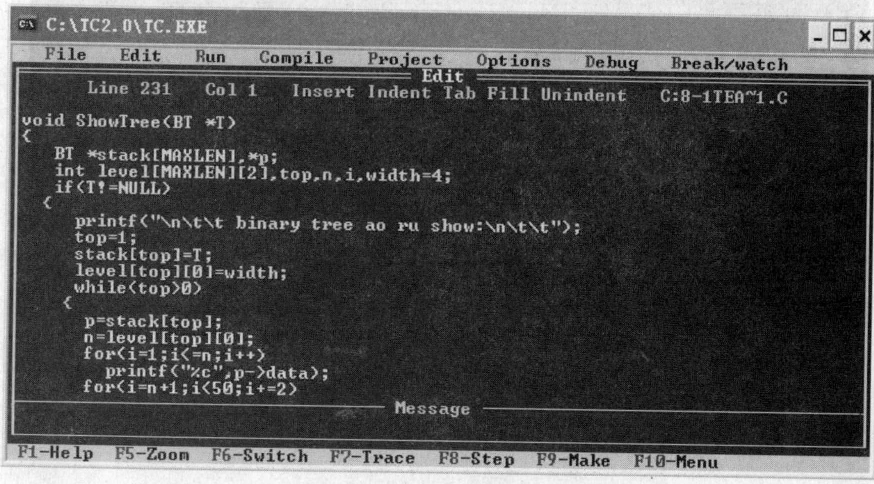

图 8-1　源代码界面

分析：程序中一共有 0～7 共 8 个选择功能：0—return，1—create tree，2—ao ru show，3—preorder，4—inorder，5—leaf num，6—node num，7—tree depth。功能 0 返回主界面，功能 1 创建树并转换成二叉树，创建的树以二叉树法来存储，功能 2～7 都是对功能 1 中转换来的二叉树的操作结果。其中，功能 2 凹入法输出二叉树，功能 3 前序遍历二叉树，功能 4 中序遍历二叉树，功能 5 输出二叉树叶子结点的个数，功能 6 输出二叉树结点的总数，功能 7 输出二叉树的深度。

（2）编译和运行程序

说明：在程序运行时，假设进入决赛的二级学院一共有 3 个，所创建的复赛结果树如图 8-2 所示，树转换成的二叉树如图 8-3 所示，二叉树的叶子结点有 4 个，总结点数有 11 个，深度为 5。具体转换方法将在 8.2 节详细介绍。

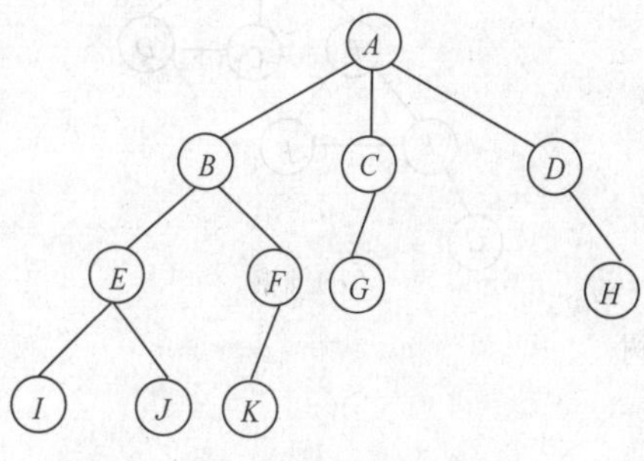

图 8-2　复赛结果的树图

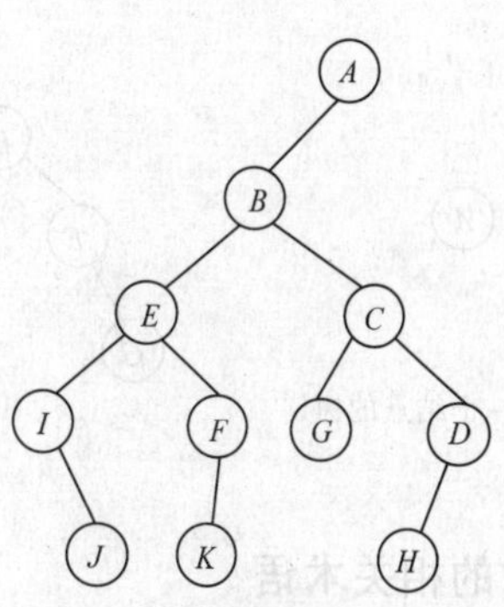

图 8-3　复赛结果的二叉树图

运行后，先选择功能 1 创建如图 8-2 的复赛结果树，再选择功能 2 输出如图 8- 4 所示的结果，选择功能 3 输出结果为 *ABEIJFKCGDH*，选择功能 4 输出结果为 *IJEKFBGCHDA*，选择功能 5 输出结果为 4，选择功能 6 输出结果为 11，选择功能 7 输出结果为 5。最后保存好程序。

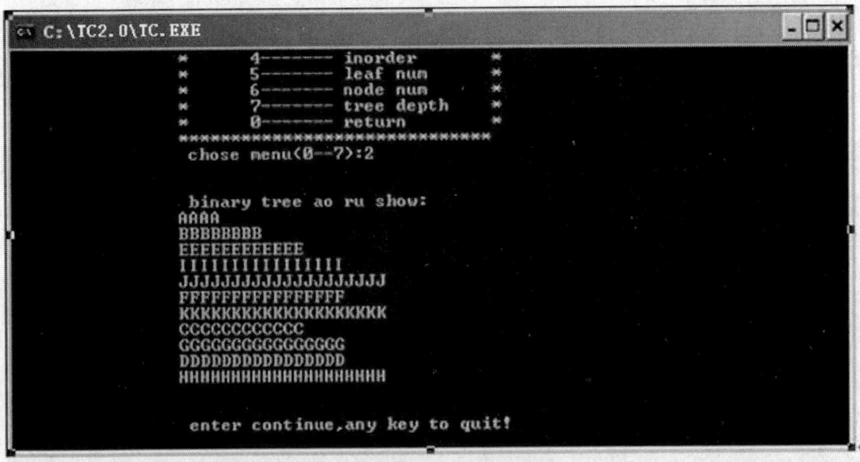

图 8-4 运行结果界面

8.1.1 树的定义及相关术语

1. 树的定义

树（Tree）是具有 n（$n \geqslant 0$）个结点的有限集合 T。如果 T 为空，则这棵树为空树，否则 T 满足如下两个条件：

① T 中有且仅有一个特殊的结点，这个结点没有前驱，但有零个或多个后继，此结点称为根结点。

② 当 $n=1$ 时，树 T 为只有一个根结点的树；当 $n>1$ 时，其余结点被分成 $m(m>0)$ 个互不相交的集合 $T_1,T_2, \cdots,Tm$，其中每一个集合本身又是一棵树，称为根的子树（SubTree）。

例如，在图 8-5 中，图 8-5（a）是只有一个根结点的树，图 8-5（b）是含有多个结点的树，图 8-5（c）是一棵非树。

树的定义是一个递归定义，即在树的定义中又用到了树的概念。

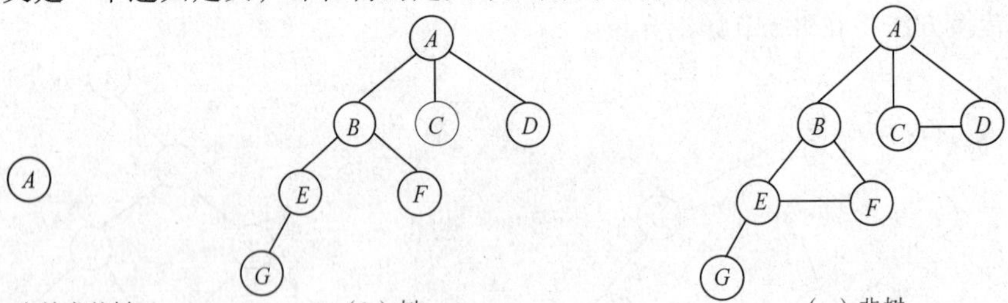

（a）一个结点的树　（b）树　（c）非树

图 8-5 树和非树

2. 树的相关术语

结点的度：结点所拥有的子树的个数。例如，图 8-5（b）中，A 结点的度为 3，B 结点的度为 2。

树的度：树内各结点度的最大值。例如，图 8-5（b）中树的度数为 3。

叶子结点：度为零的结点称为叶子结点，也称为终端结点或叶子。例如，图 8-5（b）中，G 为叶子结点。

分支结点：度不为零的结点为分支结点或非终端结点。除根结点以外，分支结点也称为内部结点，每一个内部结点度数就是这个结点所拥有的分支数。

孩子结点和双亲结点：结点子树的根称为该结点的孩子结点，该结点称为双亲结点。比如图 8-5（b）中，*A* 为子树 *B* 的根，则 *B* 为 *A* 的孩子，*A* 为双亲。

兄弟结点：具有同一个双亲的孩子结点称为兄弟结点。例如，图 8-5（b）中，*B*、*C* 和 *D* 互为兄弟。

祖先结点：从根到该结点所经分支上的所有结点。比如图 8-5（b）中，G 的祖先有 *A*、*B*、*E*。

子孙：以某一个结点为根子树中的任一结点都被称为子孙。例如图 8-5（b）中，*B* 的子孙有 *E*、*F*、*G*。

结点的层次：从根开始起定义，树根所在的层为第一层，根的孩子所在层为第二层，依次类推。例如，图 8-5（b）中，*A* 在第一层，*B*、*C*、*D* 在第二层。

树的深度：树中所有结点最大层次为树的深度，也称为树的高度。例如，图 8-5（a）所示树的深度为 1，图 8-5（b）所示树的深度为 4。

有序树和无序树：如果树中各结点的子树是按照从左到右次序排列的（即不能互换），则这棵树称为有序树，否则称为无序树。若不特别指明，一般讨论的树都是有序树。

森林：$m(m \geqslant 0)$棵互不相交树的集合称为森林。如果去掉树根，则一棵树就变成了森林，反过来，给森林添加一个根，森林就变成了一棵树。

8.1.2　树的表示

1. 直观表示法

例如，图 8-5（a）和图 8-5（b）就是树的直观表示法，用圆圈表示结点，连线表示结点之间的关系。这种表示方法很直观，是树结构中常用的描述方法。

2. 嵌套集合表示法

将图 8-5（b）用树的嵌套集合表示法表示结果如图 8-6 所示。用圆圈表示树、子树和结点，用包含关系表示结点之间的关系。这种表示方法是把树根放到一个大圆圈里面，再把子树所在小圆圈放在根的大圆圈里面，依次嵌套下去，同一个根的圆圈不相交，这样就构成了一棵树的嵌套集合。

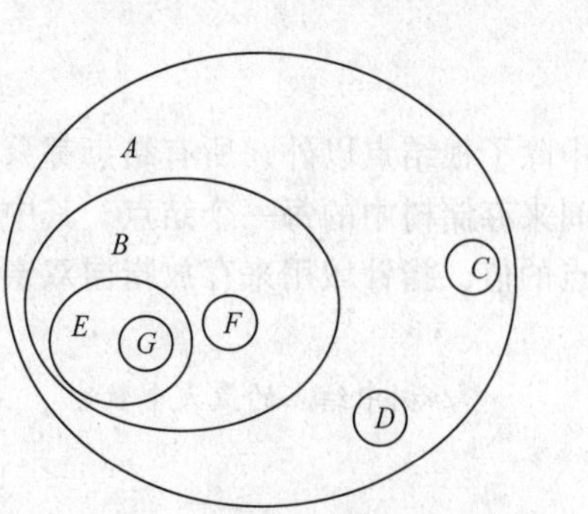

图 8-6　树的嵌套集合表示法

3. 凹入表示法

将图 8-5（b）用树的凹入表示法如图 8-7 所示。这种表示法的结点逐层缩进，即孩子结点缩到双亲结点的后面，一般用于树的输出。

图 8-7　树的凹入表示法

8.1.3　树的基本操作

① 构造树（CreateTree）：构造一棵树。
② 销毁树（DestroyTree）：销毁一棵树。
③ 初始化空树（InitTree）：初始化，构造一棵空树。
④ 求树深（TreeDepth）：返回树的深度。
⑤ 求树根（Root）：返回树根。
⑥ 求结点返回值（Value）：返回指定结点的值。
⑦ 赋值（Assign）：将值赋给指定的结点。
⑧ 求双亲（Parent）：返回指定结点的双亲。
⑨ 求左孩子（LeftChild）：获取左孩子结点。
⑩ 求右孩子（RightChild）：获取右孩子结点。
⑪ 插入子树（InsertChild）：在指定的结点下插入子树。
⑫ 删除子树（DeleteChild）：删除指定结点的子树。
⑬ 遍历树（TraverseTree）：访问树的每个结点，且只访问一次。

8.1.4　树的存储结构

1. 双亲表示法

根据双亲的定义可知，树中除了根结点以外，所有结点都只有一个双亲。利用这一特性，我们可以用一个连续的存储空间来存储树中的每一个结点，其中每个结点包括两个域：数据域和指针域。数据域用来存放结点的值，指针域用来存放指向双亲的指针。树的双亲表示法存储结构如下：

```
#define MAX_SIZE  100          /*树中结点的最大个数*/
Typedef Struct
{
   DataType data;              /*数据域*/
   int parent;                 /* 指针域*/
}Node;
Node t[100];
```

图 8-5（b）的双亲表示法如图 8-8 所示。

结点序号	data	Parent
0	*A*	-1
1	*B*	0
2	*C*	0
3	*D*	0
4	*E*	1
5	*F*	1
6	*G*	4

图 8-8　树的双亲表示法

树的双亲表示法的特点是查找双亲容易，但查找孩子结点比较难。

2. 孩子表示法

孩子表示法是将一棵树中所有结点的孩子结点排列起来，看成一个线性表，并且选取单链表作为其存储结构，那么 *n* 个结点的一棵树就有 *n* 个孩子链表。再将这 *n* 个孩子链表的头指针组成一个线性表，为了查找方便，可采用顺序存储结构。孩子表示法存储结构如下：

```
Typedef  Struct {                        /* 孩子结点 */
    int child;
    struct CNode *next;                  /* 指向下一个孩子结点 */
} CNode
Typedef  Struct {                        /* 表头结点 */
    DataType data;
    CNode *firstchild;
}BT;
BT t[100];
```

图 8-5（b）的孩子表示法如图 8-9 所示。

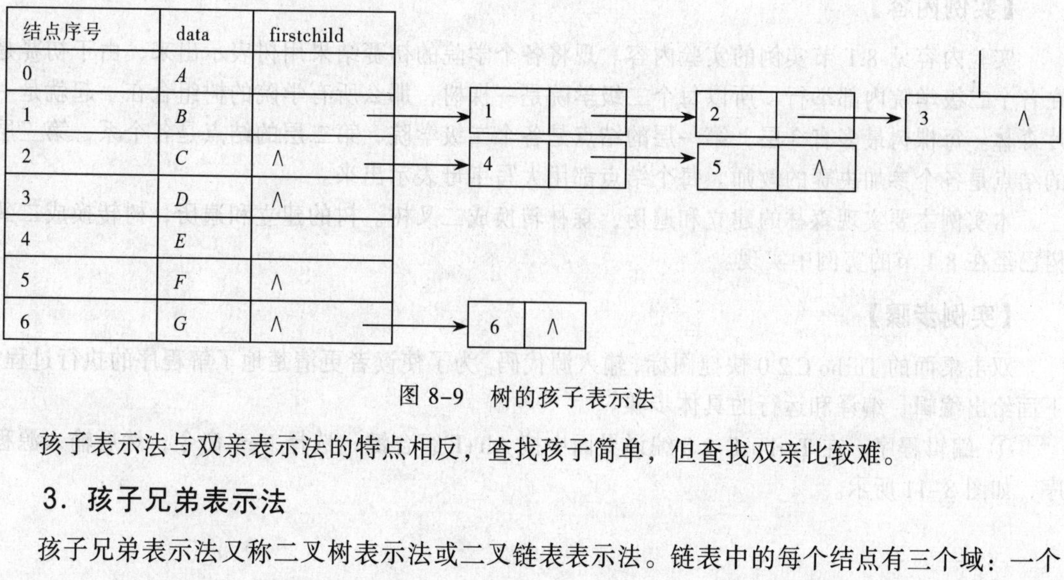

图 8-9　树的孩子表示法

孩子表示法与双亲表示法的特点相反，查找孩子简单，但查找双亲比较难。

3. 孩子兄弟表示法

孩子兄弟表示法又称二叉树表示法或二叉链表表示法。链表中的每个结点有三个域：一个数据域和两个指针域，其中左边指针域指向该结点的第一个孩子，右边指针域指向该结点的下一个兄弟。孩子兄弟表示法存储结构如下：

```
Typedef Struct CSNode{
    DataType data;
    struct CSNode *firstchild;          /* 指向第一个孩子结点 */
    struct CSNode *nextbrother;         /* 指向下一个兄弟结点 */
} CSNode;
```

图 8-5（b）的孩子兄弟表示法如图 8-10 所示。

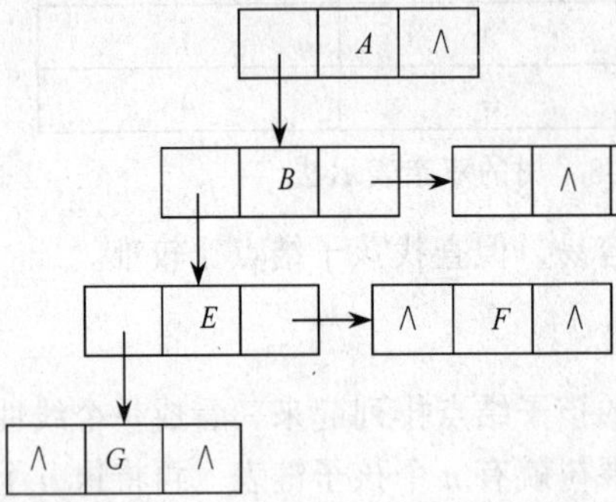

图 8-10　树的孩子兄弟表示法

孩子兄弟表示法对查找结点的孩子和兄弟结点比较方便，但对于双亲结点的查找仍然不便。

8.2 “高校教师讲课比赛”实例二

【实例目的】

掌握树和森林的各种遍历方法，以及树、森林和二叉树之间的转换，巩固树的存储结构，并在实际应用中能灵活使用。

【实例内容】

实验内容见 8.1 节实例的实验内容。现将各个学院的初赛结果用树表示出来，由于初赛是在各个二级学院内部举行，所以每个二级学院是一棵树，那么所有学院的树组合在一起就是一片森林。每棵树最多有 3 层，第一层的结点是各个二级学院，第二层的结点是各个系，第三层的结点是各个参加决赛的教师。每个结点都用大写字母表示出来。

本实例主要实现森林的建立和遍历，森林转换成二叉树。树的建立和遍历，树转换成二叉树已经在 8.1 节的实例中实现。

【实例步骤】

双击桌面的 Turbo C 2.0 快捷图标，输入源代码。为了使读者更清楚地了解程序的执行过程，下面给出编辑、编译和运行的具体步骤。

① 编辑程序。在 Turbo C 2.0 编译界面中按 Alt+F 组合键，选择 New 命令，然后输入源程序，如图 8-11 所示。

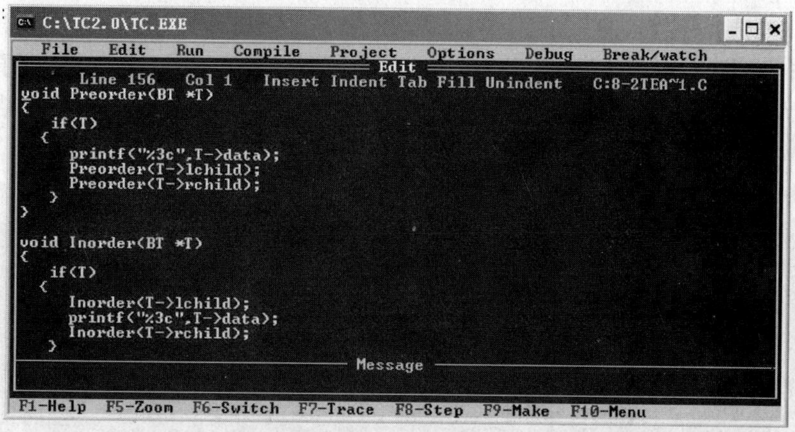

图 8-11 源代码界面

分析：程序中一共有 0 ~ 7 共 8 个选择功能：0——return，1——create forest，2——ao ru show，3——preorder，4——inorder，5——leaf num，6——node num，7——tree depth（见图 8-14）。功能 0 返回主界面，功能 1 创建森林并转换成二叉树，功能 2 ~ 7 是对菜单 1 中转换来的二叉树的操作结果。其中，功能 2 采用凹入法输出二叉树，功能 3 采用前序遍历二叉树，功能 4 中序遍历二叉树，功能 5 输出二叉树的叶子结点的个数，功能 6 输出二叉树结点的总数，功能 7 输出二叉树的深度。

② 编译和运行程序。

说明：在程序运行时，假设输入初赛结果的森林如图 8-12 所示，那么森林转换成的二叉树如图 8-13 所示。二叉树的叶子结点有 6 个，总结点数有 19 个，深度为 7。

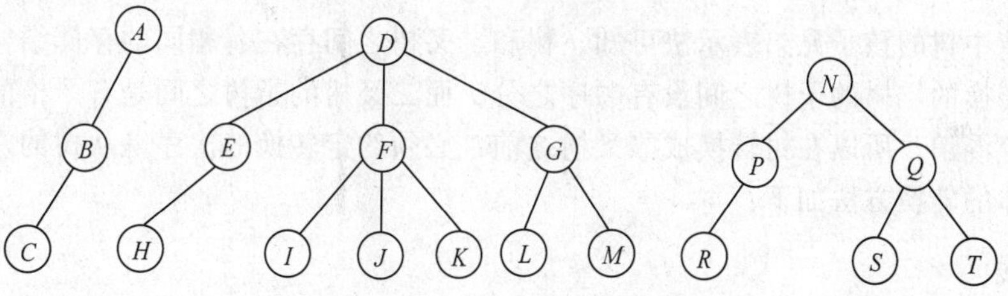

图 8-12 初赛结果的森林图

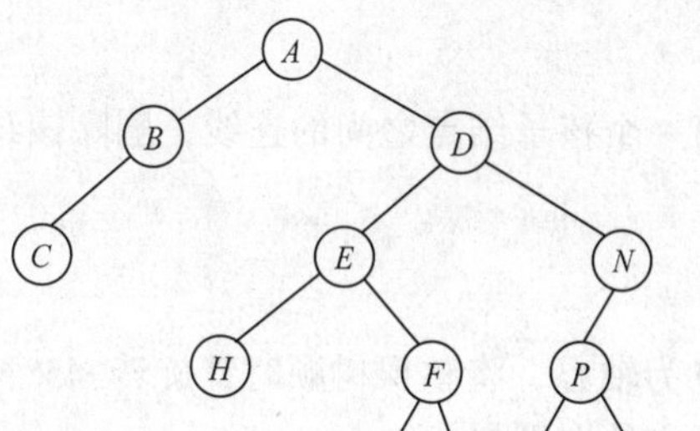

图 8-13 初赛结果的二叉树图

运行后，先选择功能 1 创建如图 8-12 所示的初赛结果树，再选择功能 2 输出凹入表示法的结果，选择功能 3 输出结果为 *ABCDEHFIJKGLMNPRQST*，如图 8-14 所示，选择功能 4 输出结果为 *CBAHEIJKFLMGDRPSTQN*，选择功能 5 输出结果为 6，选择功能 6 输出结果为 19，选择功能 7 输出结果为 7。

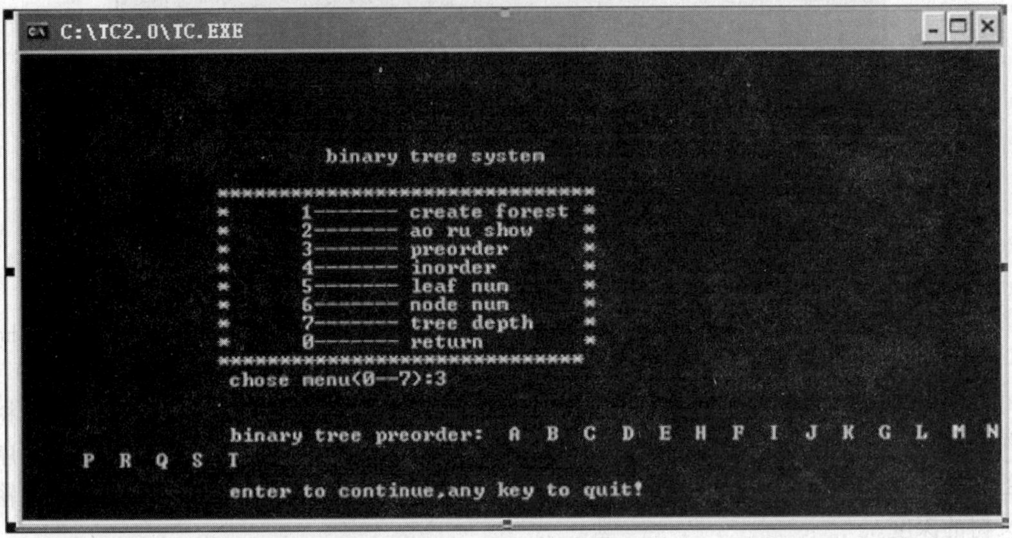

图 8-14　运行结果界面

8.2.1　树转换为二叉树

由 8.1 节中树的孩子兄弟表示法可知，树和二叉树之间存在着相同的存储结构，它们之间是可以相互转换的。树的子树之间没有顺序之分，而二叉树的子树之间是有严格的左右次序之分，为了避免混淆，所以在树转换成二叉树之前，必须约定转换的次序是从树的左边开始到右边结束。具体的转换方法如下：

1. 加线

对于树中每一个结点，如果某个结点有兄弟，就在它与各个兄弟结点之间加上一条虚线。

2. 删线

保留树中每一个结点与其第一个孩子结点之间的连线，删除该结点与其他孩子结点之间的连线。

3. 旋转

将虚线改为实线，以根结点为轴心，将整棵树顺时针旋转 45°，使得每个结点的第一孩子变成它的左子树，兄弟结点变成它的右子树。

在 8.1 节实例中，图 8-2 的树转换成图 8-3 的二叉树就是用上述方法转换而来的，下面再举一个例子详细讲述转换的过程。

【例 8.1】将图 8-5 (b) 所示的树转换成二叉树。

【解析】转换过程如图 8-15 所示。

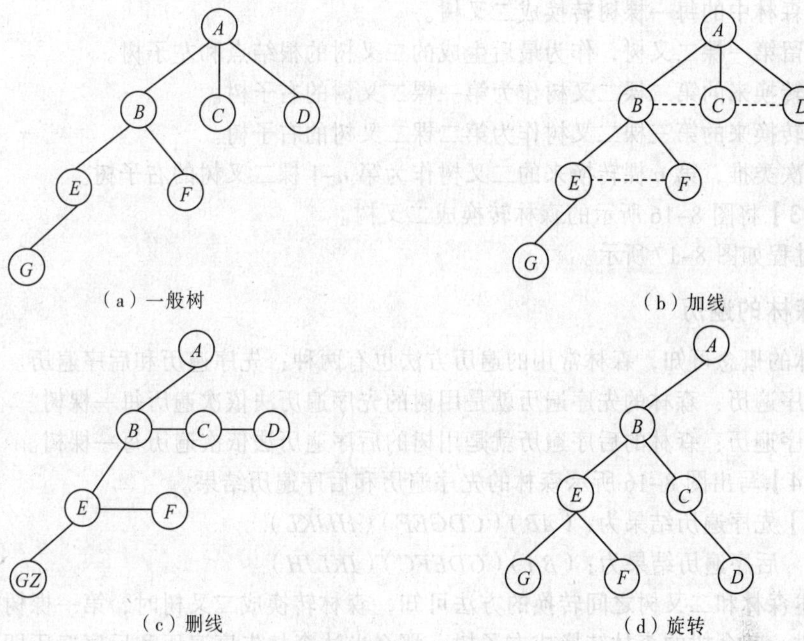

图 8-15　树转换成二叉树

8.2.2　树的遍历

常用树的遍历方法有两种：先序遍历和后序遍历。

1．先序遍历

树的先序遍历就是先访问树根结点，再从左到右访问树的每一棵子树，对每棵子树再次进行先序遍历。

2．后序遍历

树的后序遍历就是先从左到右访问树的每一棵子树，最后访问树的根结点。

【例 8.2】给出图 8-5（b）中描述树的先序遍历结果和后序遍历结果。

【解析】先序遍历结果为：*ABEGFCD*。

后序遍历结果为：*GEFBCDA*。

图 8-15（d）是由 8-5（b）的树转换来的二叉树，对这棵二叉树按照二叉树的先序遍历算法进行遍历，结果是：*ABEGFCD*，中序遍历算法进行遍历，结果是：GEFBCDA，这两个结果分别与树的先序遍历和后序遍历结果相同。由此可知，树的先序遍历和后序遍历与其对应的二叉树的先序遍历和中序遍历相同，这一点在 8.1 节的实例中也体现出来了。

8.2.3　森林

1．森林转化为二叉树

森林是由若干棵树组成的集合，如果将每棵树的根结点看成兄弟结点，则可以找出森林与二叉树的关系。森林转换成二叉树的方法如下：

① 将森林中的每一棵树转换成二叉树。

② 保留第一棵二叉树，作为最后生成的二叉树的根结点和左子树。

③ 将转换来的第二棵二叉树作为第一棵二叉树的右子树。

④ 将转换来的第三棵二叉树作为第二棵二叉树的右子树。

⑤ 依次类推，第 n 棵转换来的二叉树作为第 n–1 棵二叉树的右子树。

【例 8.3】将图 8–16 所示的森林转换成二叉树。

转换过程如图 8–17 所示。

2. 森林的遍历

由森林的概念可知，森林常用的遍历方法也有两种：先序遍历和后序遍历。

① 先序遍历：森林的先序遍历就是用树的先序遍历法依次遍历每一棵树。

② 后序遍历：森林的后序遍历就是用树的后序遍历法依次遍历每一棵树。

【例 8.4】写出图 8–16 所示森林的先序遍历和后序遍历结果。

【解析】先序遍历结果为：（*AB*）（*CDGEF*）（*HIJKL*）

后序遍历结果为：（*BA*）（*GDEFC*）（*IKLJH*）

由上述森林和二叉树之间转换的方法可知，森林转换成二叉树时，第一棵树的子树森林转换成左子树，其余树的森林转换成右子树，那么上述森林先序遍历和后序遍历即为其对应的二叉树先序和中序遍历。图 8–17 所示的二叉树是由图 8–16 森林转换来的，该二叉树的先序遍历结果为：*ABCDGEFHIJKL*，与森林的先序遍历结果完全相同，该二叉树的中序遍历结果为：*BAGDEFCIKLJH*，与森林的后序遍历结果完全相同。

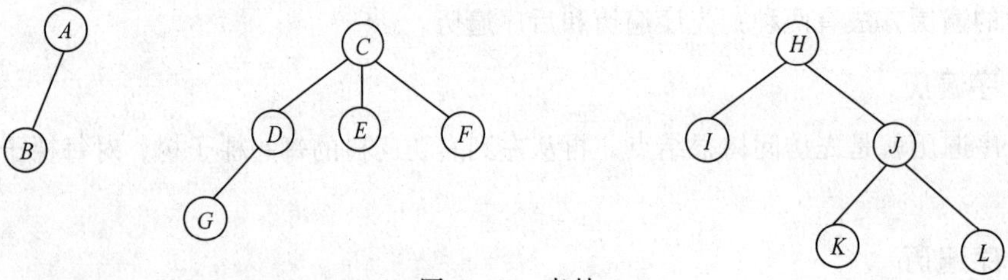

图 8–16　森林

【解析】转换过程如图 8–17 所示。

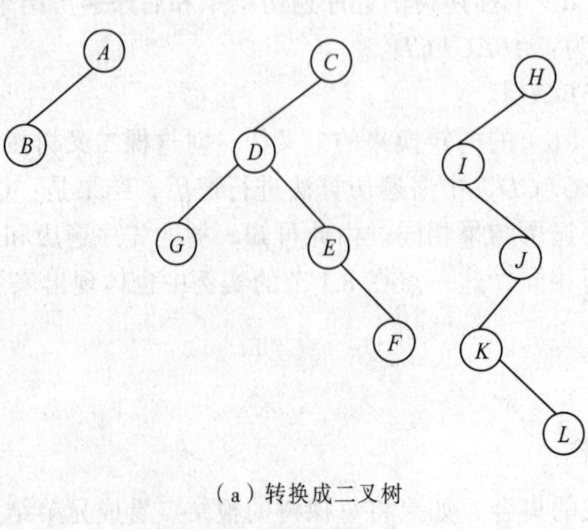

（a）转换成二叉树

图 8–17　森林转换成二叉树

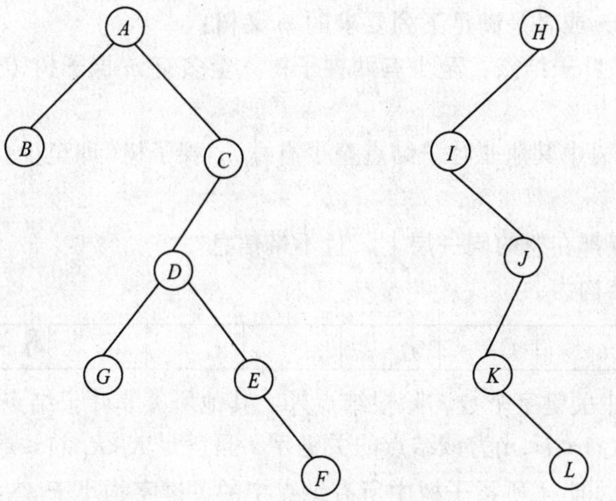

（b）转换成右子树 1

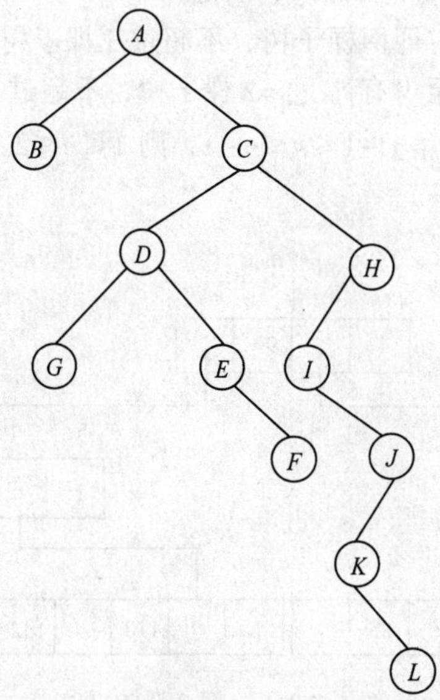

（c）转换右子树 2

图 8-17 森林转换成二叉树（续）

*8.3 树表动态查找

8.3.1 B-树和 B+树

1. B-树

B-树又称为多路平衡查找树，其所有结点的平衡因子等于 0。在文件系统中有所应用，主要用于文件的索引。

B-树中所有结点的孩子结点数的最大值称为 B-树的阶，用 m 来表示，$m\geqslant3$。一棵 m 阶的 B-树或者是一棵空树，或者是满足下列要求的 m 叉树：

① 若根结点不是叶子结点，至少有两棵子树，至多有 m 棵子树（即至多含有 $m-1$ 个关键字）。

② 除根结点外，树中其他非叶子结点至少有 $\lceil m/2\rceil$ 棵子树（即至少含有 $\lceil m/2\rceil-1$ 个关键字），至多有 m 棵子树。

③ 所有叶子结点都在树的同一层上，且不带信息。

④ 每个结点的结构为：

n	A_0	K_1	A_1	K_2	A_2	…	K_n	A_n

其中，n 为结点中关键字个数，除根结点外，其他所有非叶子结点的关键字个数 n 满足：$\lceil m/2\rceil-1\leqslant n\leqslant m-1$。$K_i(1\leqslant i\leqslant n)$为该结点的关键字，且满足 $K_i<K_{i+1}(1\leqslant i\leqslant n-1)$。$A_i(0\leqslant i\leqslant n)$为指向子树根结点的指针，且 A_i 所指子树中所有结点中的关键字均小于 K_{i+1}，A_n 所指子树中所有结点的关键字均大于 K_n。

图 8-18 所示为一棵 3 阶 B-树，$m=3$。它满足：

① 根结点有两个孩子结点，即两棵子树，不超过三棵子树。

② 除根结点外的所有结点至少有 $\lceil m/2\rceil=2$ 棵子树，不超过三棵子树。

③ 所有结点的关键字个数 $\lceil m/2\rceil-1\leqslant n\leqslant m-1$，则 $1\leqslant n\leqslant2$。

④ 所有叶结点都在同一层上。

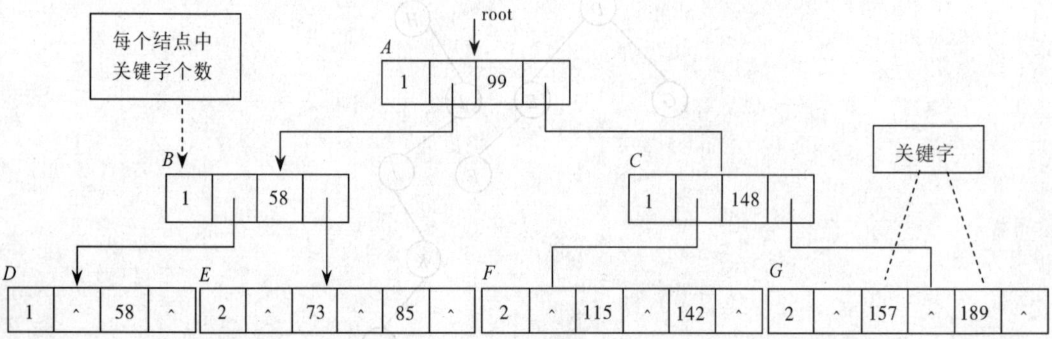

图 8-18　一棵 3 阶 B-树

（1）B-树的查找

在 B-树中查找给定关键字的方法类似于二叉排序树上的查找。不同的是在每个记录上确定向下查找的路径不一定是二路（即二叉）的，而是多路。因为一个结点内的关键字序列是有序的，在一个结点内查找关键字既可以用顺序查找，也可以用折半查找。

在一棵 B-树上顺序查找关键字为 K 的方法为：将 K 与根结点中的 K_i 进行比较。

① 若 $K=K_i$，则查找成功。

② 若 $K<K_i$，则沿指针 A_0 所指向的子树继续查找。

③ 若 $K_i<K<K_{i+1}$，则沿指针 A_i 所指向的子树继续查找。

④ 若 $K>K_n$，则沿指针 A_n 所指向的子树继续查找。

【例 8.5】在图 8-18 所示的 B-树中查找关键字 115 的过程如下：

首先从根指针 root 开始查找到根结点 A。因为记录内的关键字序列是有序的，故可以用顺序查找，也可以用二分查找。若在一棵 B-树上采用顺序查找方法，将 115 与根结点中各个关键字进行比较，因为根结点只有一个关键字，且 115>99，所以沿着结点 A 的右边的指针找到结点 C，由于 115 比结点 C 的关键字 148 小，因而沿着结点 C 左边的指针继续查找到结点 F，与结点 F 中的各个关键字依次进行比较，找到关键字 115，查找成功。

若在 B-树进行关键字 60 查找的过程如下：

与上述过程相似，从根结点 A 开始进行比较，由于 60<99，所以沿着结点 A 的左边指针找到结点 B。结点 B 唯一的关键字 58<60，所以沿着结点 B 的右边指针找到结点 E，与结点 E 的关键字进行依次比较，由于小于 73，沿着 73 的左边指针查找，73 左边指针为 NULL，返回查找失败，60 不在所给的 B-树中。

（2）B-树的插入

将关键字 K 插入到 m 阶 B-树中，必须保证依旧是 m 阶 B-树，即满足上文提及的四点性质。

插入的过程分两步完成：

① 定位：利用前述的 B-树的查找方法查找关键字的插入位置。若找到，则说明该关键字已经存在，直接返回。否则，查找操作必失败于某个最低层的非终端结点上。

② 插入：判断该结点是否还有空位置，即判断该结点的关键字总数是否满足 $n<m-1$。若满足，则说明该结点还有空位置，直接把关键字 k 插入到该结点的合适位置上。

若不满足，说明该结点已没有空位置，需要把结点分裂成两个。分裂的方法是：生成一个新结点。把原结点上的关键字和 K 按升序排序后，从中间位置（即 $\lceil m/2 \rceil$ 之处）把关键字（不包括中间位置的关键字）分成两部分。左部分所含关键字放在旧结点中，右部分所含关键字放在新结点中，中间位置的关键字连同新结点的存储位置插入到双亲结点中。如果双亲结点的关键字个数也超过（$m-1$），则要再分裂，再往上插，直至这个过程传到根结点为止，这样 B-树增高一层。

B-树的生成就是从一棵空树开始，逐个插入关键字而得到的。

【例 8.6】在如图 8-19 所示的一棵 3 阶 B-树中，依次插入关键字 40、70 和 43。

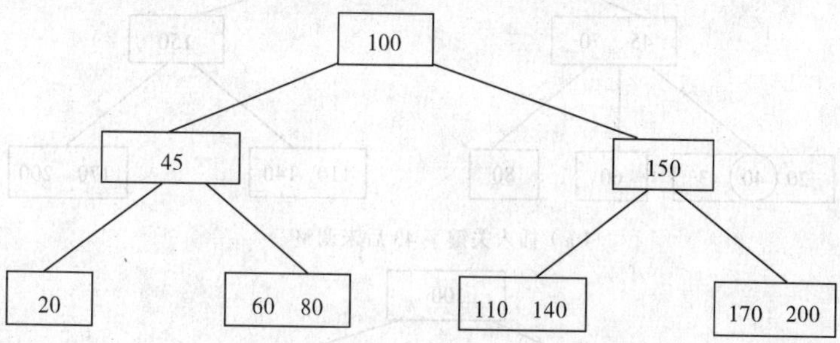

图 8-19　待插入关键字的 3 阶 B-树

① 插入 40：搜索到关键字为 20 的叶子结点，在其右侧插入关键字，插入后结点关键字为 2 个，不超过 $m-1=2$，符合 3 阶 B-树的性质要求，插入结果如图 8-20 所示。

② 插入 70：搜索到关键字为 60 的结点，在其右侧插入关键字 70，插入后结点序列（60，70，80），其中关键字为 3 个大于 $m-1=2$，不符合 3 阶 B-树的性质要求，需要将该结点进行分裂。70 上升至 60 和 80 的父亲结点构成序列（45,70），60 和 80 单独成为结点。插入结果如图 8-21 所示。

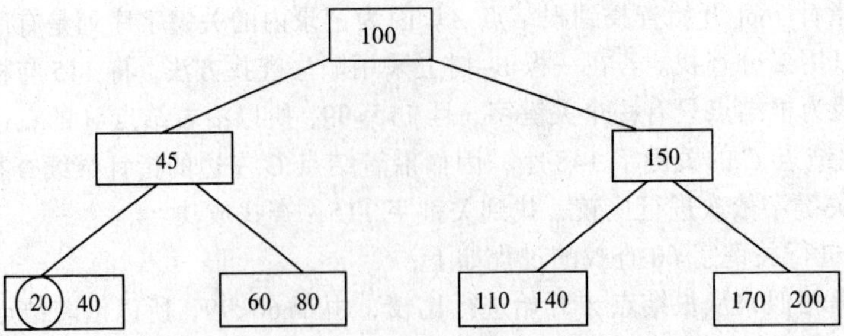

图 8-20　插入关键字 40 的图

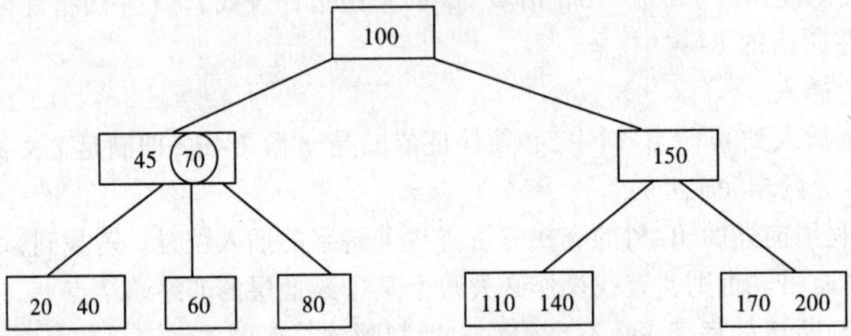

图 8-21　插入关键字 70 的图

③ 插入 43：搜索到关键字为 40 的叶子结点，在其右侧插入关键字 43，插入后结点后形成序列（20，40，43），其关键字为 3 个大于 m−1=2。图 8-22（a）所示为插入 43 之后未改变的效果，不符合 3 阶 B-树的性质要求，需要将结点进行分裂。中间数 40 上升至他们的父亲结点构成序列（40，45，70），20 和 43 单独成为结点。第一次分裂之后如图 8-22（b）所示。

然而由于分裂后结点形成的序列关键字为 3 个，因而需要再次进行分裂，结果如图 8-22（c）所示。

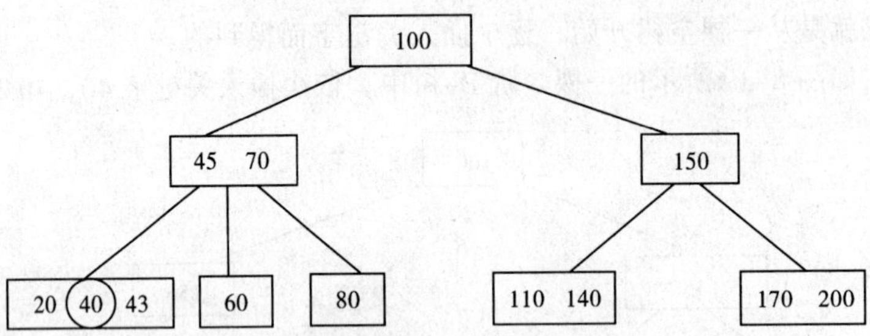

（a）插入关键字 43 后未调整

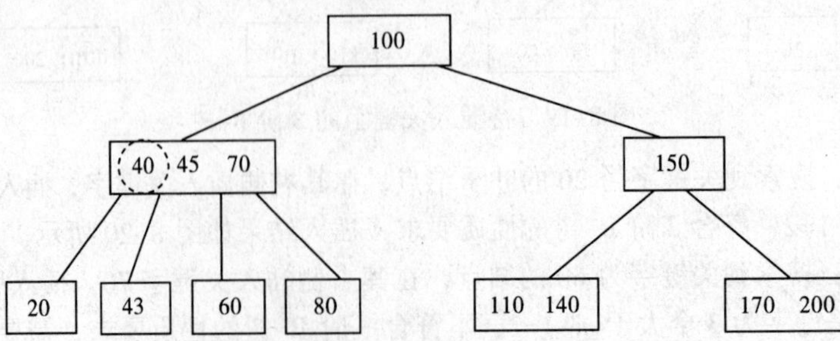

（b）插入关键字 43 后第一次分裂

图 8-22　插入关键字 43

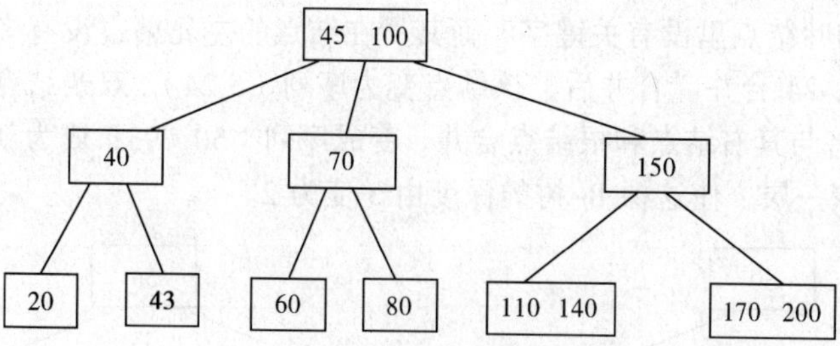

（c）插入关键字 43 后最终结果

图 8-22　插入关键字 43（续）

（3）B-树的删除

B-树的删除过程类似于插入过程，删除后同样要保证结点中的关键字个数$\lceil m/2 \rceil-1 \leqslant n \leqslant m-1$，且每个结点子树至少 2 棵满足 B-树的要求。

B-树的删除过程为：在 B-树上查找出关键字 K 所在的结点，然后根据 K 所在结点是否是叶子结点将有不同的处理方法。

① 在非最底层的非叶子结点删除关键字 K：若该结点不是最底层的非叶子结点，其中关键字 $K_i=K$，则用 A_i 所指子树中的最小关键字 X 来替代 K_i，X 必在最底层某个非叶子结点中，从而转化成在最底层非叶子结点上删除关键字。

② 在 B-树叶结点上删除一个关键字 K 的方法是：首先将要删除的关键字 K 直接从该叶子结点中删除，然后根据不同情况分别作相应的处理。共有 3 种可能情况：

如果被删关键字所在结点的原关键字个数 $n>\lceil m/2 \rceil-1$，说明删去该关键字后该结点仍满足 B-树的定义。这种情况最为简单，只需从该结点中直接删去关键字即可。

如果被删关键字所在结点的关键字个数 $n=\lceil m/2 \rceil-1$，说明删去该关键字后该结点将不满足 B-树的定义，需要调整。

此时若该结点的左（右）兄弟结点中关键字个数大于$\lceil m/2 \rceil-1$，则把该结点的左（右）兄弟结点中最大（或最小）的关键字上移到双亲结点中，同时把双亲结点中大于（或小于）上移关键字的关键字下移到要删除关键字的结点中。

如果左右兄弟结点中没有“多余”的关键字，这种情况比较复杂。需把要删除关键字的结点与其左（或右）兄弟结点以及双亲结点中分隔二者的关键字合并成一个结点。如果因此使双亲结点中关键字个数小于$\lceil m/2 \rceil-1$，则对此双亲结点做同样处理。以致于可能直到对根结点做这样的处理而使整个树减少一层。

【例 8.7】在图 8-23（a）所示的 3 阶 B-树中依次删除 52、55、30 这 3 个关键字。

① 图 8-23（a）所示的 3 阶 B-树中 $m=3$，按照 B-树要求，每个结点的关键字个数最少 1 个，最多为 2 个。

② 如图 8-23（b）所示，从图 8-23（a）中删除关键字 52。由于右兄弟有“多余”结点，则将其右兄弟结点中最小关键字 63 上移至双亲结点，将双亲中小于 63 的关键字 55 下移至被删关键字所在结点中。

③ 如图 8-23（c），从图 8-23（b）中删除关键字 55。关键字 55 所在结点仅有一个关键字，删除 55 之后就没有关键字了，其所在结点的右兄弟没有多余关键字，将其与右结点及双亲结点 63 合并。

④ 如图 8-23（d），从图 8-23（c）中删除关键字 30。同样关键字 30 结点只有一个关键字，

删除后使得包含它的叶结点里没有关键字，而其所在结点的左兄弟也没有多余的关键字，将其与左结点及双亲结点 24 合并。合并后，该结点变为序列（5,24），双亲结点变成无关键字，且不满足 B-树要求。将与其右结点和根结点合并，变成序列（50，93）成为新的根结点。而原根结点变空，B-树减少一层，使这棵 B-树的深度由 3 变为 2。

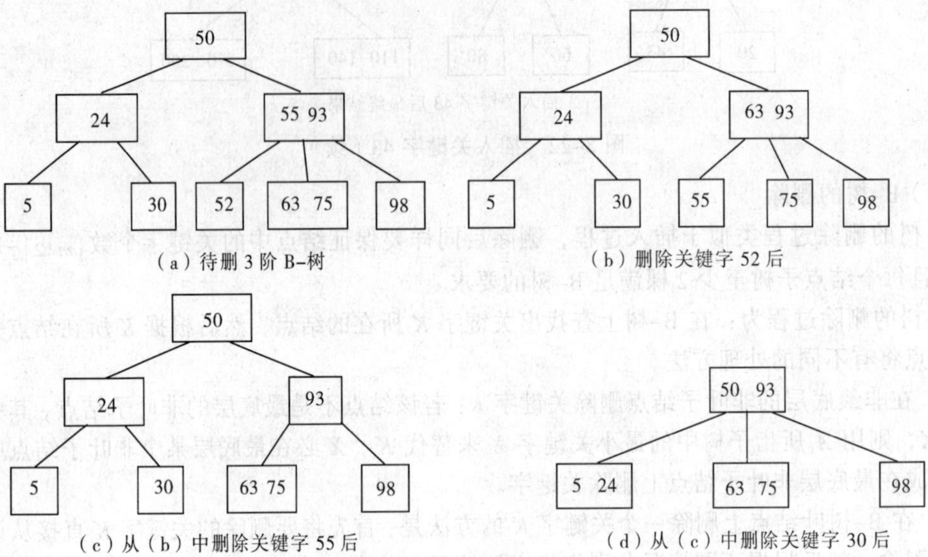

图 8-23　B-树的删除

2．B+树

B+树是应文件系统所需而出的一种 B-树的变型树。一棵 m 阶 B+树满足下列条件：

① 每个分支结点至多有 m 棵子树。

② 根结点或者没有子树，或者至少有两棵子树。

③ 除根结点外，其他每个分支结点至少有 $\lceil m/2 \rceil$ 棵子树。

④ 有 n 棵子树的结点有 n 个关键字。

⑤ 所有叶子结点包含全部关键字及指向相应记录的指针，而且叶子结点按关键字大小顺序链接（可以把每个叶子结点看成是一个基本索引块，它的指针不再指向另一级索引块，而是直接指向数据文件中记录）。

⑥ 所有分支结点（可看成是索引的索引）中包含它的各个子结点（即下级索引的索引块）中最大关键字及指向子结点的指针。

一棵 m 阶 B-树和 m 阶 B+树的差异在于：

① 在 B+树中，具有 n 个关键字的结点含有 n 棵子树，即每个关键字对应一棵子树，而在 B-树中，具有 n 个关键字的结点含有（n+1）棵子树。

② 在 B+树中，每个结点（除根结点外）中关键字个数 n 的取值范围是$\lceil m/2 \rceil \leqslant n \leqslant m$，根结点 n 的取值范围是 $2 \leqslant n \leqslant m$；而在 B-树中，除根结点外，其他所有非叶子结点的关键字个数 n：$\lceil m/2 \rceil -1 \leqslant n \leqslant m-1$，根结点 n 的取值范围是 $1 \leqslant n \leqslant m-1$。

③ B+树中的所有叶子结点包含了全部关键字，即其他非叶子结点中的关键字包含在叶子结点中，而在 B-树中，关键字是不重复的。

④ B+树中所有非叶子结点仅起到索引的作用，即结点中的每个索引项只含有对应子树的

最大关键字和指向该子树的指针，不含有该关键字对应记录的存储地址。而在 B-树中，每个关键字对应一个记录的存储地址。

⑤ 通常在 B+树上有两个头指针，一个指向根结点，另一个指向关键字最小的叶子结点，所有叶子结点链接成一个不定长的线性链表。

图 8-24 所示为一棵 4 阶 B+树，其中叶子结点的每个关键字下面的指针表示指向对应记录的存储位置。通常 B+树上有两个头指针，一个指向根结点，即为图中 root，另一个指向关键字最小的叶子结点，即为图中 sqt。

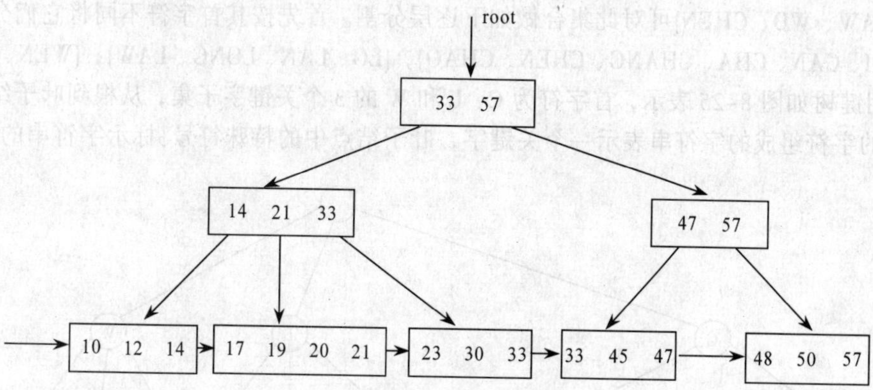

图 8-24 一棵 4 阶 B+树

（1）B+树的查找

B+树的查找可以采用两种查找方式，一种是直接从最小关键字开始进行顺序查找，另一种就是从 B+树的根结点开始进行随机查找。这种查找方式与 B-树的查找方法相似，只是在分支结点上的关键字与查找值相等时，查找并不结束，要继续查到叶子结点，此时若查找成功，则按所给指针取出对应记录即可，因此在 B+树中，不管查找成功与否，每次查找都是经过了一条从树根结点到叶子结点的路径。

（2）B+树的插入

B+树的插入仅在叶子结点中插入关键字。先找到插入的结点，当插入后结点中的关键字个数大于 m 时要分裂成两个结点，它们所含关键字个数分别为$\lceil (m+1)/2 \rceil$和$\lfloor (m+1)/2 \rfloor$，同时要使得它们的双亲结点中包含有这两个结点的最大关键字和指向它们的指针。若双亲结点的关键字个数大于 m，应继续分裂，依次类推。

（3）B+树的删除

B+树的删除仅在叶子结点进行，当叶子结点中最大关键字被删除时，分支结点中的值可作为“分解关键字”存在。若因删除操作而使结点中关键字个数少于$\lceil m/2 \rceil$时，则从兄弟结点中调剂关键字或兄弟结点合并，其过程和 B-树相似。

8.3.2 键树

键树又称为数字查找树（Digital Search Trees）。它是一棵度大于 2 的多叉树，树中每个结点并不代表一个关键字或元素，而只代表字符串中的一个字符。例如，它可以表示数字串中的一个数位，或单词中的一个字母等。根结点不代表任何字符，根以下第一层的结点对应于字符串的第一个字符，第二层的结点对应于字符串的第二个字符……每个字符串可由一个特殊的字符如“$”等作为字符串的结束符，用一个叶子结点来表示该特殊字符。把从根到叶子的路径上，所有结点（除根以外）对应的字符连接起来，就得到一个字符串。因此，每个叶子结点对应一个关键字。在叶子结点还可以包含一个指针，指向该关键字所对应的元素。整个字符串集合中的字符串的数目等于叶子结点的数目。如果一个集合中的关键字都具有这样的字符串特性，那么，该关键字集合就可采用这样一棵键树来表示。事实上，还可以赋予“字符串”更广泛的含义，它可以是任何类型的对象组成的串。

加入有如下 13 个关键字的集合{CAI、CAN、LG、LAN、CHA、CHANG、WEN、CHAO、LONG、WANG、LAW、WO、CHEN}可对此集合做如下逐层分割。首先按其首字符不同将它们分成 3 个子集：{CAI、CAN、CHA、CHANG、CHEN、CHAO}，{LG、LAN、LONG、LAW}，{WEN、WANG、WO}。使用键树如图 8-25 表示，首字符为 C、L 和 W 的 3 个关键字子集，从根到叶子结点路径中的结点的字符组成的字符串表示一个关键字，叶子结点中的特殊符号$标示字符串的结束。

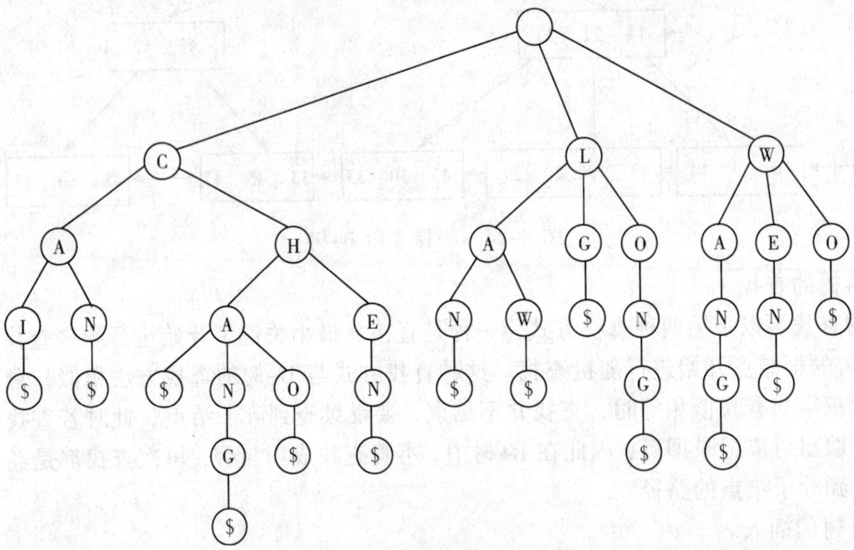

图 8-25　关键字集键树

为了查找和插入方便，键树中字符是有序的，同一层中兄弟结点之间依所含符号自左向右有序，并约定结束符$小于任何字符。

键树的存储方式有以下两种形式：

① 双链树存储：以树的孩子兄弟链表来表示键树，则每个分支结点包括 3 个域：一个域是存储关键字的一个字符；第二个域是存储指向第一棵子树根的指针；第三个域用来存储指向右兄弟的指针。同时叶子结点中存储指向该关键字记录的指针。

② Trie 树：以树的多重链表表示键树。从键树中某个结点到叶子结点的路径上每个结点都只有一个孩子，则可将该路径上的所有结点压缩成一个“叶子结点”，且在该叶子结点中存储关键字及指向记录的指针等信息。

双链树和 Trie 树是键树的两种不同表示方法，它们有各自的特点，当键树中结点的度较大时，采用 Trie 树结构更为合适。虽有不同，但两种方式的查找过程都是从根结点出发，走了一条从根到叶子的路径，其查找时间依赖于树的深度。由于树表主要用做文件索引，因此结点的存取还涉及外部存储设备的特性。

小 结

树（Tree）是具有 n（$n \geq 0$）个结点的有限集合 T。如果 T 为空，其为空树，否则 T 中有且仅有一个结点没有前驱，有零个或多个后继，这个结点为根结点，其余结点分成 m（$m>0$）个互不相交的集合，每个集合本身又是一棵树。

结点的度就是结点拥有子树的个数，树内各结点的度最大值称为树的度，叶子结点没有后继，除了叶子结点和根结点以外的结点为分支结点。结点子树的根称为该结点的孩子结点，此结点又称为双亲结点，具有同一个双亲的结点被称为兄弟结点。树是有层次的，树中结点最大层次称为树的深度。

若干棵树的集合称为森林。

树有 3 种表示法：直观表示法、嵌套集合表示法和凹入表示法。

树的基本操作有多种，比如构造树（CreateTree）、求树根（Root）、求双亲（Parent）和遍历树（TraverseTree）等。

树的存储方式有 3 种：双亲表示法、孩子表示法和孩子兄弟表示法。

树可以转换成二叉树，森林也可以转换成二叉树。

树的遍历方法有先序遍历和后序遍历两种，森林的遍历方法也有先序遍历和后序遍历两种。

树表上的动态查找为 B-树、B+树和键树为树形结构上的应用，其概念、插入和删除有一定深度，较难理解。

思考与练习

一、单选题

1. 设树 T 的度为 4，其中度为 1、2、3、4 的结点个数分别为 4、2、1、1，则 T 中的叶子树为（　　）。

   A. 5　　B. 6　　C. 7　　D. 8

2. 树的先序遍历与（　　）等价。

   A. 二叉树的前序遍历　　B. 二叉树的中序遍历

   C. 二叉树的后序遍历　　D. 树的后序遍历

3. 树最适合用来表示（　　）。

   A. 有序数据元素　　B. 元素之间具有分支层次关系的数据

   C. 无序数据元素　　D. 元素之间无联系的数据

4. 树的基本遍历策略可分为先序遍历和后序遍历；二叉树的基本遍历策略可分为先序遍历、中序遍历和后序遍历。若把由树转化得到的二叉树叫做这棵树对应的二叉树，下列结论正确的是（　　）。

   A. 树的先序遍历序列与其对应的二叉树的后序遍历序列相同

   B. 树的后序遍历序列与其对应的二叉树的后序遍历序列相同

   C. 树的先序遍历序列与其对应的二叉树的中序遍历序列相同

   D. 以上都不对

5．树中所有结点的度等于所有结点数加（　　）。

A．0　　　　B．1　　　　C．-1　　　　D．2

二、填空题

1．除根结点以外，树中每个结点有________个前驱，________个后继。

2．如图 8-26 所示的树有________个叶结点，有________个分支结点，度为________，*A* 结点的兄弟是________。

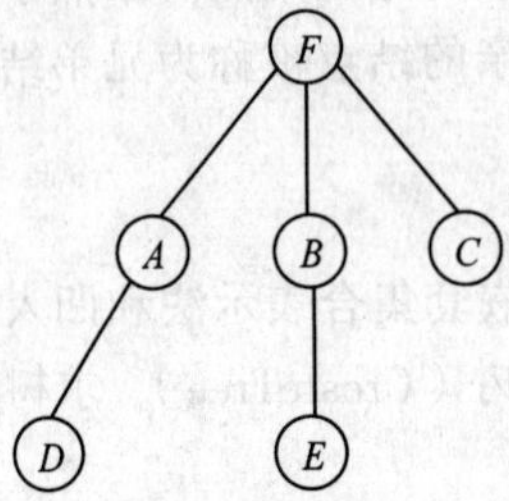

图 8-26　树

3．树的存储结构主要有________、________和________。

4．对于一棵具有 *n* 个结点的树，该树中所有结点的度数之和为________。

5．一棵树的广义表表示为 a(b(c,d(e,f),g(h)),i(j,k(x,y))),结点 d 和 x 的层数分别为________和________。

三、综合题

1．如图 8-27 所示的一棵树，请把它转换成二叉树。

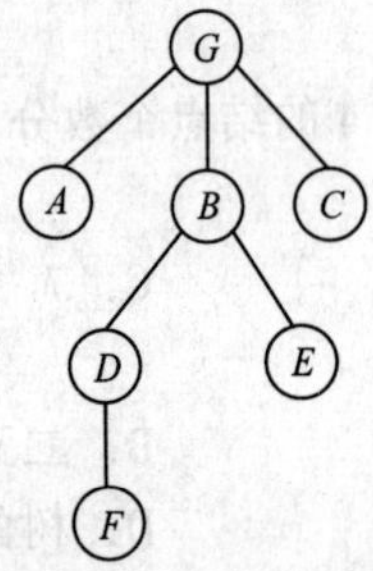

图 8-27　树

2．试编写算法，对一棵以孩子—兄弟链表表示的树统计叶子的个数。

Ⅲ 复杂结构

第 9 章　图

【内容提要及教学目标】

图是一种多对多的非线性结构，能够描述比线性表和树更为复杂的数据关系，在现实生活的多个领域中有着广泛的应用。本章主要介绍图的基本概念、图的存储结构和图的常用算法。通过本章学习，读者应该掌握以下内容：

- 了解图的定义和术语。
- 掌握图的各种存储结构。
- 掌握图的深度优先搜索和广度优先搜索遍历算法。
- 理解最小生成树、最短路径、拓扑排序、关键路径等图的常用算法。

【本章重点及难点】

掌握图的定义和特点以及图的存储结构和遍历方法。求解生成树、最短路径、拓扑排序、关键路径问题的解决有一定的难度，需要对相关算法进行深入分析。

9.1 “城际铁路”实例

【实例目的】

图常用来表示较为复杂的数据关系，运用图及其相关算法可以简单地描述并解决现实生活中复杂的问题。

【实例内容】

假设要在 6 个城市之间建立城际铁路，每两个城市之间建立一条城际铁路需要一定的成本。在节省整体建设经费的前提下，建立 6 个城市之间的城际铁路形成交通网，使得 6 个城市能互通，6 个城市之间关系及城际铁路成本如图 9-1 所示。

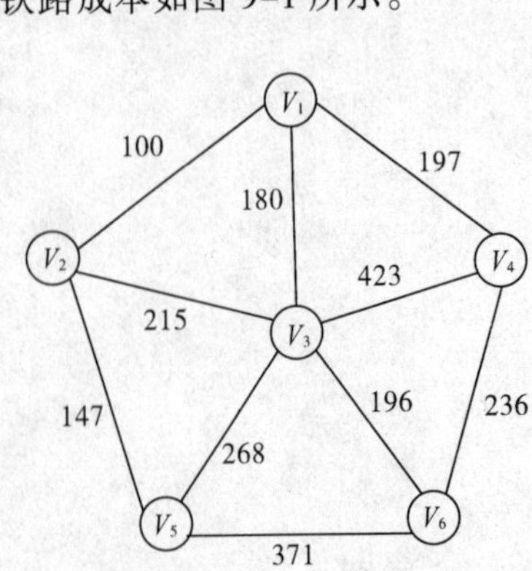

图 9-1　城际铁路

【实例步骤】

对于图 9-1 来说，这类问题是典型的最小生成树的求解。在考虑到整体成本的情况下，求出成本最小，而又能将 6 个城市连通的解。

① 设计函数 ctnet()求城际铁路网络的最小生成树，得到整体造价最小的线路，即路径最小的连通图，函数代码界面如图 9-2 所示。

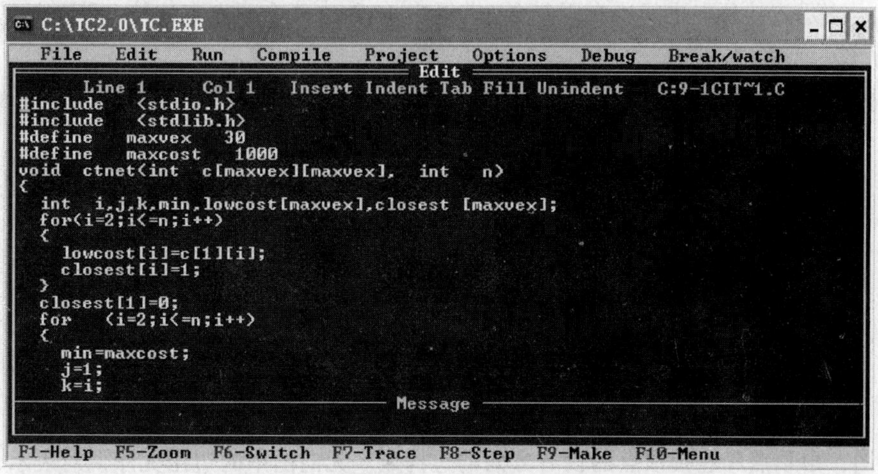

图 9-2　求最小生成树函数代码界面

② 在主程序中使用数组存储图中数据，调用最小生成树函数后求得结果，如图 9-3 所示。

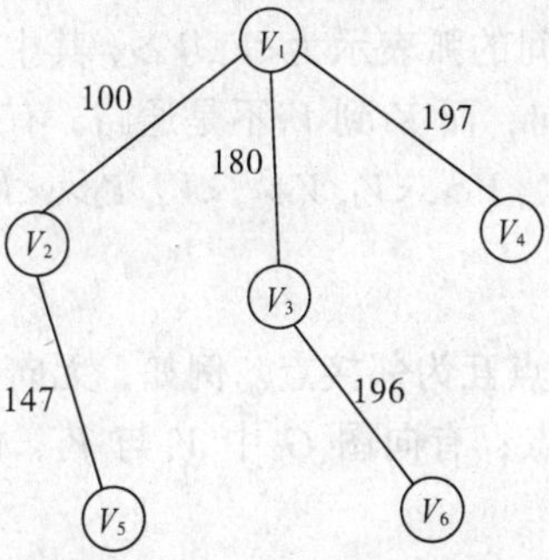

图 9-3　城际铁路最小生成树

9.1.1　图的定义和术语

城际铁路是图的一种典型应用。此外，在众多的实际问题中，图结构有着广泛的应用，比如最优路径选择、信息系统查询等。

图与前些章节介绍的线性结构和树形结构有所不同。在线性结构中，结点之间是一对一的关系，除开始结点和终端结点外，每个结点只有一个直接前驱和直接后继。在树形结构中，结点之间是一对多关系，除根结点外，每个结点有且只有一个父亲结点（直接前驱），孩子结点（直接后继）可以有零个或多个。而图结构中，任意一个结点（图中常称为顶点）可以有多个前驱结点和多个后继结点，个数没有限制，且任意两个结点之间都可以有关系。

1. 图的定义

图 G 是由顶点集合和连接这些顶点的边组成的，即

$$G=(V,\quad E)$$

V(Vertex)表示图中数据元素，又称为顶点的集合，是有穷非空集合。集合 V 中第 i 个顶点将记作 V_i。

E(Edge)表示连接顶点之间边有限集合。若图中 V_i 和 V_j 两个顶点有连接，则该边应在集合 E 中记为(V_i, V_j) 或$<V_i, V_j>$。

图可分为有向图和无向图，如图 9-4 所示。

（a）无向图 G_1　　（b）有向图 G_2

图 9-4　无向图 G_1 和有向图 G_2

无向图：由顶点和连接顶点的没有方向的边构成。无向图中的边用无序偶对表示，比如无向图 G_1 中顶点 V_1 与 V_4 之间的边表示为(V_1, V_4)或(V_4, V_1)都可以。图 G_1 中顶点集合 $G=\{V_1, V_2, V_3, V_4\}$，共有 4 条边，边的集合 $E=\{(V_1, V_2), (V_1, V_4), (V_2, V_4), (V_3, V_4)\}$。

有向图：由顶点和连接顶点的有方向的边构成。有向图中的边称为弧，用有序偶对表示；比如有向图 G_2 中，顶点 V_1 到 V_4 之间的弧表示为$<V_1, V_4>$，其中起始端点 V_1 称为弧尾，终止端点 V_4 称为弧头，意味着 V_1 到 V_4 是单向，而 V_4 到 V_1 不是通路。有向图 G_2 中顶点集合 $G=\{V_1, V_2, V_3, V_4\}$，共有 4 条弧，弧的集合 $E=\{<V_1, V_2>, <V_1, V_4>, <V_4, V_2>, <V_4, V_3>\}$。

2. 常用术语

邻接点：图中存在连接的两个点互为邻接点。例如，无向图 G_1 中，V_4 与 V_1、V_2、V_3 之间存在边，V_4 与 V_1、V_2 、V_3 互为邻接点；有向图 G_2 中 V_1 与 V_2、V_4 之间存在起点为 V_1 的弧，V_1 的邻接点为 V_2、V_4。

① 完全图：图中任意顶点之间均有联系，则 n 个顶点的无向完全图含有 $n(n-1)/2$ 条边，如图 9-5（a）所示。n 个顶点的有向完全图含有 $n(n-1)$条边，如图 9-5（b）所示。

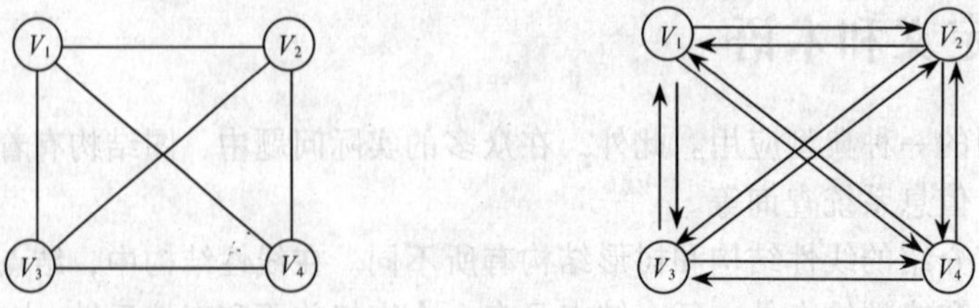

（a）无向完全图　　（b）有向完全图

图 9-5　完全图

若一个图接近完全图则称为稠密图，但一个图含有的边（弧）数很少则称为稀疏图。

② 权：指图的边或弧附带数值。权可表示一个顶点到另一顶点的距离、代价或时间等。图 9-1 所示为带权图或网。

③ 度：与该顶点 V 相连接的边（弧）数称为顶点 V 的度（Degree），记为 $D(V)$。图 9-5（a）无向图中顶点 V_1 的度 $D(V_1)=3$。有向图中顶点度为入度和出度之和，顶点 V 的入度（Indegree）是以顶点 V 为终止端点的弧的数目，记为 ID(V)；顶点 V 的出度（Outdegree）是以顶点 V 为起始端点的弧的数目，记为 OD(V)。图 9-5（b）有向图中顶点 V_1 的入度 ID 为 3，出度 OD 为 3，则顶点 V_1 的度 $D(V_1)$=ID(V_1)+OD(V_1)=6。

由此可推论出，无向图和有向图中所有顶点的度之和是图中所有边（弧）数的两倍。

④ 路径：在图中，从顶点 V_i 出发，经过一系列的边（弧）能够到达顶点 V_j，则称顶点 V_i 到顶点 V_j 的路径，路径中所有边（弧）都应在该图的边（弧）集合 E 中。路径上边或弧的数目就称为路径长度，在图 9-5（a）中 G_1 的顶点 V_1 到 V_3 有两条路径，分别是“V_1、V_2、V_3、V_4”和“V_1、V_4、V_3”，它们的路径长度分别为 3 和 2。

⑤ 简单路径：若路径中顶点没有重复出现，则称这条路径为简单路径。在图 9-5（a）中 G_1 顶点 V_1 到 V_3 的路径“V_1、V_3”、“V_1、V_2、V_3”和“V_1、V_4、V_3”都是简单路径。

⑥ 回路：若第一个顶点和最后一个顶点相同，则这条路径是一条回路，或称为环。在图 9-5（a）中 G_1 的路径“V_1、V_4、V_2、V_1”就是回路。

⑦ 子图：对于图 $G=(V, E)$ 和图 $G'=(V',E')$，若 $V'\subseteq V$ 且 $E'\subseteq E$，则称 G' 为 G 的子图。图 9-6 所示的图为图 9-5（a）的子图。

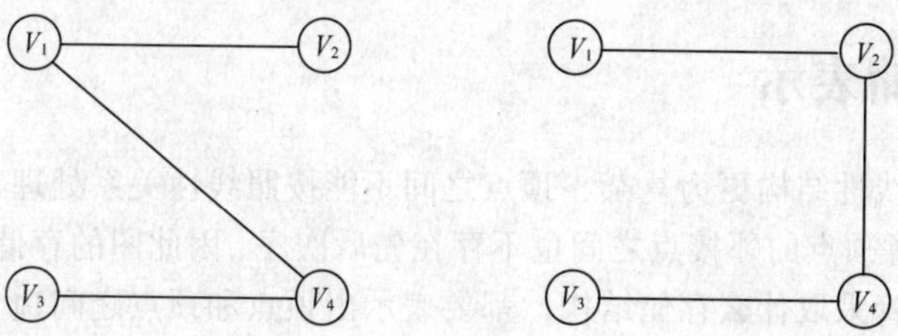

图 9-6 子图

⑧ 连通图：在无向图中，如果从顶点 V_i 到顶点 V_j 有路径，则称 V_i 和 V_j 连通。如果图中任意两个顶点之间都连通，则称该图为连通图。否则，在非连通图中，将其极大连通子图称为连通分量，如图 9-7（a）所示。

在有向图中，如果对于每一对顶点 V_i 和 V_j，从 V_i 到 V_j 和从 V_j 到 V_i 都有路径，则称该图为强连通图。否则，将其中极大的连通子图称为强连通分量，如图 9-7（b）所示。

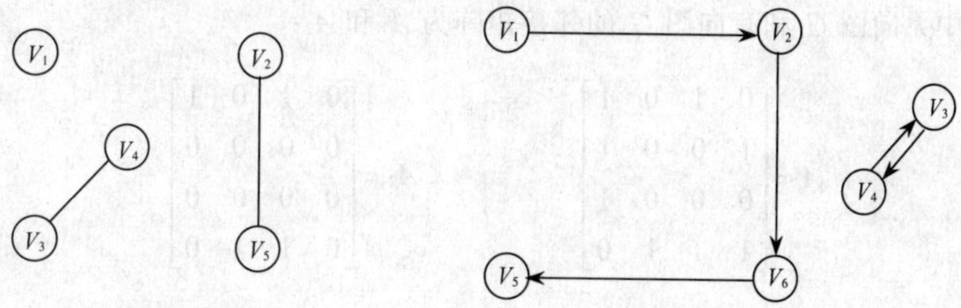

（a）连通分量　　（b）强连通分量

图 9-7 连通分量和强连通分量

3．图的基本操作

① 创建一个图结构 CreateGraph(G)：按定义由顶点和弧构成图结构 G。

② 检索给定顶点 LocateVex(G, x)：返回指定顶点 x 在图 G 中的位置。

③ 获取图中某个顶点 GetVex(G, v)：返回图 G 中顶点 V 的值。

④ 为图中顶点赋值 PutVex(G, V,X)：将 X 赋值给图 G 中的顶点 V。

⑤ 返回第一个邻接点 FirstAdjVex(G, V)：返回图 G 中顶点 V 的第一个邻接点。

⑥ 返回下一个邻接点 NextAdjVex(G, V, W)：返回图 G 中顶点 V 的下一个邻接点。

⑦ 插入一个顶点 InsertVex(G, V)：在图 G 中增添新顶点 V。

⑧ 删除一个顶点 DeleteVex(G, V)：在图 G 中删除顶点 V 及其相关的弧。

⑨ 插入一条边 InsertEdge(G, V, V)：在图 G 中为顶点 V 增添新边 W。

⑩ 删除一条边 DeleteEdge(G, V, V)：在图 G 中为顶点 V 删除边 W。

⑪ 深度优先遍历图 DFSTraverse(G, visit())：对图进行深度优先遍历。在遍历过程中调用 visit 一次，一旦 visit 失败，则操作失败。

⑫ 广度优先遍历图 BFSTraverse(G, visit())：对图进行广度优先遍历。在遍历过程中调用 visit 一次，一旦 visit 失败，则操作失败。

图的基本操作不再详细介绍了，在以上的多个操作中，要注意有向图和无向图的区别。例如，插入一条边操作，无向图中插入一条边，需要插入对称的两条边(V, W)和(W, V)；而有向图则只需要按题意插入单向<V, W>弧。删除操作也是类似。

9.1.2 图的存储表示

图的结构相对于线性结构更为复杂，顶点之间不能按照线性关系处理，任何一个顶点可看做第一个顶点，而任意顶点的邻接点之间也不存在先后次序，因此图的存储方式可以多种多样。从图的定义可知，不管采取什么存储结构，都要表示出顶点和顶点之间边（弧）的相关信息。

图的两种基本存储方式：邻接矩阵和邻接表。

1．图的顺序存储——邻接矩阵

邻接矩阵是表示顶点之间相邻关系的矩阵。图 G=(V, E)具有 n 个顶点，其中 V={ V_1, V_2,⋯ V_{n-1}, V_n }。G 的邻接矩阵是一个具有下述性质的 n 阶方阵 A:

$$A[i][j]=\begin{cases}1 & (v_i,v_j)\text{ 或 }<v_i,v_j>\ \in E\\ 0 & \text{其他情况}\end{cases}$$

在图 9-4 中无向图 G_1 和有向图 G_2 的邻接矩阵为 $\boldsymbol{A}_1$ 和 $\boldsymbol{A}_2$：

$$\boldsymbol{A}_1=\begin{bmatrix}0&1&0&1\\1&0&0&1\\0&0&0&1\\1&1&1&0\end{bmatrix}\qquad \boldsymbol{A}_2=\begin{bmatrix}0&1&0&1\\0&0&0&0\\0&0&0&0\\0&1&1&0\end{bmatrix}$$

在邻接矩阵中可以通过其值判断出两个顶点之间是否有边（弧）相连。由于无向图的边是没有方向的，因而无向图的邻接矩阵是对称矩阵，比如上述矩阵中的 $\boldsymbol{A}_1$。有向图中弧是有方向的，所以有向图的邻接矩阵并不一定对称。但是，从有向图的邻接矩阵第 i 行元素之和，可以得出 V_i 的出度；第 i 列元素之和，可以得出 V_i 的入度。

用邻接矩阵表示法来表示一个具有 n 个顶点的图时，除了用邻接矩阵 $n \times n$ 个元素存储顶点间相邻的关系外，还需要一个数组存储 n 个顶点的信息。类型定义如下：

```
#define maxnode 100                          /* 最大顶点个数 */
typedef struct
{
  int arcs[maxnode] [maxnode];               /* 邻接矩阵 */
  datatype data[maxnode];                    /* 顶点信息 */
  int vex;                                   /* 顶点数 */
}MGraph,*adjmatrix;
```

根据邻接矩阵定义，可以给出网的邻接矩阵。网 $G=(V, E)$ 具有 n 个顶点，其中 $V=\{ V_1, V_2,\cdots V_{n-1}, V_n \}$。$G$ 的邻接矩阵是一个具有下述性质的 n 阶方阵 $\boldsymbol{A}$：

$$\boldsymbol{A}[i][j]=\begin{cases} w_{ij} & (v_i, \mathrm{v_j}) \text{或} < v_i, v_j > \ \in E \\ 0\text{或}\infty & \text{其他情况} \end{cases}$$

其中，w_{ij} 表示边上的权值，∞ 表示一个计算机允许的、大于所有边上的权值的数，0 表示没有连接，如图 9-8 所示。

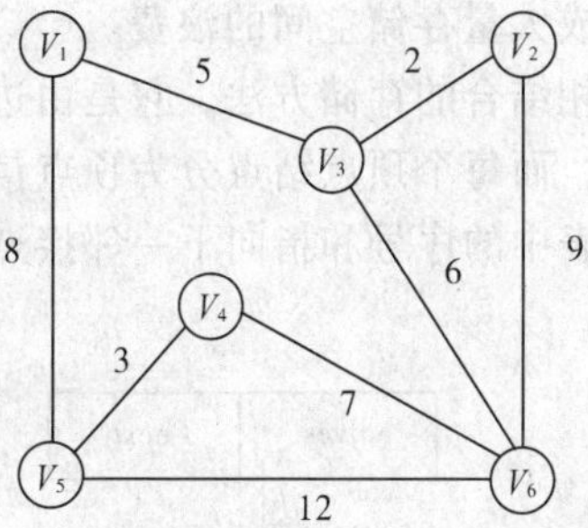

（a）无向网

$$\boldsymbol{A}=\begin{bmatrix} 0 & \infty & 5 & \infty & 8 & \infty \\ \infty & 0 & 2 & \infty & \infty & 9 \\ 5 & 2 & 0 & \infty & \infty & 6 \\ \infty & \infty & \infty & 0 & 3 & 7 \\ 8 & \infty & \infty & 3 & 0 & 12 \\ \infty & 9 & 6 & 7 & 12 & 0 \end{bmatrix}$$

（b）网的邻接矩阵

图 9-8 网及其邻接矩阵

网的邻接矩阵类型定义与图是一样的，只是边的信息不再只是 0 或 1，需要带上边的权值。

【例 9.1】使用邻接矩阵存储一个无向图的信息，设计程序查找给定顶点 V_m 的第一个邻接点，返回其序号值。

【解析】设定该无向图中有 n 个顶点，顶点信息由数组 z 存储，顶点之间的关系由数组 w 存储。顶点的序号与数组中的下标相对应，下标为 0 不存储顶点信息。因而顶点 V_m 序号应为 m。

（1）建立该无向图的邻接矩阵

```
#define maxnode 100
Void Creatadjmatrix(adjmatrix g , int w[ ] [maxnode ], datatype z[], int n)
{
  int i,j;
  g->vex=n;
  for (i =0;i<n;i++)
  {
```

```
    g->data[i]=z[i];
    for(j=0,j<n;j++)
    g->arcs[i][j]=w[i][j];
  }
}
```

（2）找到指定顶点 V_m 并取得其第一个邻接点

```
int Firstnext(adjmatrix g , int n)
{
  int i ;
  if (m<0 || m>g->vex )
    return 0;
  for (i=0; i< g->vex, i++)
    if (g->arcs[m][i]= =1)
      return i;
}
```

2. 图的链式存储——邻接表

图的邻接矩阵存储法是一种静态存储法，建立存储结构之前，顶点的个数需要先进行声明。由于矩阵大小不能动态改动，图中不能增加或删除顶点，而且当图边数远小于图定点数时，邻接矩阵就变成稀疏矩阵，再使用该方法存储，必然造成大量存储空间的浪费。

邻接表是图的一种顺序存储结构和链式存储结构相结合的存储方法，它是由边表和顶点表组成。顶点表中存储顶点的结点是由一维数组来实现，而每个顶点结点分为顶点信息和指向该顶点边表的头指针。边表结点结构分为邻接点在顶点表中的序号和指向下一邻接点的指针，如图 9-9 所示。

（a）顶点表的结点结构　　（b）边表的结点结构

图 9-9　邻接表结构

综上所述，图的邻接表类型定义如下：

```
#define maxnode 100
struct arcnode                          /* 边表结点类型 */
{
  int adjvex;                           /* 顶点在数组中的序号 */
  struct arcnode *next;                 /* 指向下一邻接点 */
};
typedef struct                          /* 顶点表结点类型 */
{
   datatype vex;                        /* 顶点的值 */
   arctype *link;                       /* 边表头指针 */
} adjlist, *lists;
typedef   adjlist   g[maxnode];         /* 邻接表类型 */
```

图 9-4 中无向图 G_1 的邻接表如图 9-10 所示。

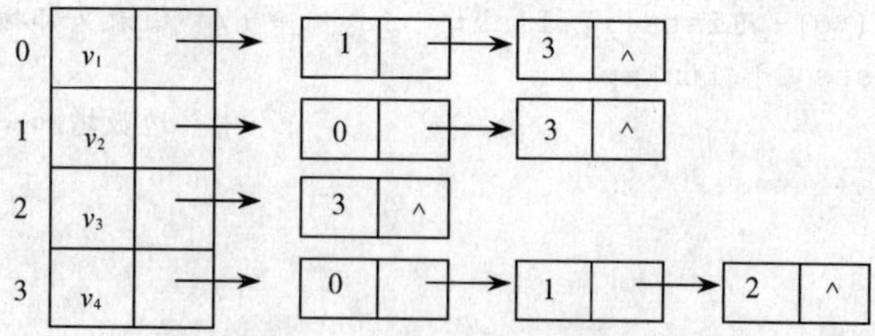

图 9-10　无向图 G_1 的邻接表

无向图不用考虑边的方向，因而只有一个邻接表。而有向图中弧是有方向的，因此有向图的邻接表是考虑入度和出度得到逆邻接表。图 9-4 中有向图 G_2 的邻接表和逆邻接表如图 9-11 所示。

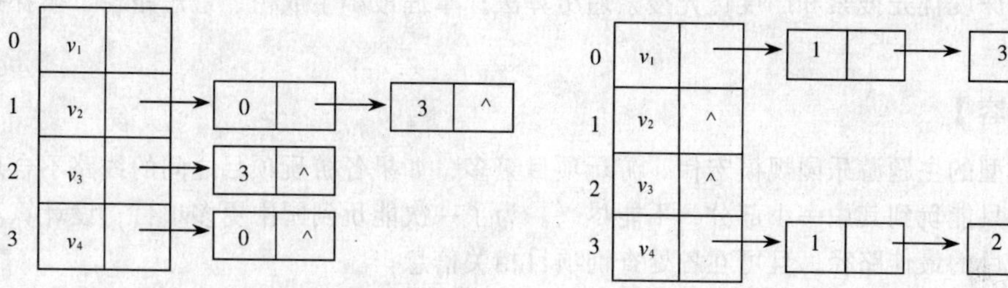

（a）邻接表　　（b）逆邻接表

图 9-11　有向图 G_2 的邻接表和逆邻接表

【例 9.2】将例 9.1 邻接矩阵存储的无向图转换为邻接表存储的无向图。

【解析】图的存储方式可以有邻接矩阵和邻接表两种。虽然存储方式不同，但存储的图中顶点和顶点之间边信息都是完全一致的。因而本例中可以对比两种不同存储方式在记录顶点和边的信息方式上的区别。

该无向图中仍为 n 个顶点，使用邻接矩阵存储时，顶点信息由数组 g 存储，顶点之间的关系由数组 w 存储。

```
#define maxnode 100
void Creatadjlist(adjlist *g , int w[maxnode ] [maxnode], int n)
{
  int i ,j;
  int count;                          /* 累计图中的边数 */
  struct arcnode * p;
  *g=(adjlist)malloc(sizeof(adjlist));
  (*g)->link=0;
  (*g)->vex=n;
  for (i=0, i<n, i++)
  {
   (*g)->lists[i].link=NULL;                /* 边表头指针初始化 */
   for (j=n-1, j>=0, j--)
   if  (w[i][j]!=0)
   {
    p=( struct arcnode *)malloc(sizeof(struct arcnode));
    p->adjvex=j;
```

```
            p->next=(*g)->lists[i].link;          /* 链表头部插入新结点 */
            (*g)->lists[i].link=p;
            count++;                              /* 边数增加一条 */
        }
      }
    }
```

9.2 “游乐园路线”实例

【实例目的】

掌握图的深度优先搜索和广度优先搜索遍历算法；掌握最小生成树、最短路径、拓扑排序的常用算法。

【实例内容】

新一代大型的主题游乐园规模宏伟、游玩项目繁多，如果各游玩项目之间的线路不合理规划，一次进园只能玩到其中一小部分，不能尽兴。为了一次能玩到园中更多项目，设计算法并寻找到所有项目的最佳路径，且可在各处查询项目相关信息。

【实例步骤】

主题游乐园中各个游玩的项目和线路之间是一种图的关系结构。每个游玩项目作为图中的每个顶点，项目之间的路径为图的边，边上的权值看成项目之间的距离，如图 9-12 所示。

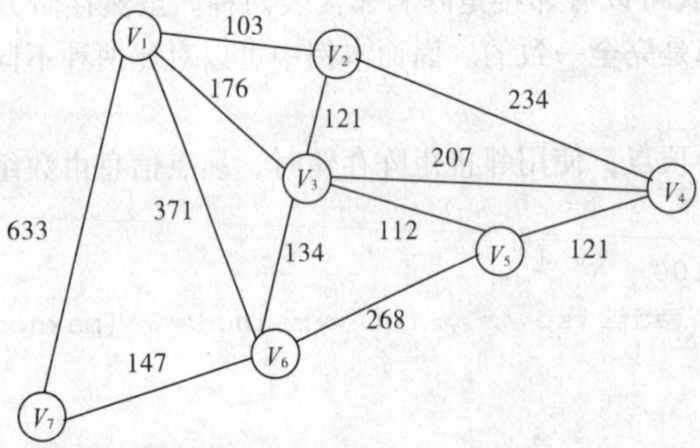

图 9-12　游乐园示意图

① 如果将游乐园中所有项目都游玩一遍，可利用最小生成树的求解函数得到：图 9-12 中每个顶点都连通且所经过的顶点路径长度是最短的路径。由于游玩项目较多，为了方便游客，还可在任意位置查询项目名称，编写查询代码，如图 9-13 所示。

② 在主函数运行中输入游乐园各点之间的路程长度，调用相关函数，计算出结果，代码界面如图 9-14 所示。

【实例相关知识点】

图主要包括的是顶点与顶点之间的关系，不仅是单个顶点之间的权值大小，而且还包括在整个图中顶点之间是否连通等。下面将介绍图的遍历、图的最小生成树和最短路径等。

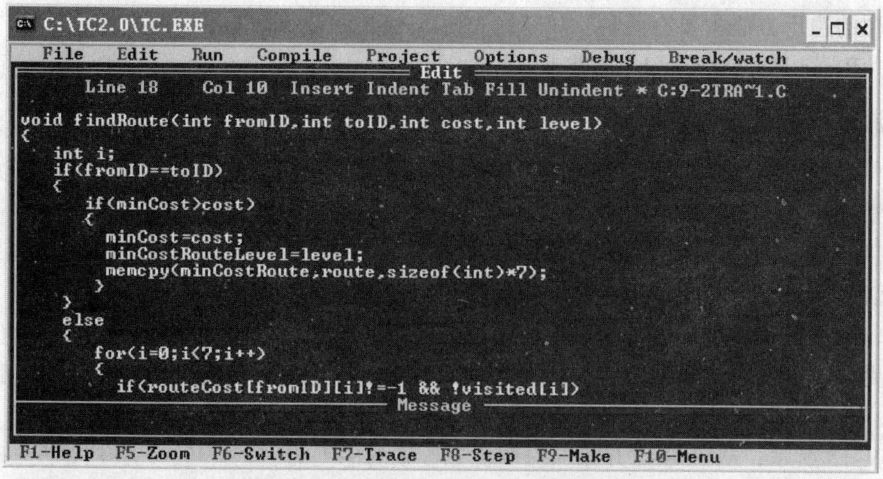

图 9-13　游乐园路线查询函数代码

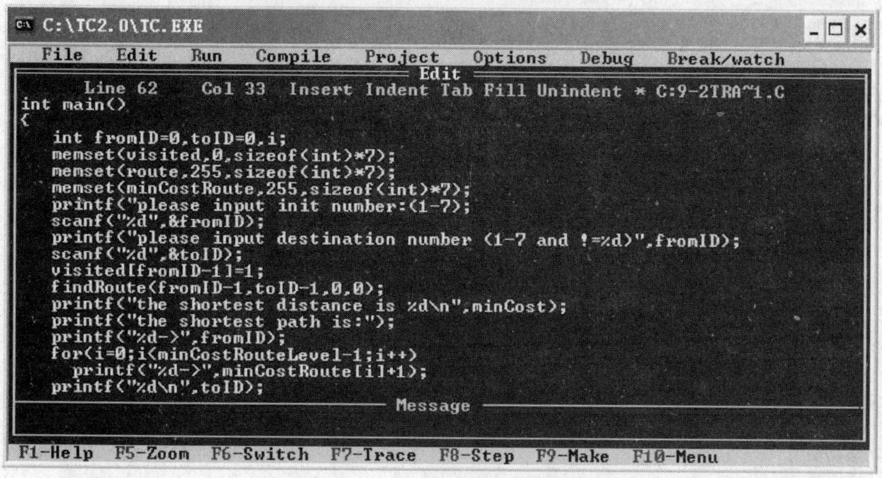

图 9-14　程序主函数界面

9.2.1　图的遍历

与树的遍历类似，图的遍历从其中一个顶点出发访问图中所有顶点，每个顶点都要被访问且只访问一次。图的遍历是图的运算中较为重要的运算，其他运算都以图的遍历运算为基础，比如求连通分量、最小生成树、最小路径问题。现实生活中图的实例数不胜数，比如旅游路线、城市洒水车等。

图的遍历算法是设定从某一顶点出发，按照指定的方法把图中其余顶点各访问一次。因而图的遍历结果并不唯一，不同出发点，路径将有所不同。

图中任一顶点都可能和其余顶点相邻接，遍历过程中容易多次访问一个顶点，所以对于已经访问过的顶点设置数组 visited[*n*]，标志顶点是否被访问过。顶点标志 visited[*i*]为 1，则顶点 V_i 已被访问过；顶点标志 visited[*i*]为 0，则顶点 V_i 未被访问过。

若图为非连通图，则将出现起始点无法到达其他结点的情况，需要做更深入的研究。本章主要介绍连通图的遍历方法。

连通图的遍历方法主要有两种：深度优先搜索遍历（Depth-First Search，DFS）和广度优先搜索遍历（Breadth-First Search，BFS）。

1. 深度优先搜索

深度优先搜索类似于树的先序遍历。其规则是：假定图中某个顶点 V_i 为出发点，访问顶点 V_i 后，搜索 V_i 的一个未被访问邻接点 V_j，若 V_j 存在，则访问 V_j，并继续搜索顶点 V_j 一个未被访问的邻接点 V_k。若 V_k 存在，则从 V_k 开始重复同一访问、继续搜索过程。层层递归直到搜索不到未被访问的邻接点。此时，返回上一层递归，搜索前一个顶点未被访问的邻接点，若此邻接点存在，则从该顶点出发进行同样的访问和搜索；若此邻接点不存在，则再返回更上一层递归，搜索更前一个顶点的未被访问的邻接点。如此重复进行，直至连通图上所有顶点都被访问一次为止。

如图 9-15 所示，从 V_1 顶点开始，深度优先搜索的序列为：$V_1 \to V_2 \to V_4 \to V_5 \to V_3 \to V_6 \to V_7$。

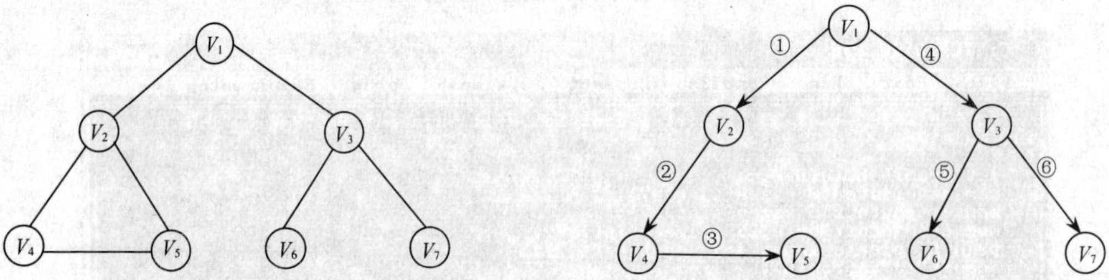

图 9-15　深度优先搜索过程

如果图的存储结构为邻接表，则相应的深度优先搜索算法为：

```
void dfs(adjlist g ,int n)
{
  int i;
  int visited[maxnode];
  adjlist g[];
  arctype *p;
  for(i=1;i<=n;i++)
    visited[i]=0;                      /* 假设所有顶点都未访问过 */
  printf("%4d",g[i].vex);              /* 输出访问出发点 Vi*/
  visited[i]=1;                        /* 已经访问 Vi */
  p=g[i].link;                         /* p取该结点的第一个邻接点指针 */
  while (p!=NULL)
  {
    if (visited[p-> adjvex]==0)        /* 若 Vi 邻接点未被访问过 */
      dfs(g, p-> adjvex);              /* 从 Vi 邻接点出发进行深度优先搜索 */
  visited[p-> adjvex]=1;               /* 该顶点已经访问 Vi*/
  p = p->next;                         /* 完成后往下一个邻接点 */
  }
}
```

遍历算法中，主要时间花费在从该顶点出发搜索它的所有邻接表上，本算法递归调用了 n 次，对每个顶点搜索其邻接点，需要将整个表格的结点都扫描一遍，所以整个算法时间花费为 $O(n+e)$ (e 为 n 个顶点图 g 的边数)。

2. 广度优先搜索

广度优先搜索类似于树的按层次遍历。其规则是：假定图中某个顶点 V_i 为出发点，在访问顶点 V_i 后，依次搜索访问 V_i 的各个未被访问过的邻接点 V_k、V_m、V_n…。然后，顺序搜索访问 V_k 的各个未被访问过的邻接点，V_m 的各个未被访问过的邻接点，…。即从 V_i 开始，由近及远，按层次依次访问与 V_i 有路径相通且路径长度分别为 1、2、…的顶点，直至连通图中所有顶点都被访问一次。

如图 9-16 所示，从 V_1 顶点开始，广度优先搜索的序列为：$V_1 \to V_2 \to V_3 \to V_4 \to V_5 \to V_6 \to V_7$。

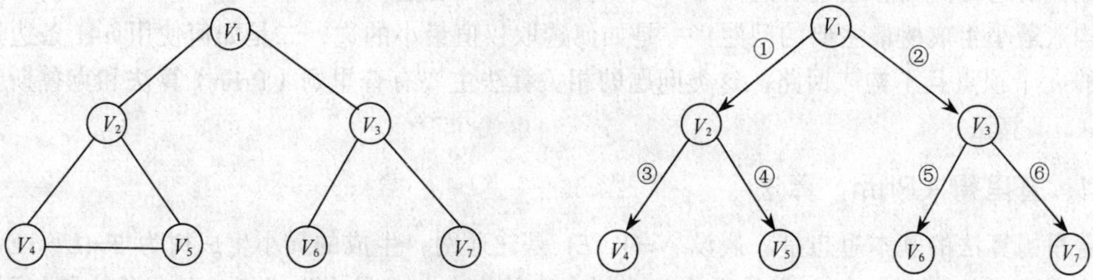

图 9-16　广度优先搜索过程

广度优先搜索中，需要记住已被访问的顶点，以便在访问下层顶点时，从已被访问的顶点出发搜索访问其邻接点。所以，在广度优先搜索中需要设置一个队列 Queue，使已被访问的顶点顺序由队尾进入队列。在搜索访问下层顶点时，先从队首取出一个已被访问的上层顶点，再从该顶点出发搜索访问它的各个邻接点。其算法为：

```
void bfs(adjlist g ,int n)
{
  int visited[maxnode];
  adjlist  g[];
  arctype *p;
  InitQueue(&g);
  for(v=1;v<=n;v++)
    visited[v]=0;                          /* 假设所有顶点都未访问过 */
  printf("%4d",g[i].vex);                  /* 输出访问出发点 Vi*/
  visited[i]=1;                            /* 已经访问 Vi*/
  p=g[i].link;                             /* p 取该结点的第一个邻接点指针 */
  while (p!=NULL)
  {
    If (visited[p-> adjvex]==0)            /* 若 Vi 邻接点未被访问过 */
      bfs(g, p-> adjvex);                  /* 从 Vi 邻接点出发进行深度优先搜索*/
    visited[p-> adjvex]=1;                 /* 该顶点已经访问 Vi*/
    p = p->next;                           /* 完成后往下一个邻接点 */
  }
}
```

遍历算法中，主要时间花费在从该顶点出发搜索它的所有邻接表上，本算法每个顶点至多进一次队列，对每个顶点搜索其邻接点，需要将整个表格的结点都扫描一遍，所以整个算法时间花费为 $O(n+e)$ (e 为 n 个顶点图 g 的边数)。

9.2.2 最小生成树

最小生成树是图的一种重要应用方法。从无向图中的任何一个顶点出发，可以遍历访问图的所有顶点，通过遍历可以产生一棵生成树。生成树是该无向图的极小连通图，具有 n 个顶点、$(n-1)$条边的无向图连通图。图中不会存在回路，否则就不是连通图。

假若是一个带有权值的图（即网），也可以进行遍历产生生成树，不同生成树由于其边所带权值的不同，最终生成树中所有边的权值之和最小的树，称为最小生成树。最小生成树在求造价最低的通信网络、暖气管道网络等众多价格问题中普遍使用。

构造最小生成树最主要的问题：一是如何选取权值最小的边，二是如何使用 $n-1$ 条边连接网中的 n 个顶点且不构成回路。这类问题的相关算法主要有普里姆（Prim）算法和克鲁斯卡尔（Kruskal）算法。

1. 普里姆（Prim）算法

普里姆算法的基本思想是：假设 $N=(V, E)$ 是连通网，生成的最小生成树为 $T=(U, \mathrm{TE})$，U 为最小生成树的顶点集合，TE 为最小生成树中边的集合，求最小生成树 T 的具体步骤如下：

① 初始化：最小生成树的顶点集合 $U=\{u_0\}$，最小生成树的边的集合 TE={}。

② 在所有 $u \in U$，$v \in V-U$ 的边(u, v)中，找一条权值最小的边(u_0, v_0)后，将 v_0 放入到集合 U 中，(u_0, v_0)放入集合 TE 中。

③ 如果 $U=V$，TE 中边的数量为 $n-1$ 时，算法结束，T 则是最小生成树；否则重复步骤②。

【例 9.3】如图 9-17 所示的网，请给出 Prim 算法的过程，并求出其最小生成树。

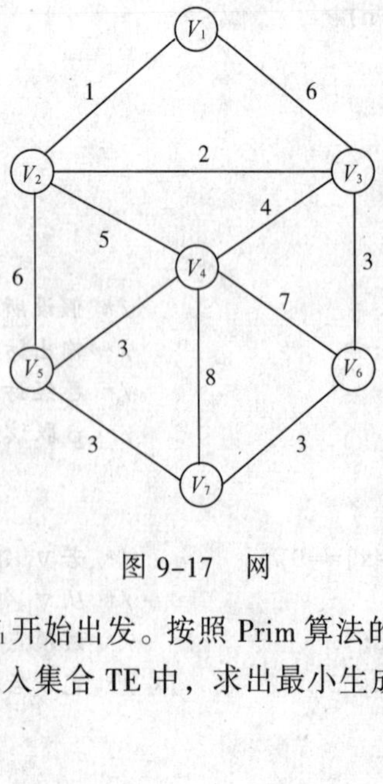

图 9-17 网

【解析】设定从网中的顶点 V_1 开始出发。按照 Prim 算法的原理，寻找顶点集合 U 到达顶点集合 $V-U$ 的边中最小权值的边放入集合 TE 中，求出最小生成树的过程中要避免形成回路的顶点。构造过程如图 9-18 所示。

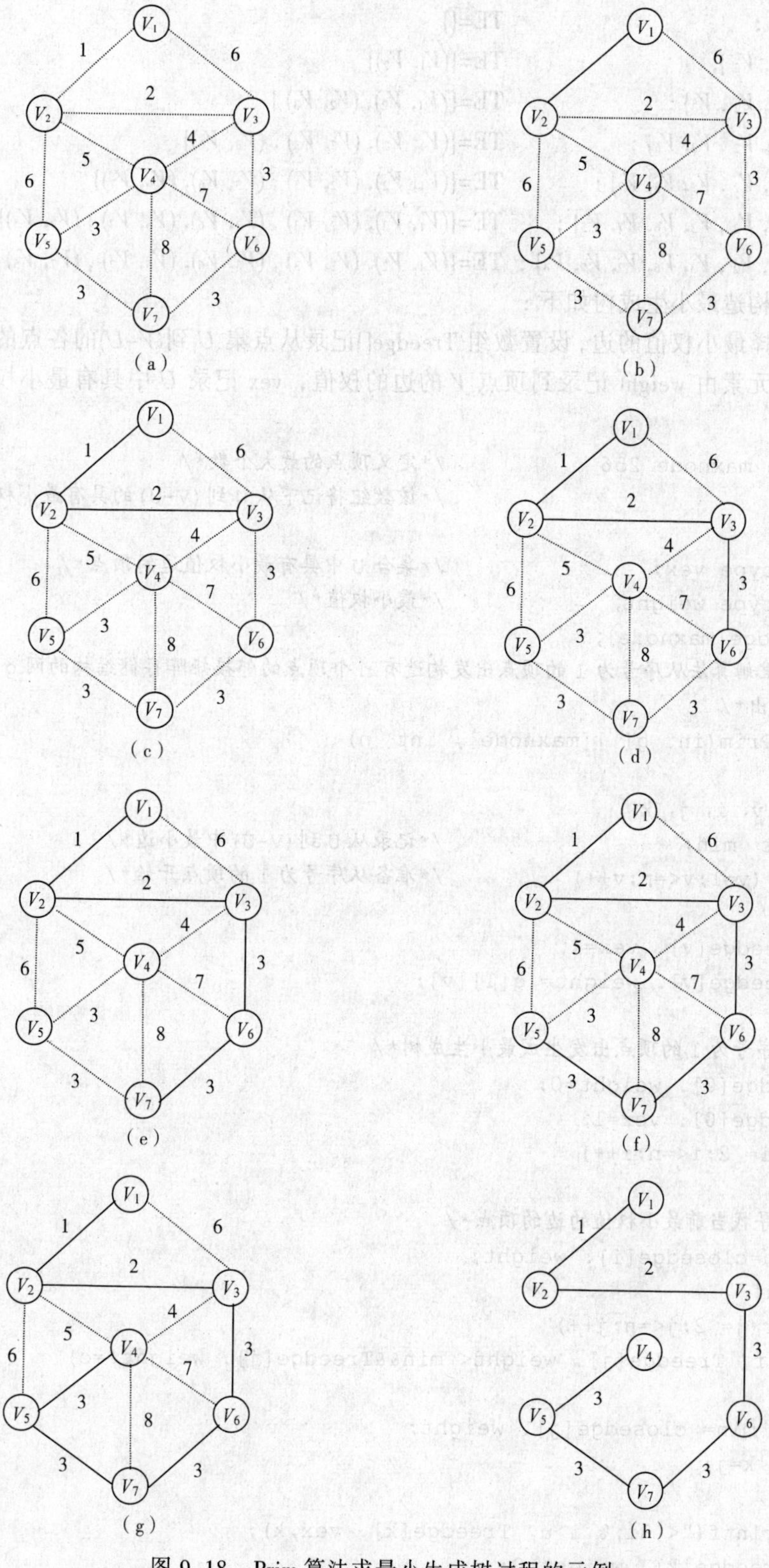

图 9-18　Prim 算法求最小生成树过程的示例

① $U=\{V_1\}$；　　　　　　　　　TE={}

② $U=\{V_1, V_2\}$；　　　　　　　TE={(V_1, V_2)}

③ $U=\{V_1, V_2, V_3\}$；　　　　　TE={$(V_1, V_2), (V_2, V_3)$}

④ $U=\{V_1, V_2, V_3, V_6\}$；　　　TE={$(V_1, V_2), (V_2, V_3), (V_3, V_6)$}

⑤ $U=\{V_1, V_2, V_3, V_6, V_7\}$；　TE={$(V_1, V_2), (V_2, V_3), (V_3, V_6), (V_6, V_7)$}

⑥ $U=\{V_1, V_2, V_3, V_6, V_7, V_5\}$；　TE={$(V_1, V_2), (V_2, V_3), (V_3, V_6), (V_6, V_7), (V_7, V_5)$}

⑦ $U=\{V_1, V_2, V_3, V_6, V_7, V_5, V_4\}$；TE={$(V_1, V_2), (V_2, V_3), (V_3, V_6), (V_6, V_7), (V_7, V_5), (V_5, V_4)$}

Prim 算法构造最小生成树如下：

为便于选择最小权值的边，设置数组 Treedge[]记录从点集 U 到$(V-U)$的各点的具有最小权值的边，数组元素由 weight 记录到顶点 V 的边的权值，vex 记录 U 中具有最小权值边的顶点序号。

```
# define maxnode 256                    /*定义顶点的最大个数*/
struct                                  /*该数组将记下从 U 到(V-U)的具有最小权值的边*/
{
   datatype vex;                        /*集合 U 中具有最小权值边的顶点*/
   datatype weight;                     /*最小权值*/
  } Treedge[maxnode];
  /*用普里姆算法从序号为 1 的顶点出发构造有 n 个顶点的邻接矩阵存储结构的网 g 的最小生成树
  T，并输出*/
  Void  Prim(int g[ ][maxnode], int  n)
  {
   int  v, i, j, k;
   float  min;                          /*记录从 U 到(V-U)中最小边*/
   for  (v=1;v<=n;v++)                  /*准备从序号为 1 的顶点开始*/
   {
     Treedge[v]. vex=1;
     Treedge[v]. weight= g[1][v];
   }
   /*从序号为 1 的顶点出发生成最小生成树*/
   Treedge[0]. weight=0;
   Treedge[0]. vex=1;
   for(i= 2;i<=n;i++)
   {
     /*寻找当前最小权值的边的顶点*/
     min=closedge[i]. weight;
     k=i;
     for(j= 2;j<=n;j++)
       if( Treedge[j]. weight< min&&Treedge[j]. weight!=o)
       {
         min= closedge[j]. weight;
         k=j;
       }
      printf("< %i,% i>u, Treedge[k]. vex,k);
      Treedge[k]. weight=0;
```

```
    /*修改其他顶点的边的权值和最小生成树顶点的序号*/
    for(v=1;v<=n; v++)
    if(g[k][v]<Treedge[v]. weight)
    {
      Treedge[v]. weight=g[k][v];
      Treedge[v]. vex=k;
    }
}
```

Prim 算法的复杂度为 $O(n^2)$，与网中的边数无关。

2．克鲁斯卡尔（Kruskal）算法

克鲁斯卡尔算法是按照权值的递增次序，选择合适的边构造最小生成树的方法。

设假设 $N=(V, E)$ 是连通网，生成的最小生成树为 $T=(U, \mathrm{TE})$，U 为最小生成树的顶点集合，TE 为最小生成树中边的集合，求最小生成树 T 的具体步骤如下：

① U 中包含 N 中所有顶点，但 TE 为空。

② 按权值从小到大的顺序依次选取图 N 中的边加入 TE 中。加入后，若未出现回路，继续第②步；若构成回路，放弃此次选择，重复以上过程，直至 TE 中包含了 $n-1$ 条边为止。

相对普里姆（Prim）算法主要时间花在按顶点寻找权值最小的边上，适用于顶点不多，边数较多的网。而克鲁斯卡尔（Kruskal）算法主要时间花在按权值排序上，适用于顶点数多和边较少的网。

【例 9.4】如图 9-19 所示的网，请给出 Kruskal 算法的过程，并求出其最小生成树。

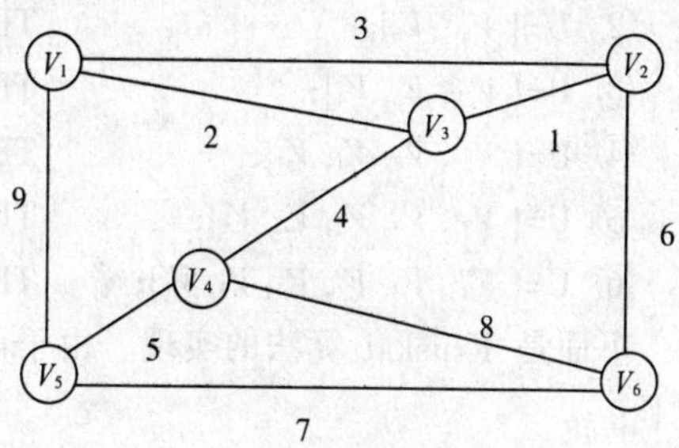

图 9-19　网

【解析】设定从网中的顶点 1 开始，按照 Kruskal 算法的基本思想：首先从所有边中找出权值最小的边，然后将边连接的两个顶点加入最小生成树的点集合 U 中，按照此方式反复进行。但在此过程中需要避免所选择的边与 TE 集合中的边构成回路，若构成回路，该边不能选择，删除后重新再选择最小权值的边。构造过程如图 9-20 所示。

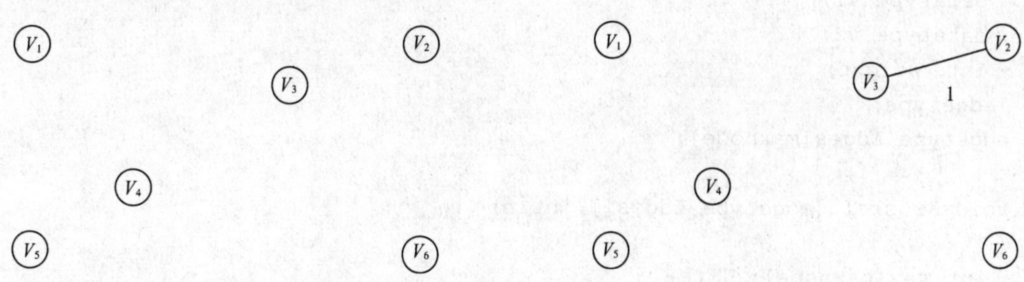

图 9-20　Kruskal 算法求最小生成树过程的示例

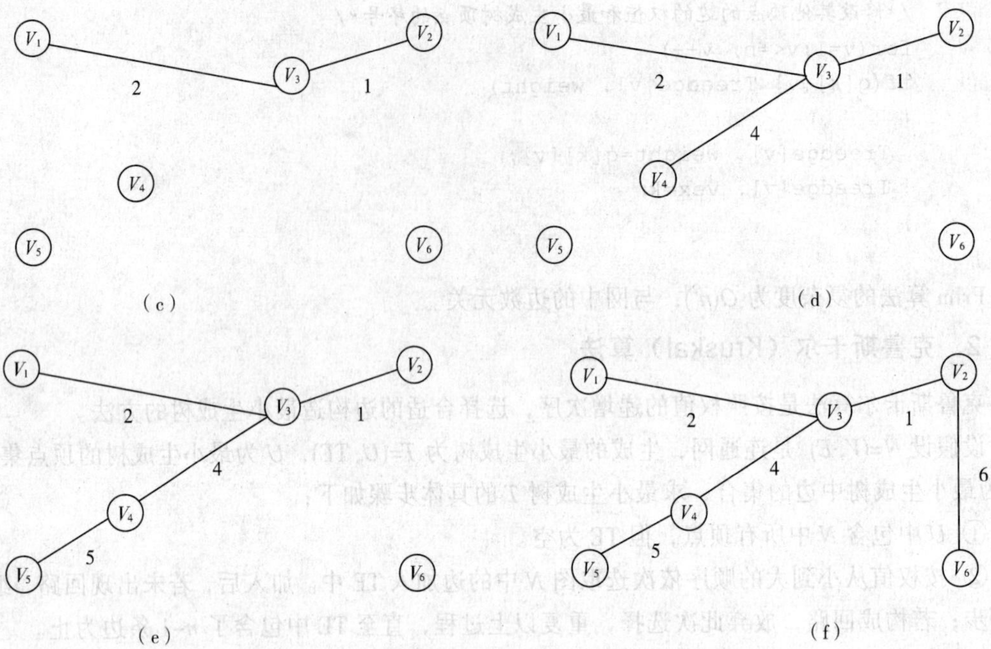

图 9-20　Kruskal 算法求最小生成树过程的示例（续）

① U={ };	TE={}
② U={ V_2 , V_3};	TE={(V_2 , V_3), }
③ U={ V_2 , V_3, V_1};	TE={(V_2 , V_3), (V_3, V_1)}
④ U={ V_2 , V_3, V_1, V_4};	TE={(V_2 , V_3), (V_3, V_1) , (V_3, V_4)}
⑤ U={ V_2 , V_3, V_1, V_4, V_5};	TE={(V_2 , V_3), (V_3, V_1) , (V_3, V_4) , (V_4, V_5)}
⑥ U={ V_2 , V_3, V_1, V_4, V_5, V_6};	TE={(V_2 , V_3), (V_3, V_1) , (V_3, V_4) , (V_4, V_5) , (V_2 , V_6) }

下面是 Kruskal 算法的实现，由于函数中有输出语句，所以需要具体定义出顶点。其代码如下：

```
# define maxnode 256
typedef struct
{
  datatype v1;
  datatype v2;
  int  weight;
}edgetype;
edgetype Edges[maxnode];

void Kruskal (edgetype Edges[],int n)
{
  int vex[maxnode];
  int i, vex1, vex2;
  for (i=1;i< n+1; i++)
    vex[i]=0;
  for(i=1;i<n+1: i++)
```

```
    {
      vexl=find (vex.Edges[i]. vl);
      vex2=find (vex.Edges[i]. v2);
      if (vex2!=vexl)
      {
        vex[vex2]=vexl;
        printf("%6d%6d\n,,,Edges[i]. vl, Edges[i]. v2);
      }
    }
  }
/*实现寻找图中顶点所在树的根结点在数组 Vex 中的序号*/
int find (int vex[], int v)
{
  /*寻找顶点 v 所在树的根结点*/
int  t;
  t-v:
  while (Vex[t]>0)
  t= vex[t];
  return(t);
}
```

显然，Kruskal 算法的时间复杂度是 $O(e\log_2 e)$，其中 e 为网中边的数目。因此，网中边越少，求解时间越短。克鲁斯卡尔算法适合于求稀疏网的最小生成树。

9.2.3 最短路径

带权图中，路径长度等于路径所经过所有边上的权值之和。最短路径是指权值之和最小的路径，具体分为两种情况：一是从图中某个顶点到其余顶点间的最短路径，二是图中每对顶点之间的最短路径。由此有两种相关算法，即迪杰斯特拉（Dijkstra）算法和弗洛伊德（Floyd）算法。

迪杰斯特拉算法是：按路径长度递增次序产生最短路径的算法，适用于单源点最短路径问题。

求从某个源点到其他各个顶点的最短路径的 Dijkstra 算法的步骤如下：

① 设用带权的邻接矩阵 weight 来表示带权的图，weight[i][j]为弧< V_i，V_j >上的权值，或用∞表示 V_i 和 V_j 之间没有弧。从源点 V 出发找到最短路径的终点集合为 S。数组 dist[i]从 V 出发到图中其余各顶点 V_i 可能达到的最短路径。

② 从顶点集合 V 中选择 V_j，使得

$$dist[j] = \min\{ dist[i] \mid V_i \in V-S)$$

则 V_j 即为从 V 出发最短路径的终点，将其加入点集 S 中。

③ 修改从 V 出发到集合 $V-S$ 上任一顶点 V_k 可达的最短路径长度，利用中转点 j 求最短路径。如果 dist[j]+weight[j][k] < dist[k]，则 dist[k]= dist[j]+weight[j][k]。

④ 重复执行步骤②、③，直到所有顶点都加入到 S 中。

Dijstra 算法实现如下：

```
# define maxnode 100            /*定义图中最大顶点数*/
# define maxweight  99999       /*定义一个极大整数来代替∞*/
```

```
/*用迪杰斯特拉方法求有 n 个结点的网中从顶点 v1 到其他顶点的最短路径*/
void  dijkstra(int weight[][maxnode],int n,int v1,int dist[])
{
  int s[maxnode];                /*s[i]的值为 1 用以标记顶点已找到最短路径，反之为 0*/
  int mindis, dis;
  int i,j,u;
  for(i=1; i<=n; i++)
  {
    dist[i]=weight[1][i];              /*从 v1 到其他各顶点的路径为初值*/
    s[i]=0;                            /*未找到最短路径的顶点*/
  }
  s[1]=1;                              /*标记源点从 v1 开始/
  for (i=l; i <=n; i++)
  {
    mindis=maxweight;
    for ( j=2; j<=n; j++ )
      if(s[j]= =0&&dist[j]<mindis)
      {
        u=j;                           /*若找出的 j 点是最短路径的终点，才能标记给 u*/
        mindis =dist [u];
      }
      s[u]=1;
      /*修改从 v0 到其他顶点的最短距离*/
    for ( j=2; j<=n; j++ )
      if ( s[j]==0 )
      {
        dis=dist[u]+weight[u][j];
        if (dist[j] >dis)
          dist[j]=dis;
      }

  }
}
```

该算法的时间复杂度为 $O(n^2)$。

【例 9.5】如图 9-21 所示的带权图，求从顶点 V_3 到图中其余顶点的最短路径。

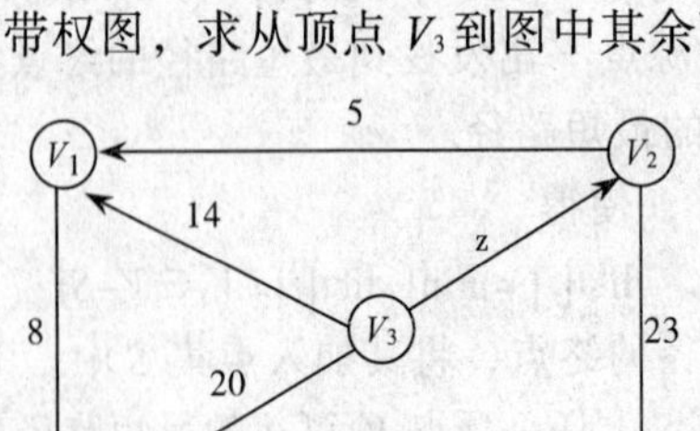

图 9-21　带权图

【解析】按照 Dijstra 算法的特点，即按路径长度递增的次序产生最短路径。在不断选取最短路径的顶点时，顶点之间的逐步连通将影响路径长度的变化，选取其中最短路径进行求解。

① 从顶点 V_3 出发到其他顶点，找到其相关的路径为：

V_3 出发到顶点 V_1:$V_3 \to V_1$;

V_3 出发到顶点 V_2:$V_3 \to V_2$;

V_3 出发到顶点 V_4:$V_3 \to V_4$;

V_3 出发无法到顶点 V_5, $< V_3, V_5 >$不存在。

此次最小路径为 $V_3 \to V_2$，长度为 2。

② 继续从顶点 V_3 出发，可经过 V_2 顶点找到其相关的路径为：

V_3 出发到顶点 V_1:$V_3 \to V_1$ 或 $V_3 \to V_2 \to V_1$;

V_3 出发到顶点 V_4:$V_3 \to V_4$;

V_3 出发到顶点 V_5:$V_3 \to V_2 \to V_5$。

此次最小路径为 $V_3 \to V_2 \to V_1$，长度为 7。

③ 继续从顶点 V_3 出发，可经过 V_2 、V_1 顶点找到其相关的路径为：

V_3 出发到顶点 V_4:$V_3 \to V_4$，或 $V_3 \to V_2 \to V_1 \to V_4$，或 $V_3 \to V_1 \to V_4$;

V_3 出发到顶点 V_5:$V_3 \to V_2 \to V_5$。

此次最小路径为 $V_3 \to V_2 \to V_1 \to V_4$，长度为 15。

④ 继续从顶点 V_3 出发，可经过 V_2、V_1、V_4 顶点找到其相关的路径为：

V_3 出发到顶点 V_5：$V_3 \to V_2 \to V_5$，或 $V_3 \to V_4 \to V_5$，或 $V_3 \to V_2 \to V_1 \to V_4 \to V_5$，或 $V_3 \to V_1 \to V_4 \to V_5$。

此次最小路径为 $V_3 \to V_2 \to V_1 \to V_4 \to V_5$，长度为 22。

*9.3 有向无环图的应用

一个无环的有向图称作有向无环图（Directed Acycline Graph，DAG）。DAG 是一类与有向树相比更为一般的特殊有向图。对有向图中无环的检查比无向图更复杂。对于无向图来说，若深度优先遍历过程遇到回边（即指向已访问过的顶点的边），则必定存在环；而对于有向图来说，这条回边有可能是指向深度优先生成森林中另一棵生成树上顶点的弧。但若从有向图上某个顶点 v 出发的遍历，在 dfs(v)结束之前出现一条从顶点 u 到顶点 v 的回边，由于 u 在生成树上市 v 的子孙，则有向图中必定存在包含顶点 u 和顶点 v 的环。

有向无环图是一类具有代表性的图，主要用于研究工程项目的工序问题、工程时间进度问题等。除简单问题之外，几乎所有的工程（Project）都可分为若干个称为活动（Active）的子工程(或工序)。各个子工程受到一定的条件约束：某个子工程必须开始于另一个子工程完成之后；整个工程有一个开始点（起点）和一个终点。

9.3.1 拓扑排序

AOV 网（Activity On Vertex Network）称为顶点活动网。对工程的活动加以抽象，图中顶点代表活动，有向边代表活动的先后关系，可以用一种有向无环图来描述相关问题。在 AOV 网中，将所有活动排列成一个拓扑序列的过程叫做拓扑排序。

【例 9.6】按高校计算机专业教学计划制订要求，学生需要先修完一些课程才能进行后续课程的学习，如表 9-1 所示。

表 9-1　课程安排表

课程编号	课程名称	先修课程
C_1	高等数学	无
C_2	计算机导论	无
C_3	C 程序语言设计	C_1 、C_2
C_4	离散数学	C_1
C_5	数据结构	C_3 、C_4
C_6	操作系统	C_5
C_7	数据库原理	C_3、C_4 、C_5

【解析】用有向图来表示表 9-1 中的内容，如图 9-22 所示。

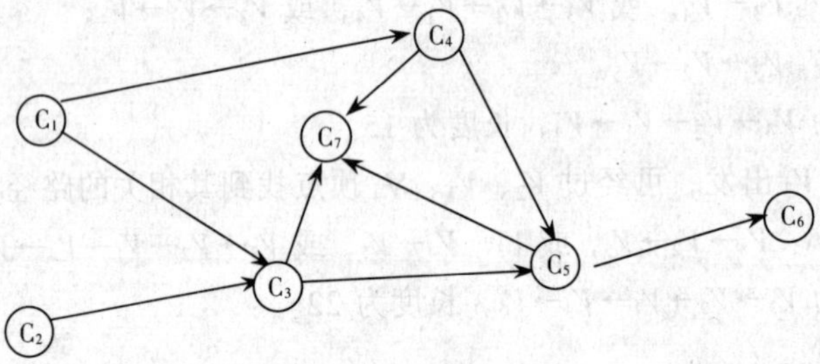

图 9-22　课程安排的有向图

由图 9-22 可以看出，AOV 网中不存在回路（环），否则在循环的回路中没有所谓先后关系，出现死锁现象。对 AOV 网进行拓扑排序，产生顶点序列用来解决相关问题。

拓扑排序的基本思想如下：

① 在有向图中挑选一个没有入度的顶点，并且将其输出。

② 从图中将步骤①中找到的顶点删除，相应的弧也删除，并修改剩余顶点的入度。

③ 重复步骤①、②，直到所有顶点都输出。

【例 9.7】如图 9-22 所示的有向图，请输出进行拓扑排序时的顶点序列。

【解析】

① 入度为 0 的顶点有 C_1 和 C_2。

② 依次输出 C_1 和 C_2 两点后，入度为 0 的顶点有 C_3、C_4，如图 9-23（a）所示。

③ 依次输出 C_3 和 C_4 两点后，入度为 0 的顶点有 C_5，如图 9-23（b）所示。

④ 输出 C_5 后，入度为 0 的顶点有 C_6、C_7，如图 9-23（c）所示。

⑤ 依次输出 C_6、C_7 后，整个过程停止。

其中，拓扑序列为：$C_1 \to C_2 \to C_3 \to C_4 \to C_5 \to C_6 \to C_7$。而在步骤②、③时 C_1 可以比 C_2 更后输出，C_3 可以比 C_4 更后输出等。因此，拓扑排序产生的序列并不唯一的，本例还可以有拓扑序列 $C_2 \to C_1 \to C_4 \to C_3 \to C_5 \to C_7 \to C_6$ 等。

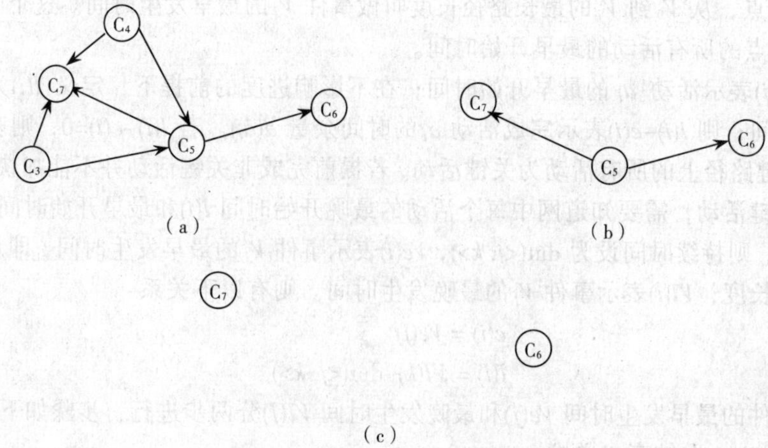

图 9-23　课程安排的有向图

9.3.2　关键路径

与 AOV 网相对应的是 AOE 网络（Activity On Ede），即边表示活动的有向无环图。图中顶点表示事件（Event），每个事件表示在其前的所有活动已经完成，其后的活动可以开始；弧表示活动，弧上的权值表示相应活动所需要的时间或费用。如图 9-24 所示，网中共有 12 个活动，9 个事件，事件 V_4 表示活动 a_4 和 a_5 完成，活动 a_9 才可以开始，a_9=6 可表示为完成活动需要 6 天时间。

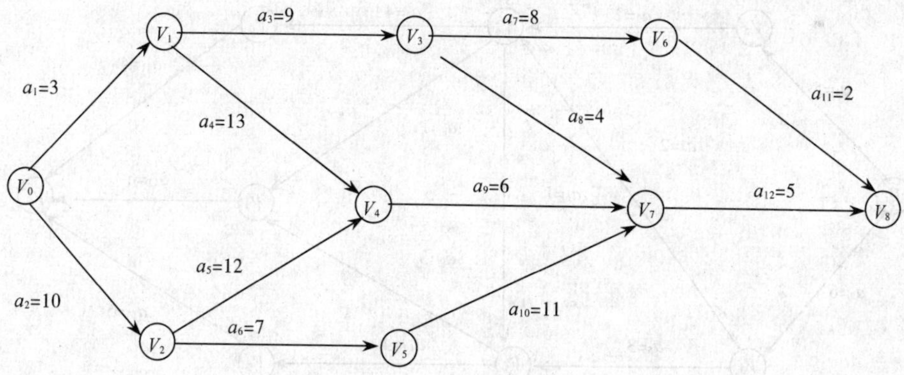

图 9-24　AOE 网

AOE 网常用语表示工程的计划或进度。工程只有一个开始点和一个结束点，因而 AOE 网存在唯一的入度为 0 的开始点（又称源点）和唯一的出度为 0 的结束点（又称汇点），例如图 9-24 的 AOE 网从事件 V_0 开始，以事件 V_8 结束。通过 AOE 图，可研究完成整个工程至少需要的时间，以及图中影响工程进度（费用）的关键活动。

从开始点到结束点的有向路径可能不止一条，这些路径的长度也可能不同，则完成不同路径的活动所需要的时间不同。从开始点到结束点的最长路径长度（路径上各活动持续时间之和），称之为关键路径。关键路径上的活动称为关键活动，关键活动是影响整个工程的关键。

设 V_0是起点，从 V_0到 V_i 的最长路径长度叫做事件 V_i 的最早发生时间。这个时间决定了所有以 V_i 为结束点的所有活动的最早开始时间。

我们用 $e(i)$表示活动 a_i 的最早开始时间；在不影响进度的前提下，定义 $l(i)$为表示活动 a_i 的最晚开始时间；则 $l(i)-e(i)$表示完成活动 a_i 的时间余量 $d(a_i)$。若 $l(i)-e(i)=0$，则表示活动 a_i 是关键活动。关键路径上的所有活动为关键活动，若提前完成非关键活动并不能加快工程的进度。

为求得关键活动，需要知道网中每个活动的最晚开始时间 $l(i)$和最早开始时间 $e(i)$。若活动 a_i 是弧$<V_j,V_k>$，则持续时间设为 $\mathrm{dut}(<j, k>)$，$Ve(i)$表示事件 V_i 的最早发生时间，即从起点到顶点 V_i 的最长路径长度；$Vl(i)$表示事件 V_i 的最晚发生时间。则有以下关系：

$$e(i) = Ve(j)$$

$$l(i) = Vl(k)-\mathrm{dut}(<j, k>)$$

求所有事件的最早发生时间 $Ve(j)$和最晚发生时间 $Vl(j)$分两步进行，步骤如下：

（1）由 $Ve(0)=0$ 向结束点递推

$Ve(j)= \max\{Ve(i)+\mathrm{dut}(<i, j>) \mid <V_i, V_j>$是网中的弧，即 V_i 为 V_j 前驱结点$\}$

含义是：源点事件的最早发生时间设为 0；除源点外，只有进入顶点 V_j 的所有弧所代表的活动全部结束后，事件 V_j 才能发生。即只有 V_j 的所有前驱事件 V_i 的最早发生时间 $Ve(i)$计算出来后，才能计算 $Ve(j)$。

（2）由 $Vl(n-1)=Ve(n-1)$向开始点递推

$Vl(j)= \min\{Vl(k)-\mathrm{dut}(<j, k>) \mid <V_j, V_k>$是网中的弧，即 V_k 为 V_j 后继结点$\}$

含义是：只有 V_j 的所有后继事件 V_k 的最晚发生时间 $Vl(k)$计算出来后，才能计算 $Vl(j)$。

【例 9.8】如图 9-25 所示的 AOE 网具有 9 个事件、13 个活动，试求其关键路径。

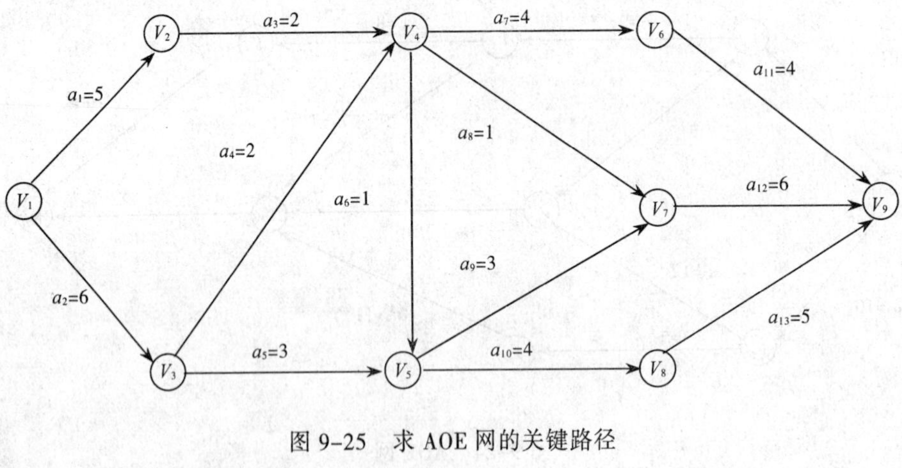

图 9-25　求 AOE 网的关键路径

解：① 计算各事件 i 的最早发生时间 $Ve(i)$如下：

$Ve(1)=0$

$Ve(2)= \max\{Ve(1)+\mathrm{dut}(<1, 2>)\}=0+5=5$

$Ve(3)= \max\{Ve(1)+\mathrm{dut}(<1, 3>)\}=0+6=6$

$Ve(4)= \max\{Ve(2)+\mathrm{dut}(<2, 4>),\ Ve(3)+\mathrm{dut}(<3, 4>)\}= \max(7,8)=8$

$Ve(5)= \max\{Ve(3)+\mathrm{dut}(<3, 5>),\ Ve(4)+\mathrm{dut}(<4, 5>)\}= \max(9,9)=9$

$Ve(6)=\max\{Ve(4)+dut(<4,6>)\}=12$

$Ve(7)=\max\{Ve(4)+dut(<4,7>), Ve(5)+dut(<5,7>)\}=\max(9,12)=12$

$Ve(8)=\max\{Ve(5)+dut(<5,8>)\}=13$

$Ve(9)=\max\{Ve(6)+dut(<6,9>), Ve(7)+dut(<7,9>), Ve(8)+dut(<8,9>)\}$
$=\max(16,18,18)=18$

② 计算各事件 i 的 $Vl(i)$如下：

$Vl(9)=Ve(9)=18$

$Vl(8)=\min\{Vl(9)-a_{13}\}=\min\{18-5\}=13$

$Vl(7)=\min\{Vl(9)-a_{12}\}=\min\{18-6\}=12$

$Vl(6)=\min\{vl(9)-a_{11}\}=\min\{18-4\}=14$

$Vl(5)=\min\{Vl(7)-a_9, Vl(8)-a_{10}\}=\min\{9,9\}=9$

$Vl(4)=\min\{vl(5)-a_6, vl(6)-a_7, Vl(7)-a_8\}=\min\{8,10,11\}=8$

$Vl(3)=\min\{Vl(4)-a_4, Vl(5)-a_5\}=\min\{6,6\}=6$

$Vl(2)=\min\{Vl(4)-a_3\}=\min\{6\}=6$

$Vl(1)=\min\{Vl(2)-a_1, Vl(3)-a_2\}=\min\{1,0\}=0$

③ 计算各活动的余量时间：

$l(a_1)=Vl(2)-a_1=6-5=1$	$e(a_1)=Ve(1)=0$	$d(a_1)=1$
$l(a_2)=Vl(3)-a_2=6-6=0$	$e(a_2)=Ve(1)=0$	$d(a_2)=0$
$l(a_3)=Vl(4)-a_3=8-2=6$	$e(a_3)=Ve(2)=5$	$d(a_3)=1$
$l(a_4)=Vl(4)-a_4=8-2=6$	$e(a_4)=Ve(3)=6$	$d(a_4)=0$
$l(a_5)=Vl(5)-a_5=9-3=6$	$e(a_5)=Ve(3)=6$	$d(a_5)=0$
$l(a_6)=Vl(5)-a_6=9-1=8$	$e(a_6)=Ve(4)=8$	$d(a_6)=0$
$l(a_7)=Vl(6)-a_7=14-4=10$	$e(a_7)=Ve(4)=8$	$d(a_7)=2$
$l(a_8)=Vl(7)-a_8=12-1=11$	$e(a_8)=Ve(4)=8$	$d(a_8)=3$
$l(a_9)=Vl(7)-a_9=12-3=9$	$e(a_9)=Ve(5)=9$	$d(a_9)=0$
$l(a_{10})=Vl(8)-a_{10}=13-4=9$	$e(a_{10})=Ve(5)=9$	$d(a_{10})=0$
$l(a_{11})=Vl(9)-a_{11}=18-4=14$	$e(a_{11})=Ve(6)=12$	$d(a_{11})=2$
$l(a_{12})=Vl(9)-a_{12}=18-6=12$	$e(a_{12})=Ve(7)=12$	$d(a_{12})=0$
$l(a_{13})=Vl(9)-a_{13}=18-5=13$	$e(a_{13})=Ve(8)=13$	$d(a_{13})=0$

④ 结论：

工程完成的最短时间是 18。

事件时间余量为 0 的关键活动有 a_2、a_4、a_5、a_6、a_9、a_{10}、a_{12}、a_{13}。构成的关键路径如下所示：

$a_2 \to a_5 \to a_9 \to a_{10}$

$a_2 \to a_5 \to a_{10} \to a_{13}$

$a_2 \to a_4 \to a_6 \to a_9 \to a_{12}$

$a_2 \to a_4 \to a_6 \to a_{10} \to a_{13}$

在所有关键路径中，共同关键活动为，可以通过提高 a_2 的速度来缩短整个工程的工期。

小　结

图是一种复杂的非线性结构。本章首先了介绍图的定义和相关术语，以及图的存储结构：邻接矩阵和邻接表。然后介绍了图的一些具体应用，例如图的遍历、构造最小生成树、最短路径等，并详细阐述了相应的算法求解。

对于图的两种存储结构的优劣之处，利用存储特点将其运用在不同问题的求解中。图的遍历方法也有两种：深度优先遍历和广度优先遍历，两种遍历方法的选择依赖于存储结构的不同。此外，图还有着非常广泛的问题求解，在构造最小生成树、最短路径问题中，都是以带权的图（网）作为研究对象，用图来表述实际应用中的复杂问题。最小生成树是在保证图为连通的前提下，整体成本耗损问题。而最短路径则是解决带权图中某些顶点之间的最低成本消耗，顶点不同，所得到的最短路径也有所不同。不同问题适用于不同的解决方案，选择合适的算法能准确、有效地完成问题求解。

无向图的问题求解在于构造最小生成树、最短路径问题中，都是以带权的图（网）作为研究对象，用图来表述实际应用中的复杂问题。最小生成树是在保证图为连通的前提下，整体成本耗损问题。而最短路径则是解决带权图中某些顶点之间的最低成本消耗，顶点不同，所得到的最短路径也有所不同。不同问题适用于不同的解决方案，选择合适的算法能准确、有效地完成问题求解。

有向无环图的问题求解在于拓扑排序、关键路径问题中，以 AOV 网和 AOE 网来表示实际活动的进程关系，找出活动的有序序列及决定整个项目的最短完成时间。

思考与练习

一、单选题

1．在无向图中，所有顶点的度数之和等于边数之和的（　　）倍。

A．1/2　　B．1　　C．2　　D．3

2．在有向图中，所有顶点的入度之和是所有顶点出度之和的（　　）倍。

A．1/2　　B．1　　C．2　　D．3

3．在一个含 n 个顶点的连通图中，任意一条简单路径的长度都不可能超过（　　）。

A．$n/2$　　B．$n-1$　　C．n　　D．$n+1$

4．如图 9-26 所示的有向图，其深度优先搜索遍历序列为（　　）。

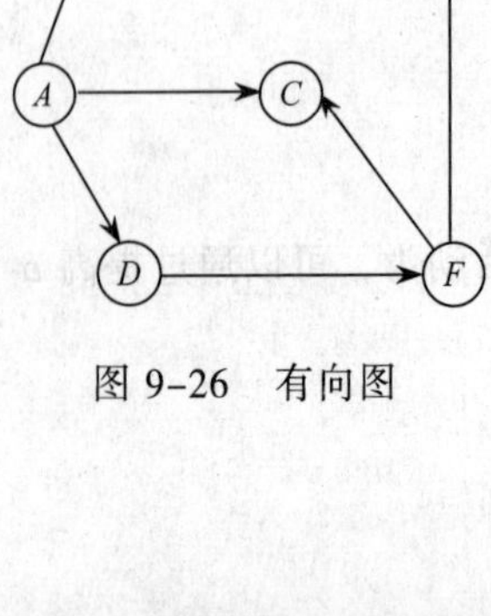

图 9-26　有向图

A．*ABEFDC*　　B．*ABEDCF*　　C．*ACDBEF*　　D．*ADFECB*

5．判断一个有向图是否存在回路，除了可以利用拓扑排序方法外，还可以利用（　　）。

A．深度优先搜索遍历算法　　B．广度优先搜索遍历算法

C．普里姆算法　　D．克鲁斯卡尔算法

二、填空题

1．有向图的极大连通子图称为__________。

2．图的基本存储结构主要有__________和__________。

3．图的遍历方法主要有__________和__________两种。

4．在 AOE 网中，从源点到汇点之间具有最大路径长度的路径称为__________。

5．有 29 条边的无向连通图，至少有__________个顶点，至多有__________个顶点；有 29 条边的无向非连通图，至少有__________个顶点。有 29 条边（弧）的有向连通图，至少有__________个顶点，至多有__________个顶点；有 29 条边的有向非连通图，至少有______个顶点。

三、综合题

1．对图 9-27 所示的有向图，请回答以下问题：

（1）该图是强连通图吗？若不是，请给出其强连通分量。

（2）请给出每个顶点的度、入度和出度。

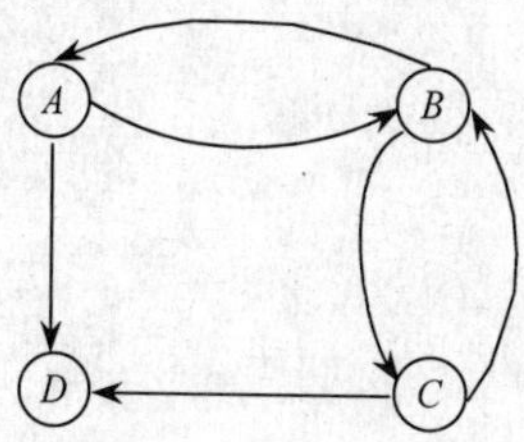

图 9-27　有向图

2．已知一个无向图的邻接表如图 9-28 所示，请给出从顶点 V_0 开始的深度优先搜索遍历序列和广度优先搜索遍历序列。

3．已知如图 9-29 所示的网，请给出按 Kruskal 算法构造的最小生成树，并给出构造顺序。

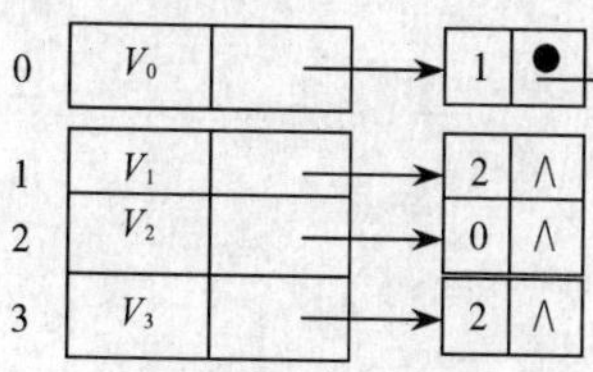

图 9-28　邻接表

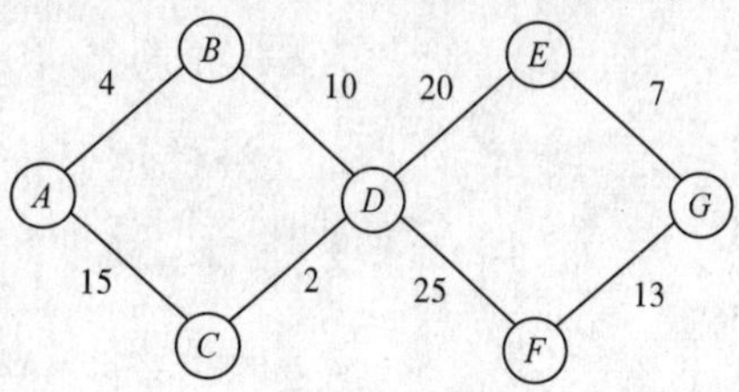

图 9-29　网

4．对图 9-30 所示的网，求顶点 V_0 到其他顶点之间的最短路径和最短路径长度。

5．已知图采用邻接表存储方式，试写出删除边（V_i，V_j）（对于无向图）或删除弧 < V_i，V_j >（对于有向图）的算法。

6．已知 *n* 个顶点的有向图，用邻接矩阵表示，编写函数计算每对顶点的最短路径。

7. 对于一个使用邻接表存储的有向图 G，可以利用深度优先遍历方法，对该图中结点进行拓扑排序，写出在遍历图的同时进行拓扑排序的算法。

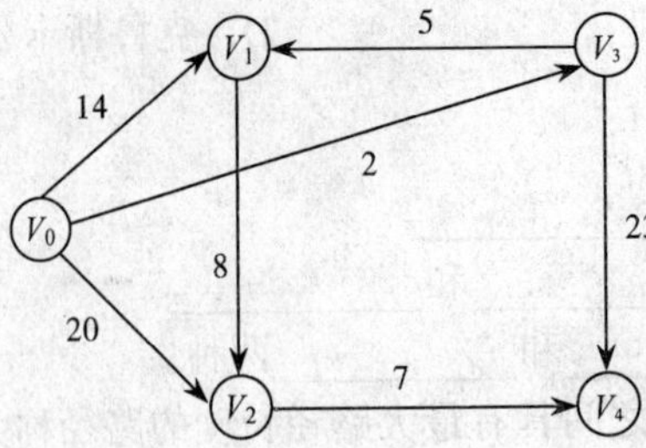

图 9-30　网

第 10 章　数组、矩阵和广义表

【内容提要及教学目标】

数组是大家比较熟悉的一种数据类型，其特点是数组中的数据元素都具有相同的数据类型，不同的元素通过下标来识别。通过本章的学习，读者应掌握以下内容：

- 了解数组的基本概念、数组的存储结构特点以及数组元素存储地址的计算。
- 掌握几种特殊矩阵的压缩存储技术。
- 理解稀疏矩阵的压缩存储方法。
- 了解广义表的基本定义和概念，理解广义表的递归性。
- 熟悉广义表的存储特点及基本操作。

【本章重点及难点】

数组的存储结构、几种特殊的矩阵的压缩技术、稀疏矩阵的存储、广义表的存储。

10.1 “学生考勤的全勤天数”实例

【实例目的】

① 掌握数组的逻辑结构；

② 掌握数组的内存映像。

【实例内容】

在教学过程中，为了加强教学管理，需要记录学生的考勤信息。记录过程中，每个学生的出勤信息基本类似，不同的地方是出勤的天数不一样。将学生的出勤天数以数组的形式保存下来，这样容易实现对学生出勤信息的增加、删除和修改。

【实例要点】

依据以上的分析，可以用 C 语言实现这个算法。

① 编辑程序。在 Turbo C 2.0 编译界面中按 Alt+F 组合键，选择 New 命令，然后输入源程序，如图 10-1 所示。

② 数组定位的实现方法，如图 10-2 所示。

10.1.1　数组的逻辑结构

数组是最常用的一种数据类型，在大多数程序设计语言中，都把数组作为固有的数据类型。数组类似于线性表，它是 $n(n>1)$个具有相同类型数据的有序组合，数组中的数据是按顺序存储在一块地址连续的存储单元中。数组中的每一个数据通常称为数组元素，每个元素由一个值和一个下标所决定，数组中各元素之间的关系是由各元素的下标体现出来，也就是说，数组是一组偶对，即下标和值。对每一个有定义的下标，都有一个与该下标相关联的值。

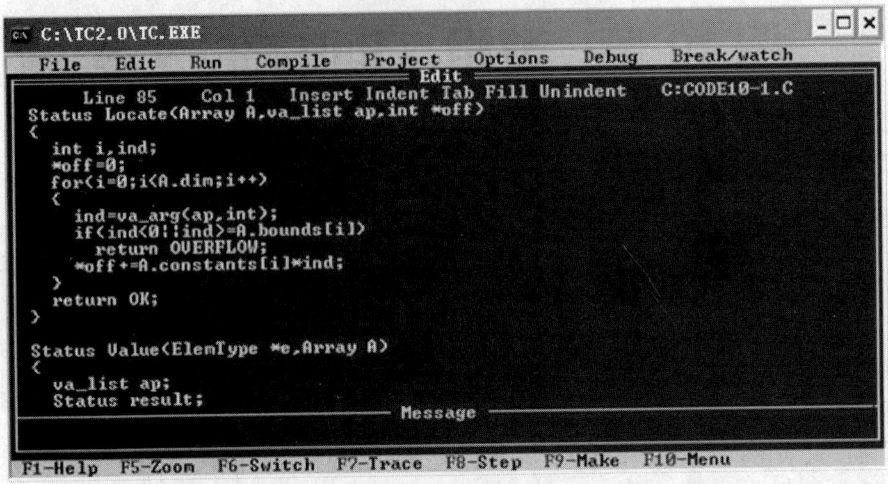

```
C:\TC2.0\TC.EXE
File  Edit  Run  Compile  Project  Options  Debug  Break/watch
Edit
    Line 85    Col 1   Insert Indent Tab Fill Unindent   C:CODE10-1.C
Status Locate(Array A,va_list ap,int *off)
{
  int i,ind;
  *off=0;
  for(i=0;i<A.dim;i++)
  {
    ind=va_arg(ap,int);
    if(ind<0||ind>=A.bounds[i])
      return OVERFLOW;
    *off+=A.constants[i]*ind;
  }
  return OK;
}

Status Value(ElemType *e,Array A)
{
  va_list ap;
  Status result;
Message
F1-Help  F5-Zoom  F6-Switch  F7-Trace  F8-Step  F9-Make  F10-Menu
```

图 10–1　源代码界面

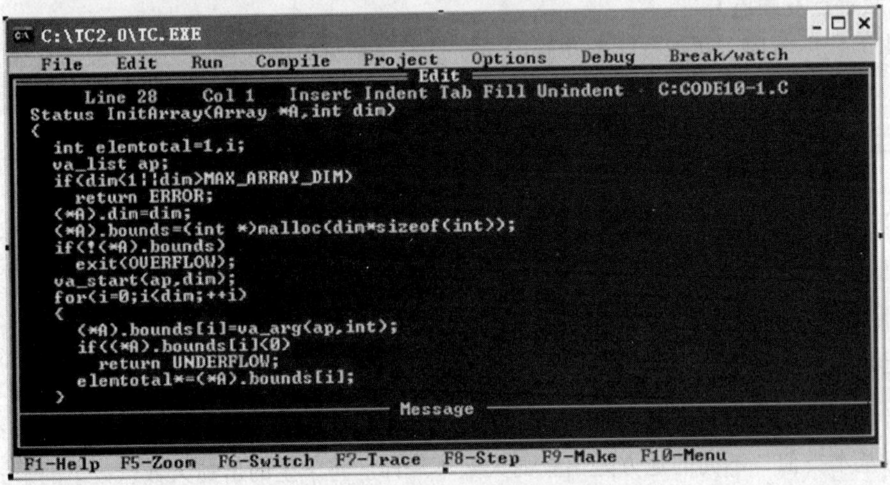

```
C:\TC2.0\TC.EXE
File  Edit  Run  Compile  Project  Options  Debug  Break/watch
Edit
    Line 28    Col 1   Insert Indent Tab Fill Unindent   C:CODE10-1.C
Status InitArray(Array *A,int dim)
{
  int elemtotal=1,i;
  va_list ap;
  if(dim<1||dim>MAX_ARRAY_DIM)
    return ERROR;
  (*A).dim=dim;
  (*A).bounds=(int *)malloc(dim*sizeof(int));
  if(!(*A).bounds)
    exit(OVERFLOW);
  va_start(ap,dim);
  for(i=0;i<dim;++i)
  {
    (*A).bounds[i]=va_arg(ap,int);
    if((*A).bounds[i]<0)
      return UNDERFLOW;
    elemtotal*=(*A).bounds[i];
  }
Message
F1-Help  F5-Zoom  F6-Switch  F7-Trace  F8-Step  F9-Make  F10-Menu
```

图 10–2　数组定位的实现方法

一维数组记为 $A=[n]$或 $A=(a_0, a_1, \ldots, a_{n-1})$，每个数组元素由一个值和一个下标来确定，数组元素下标的顺序可作为一个线性表中的序号。

二维数组，又称矩阵，矩阵的表示形式如图 10–3 所示。

$$A=\begin{pmatrix} a_{00} & a_{01} & \cdots & a_{0,n-1} \\ a_{10} & a_{11} & \cdots & a_{1,n-1} \\ \cdots & \cdots & \cdots & \cdots \\ a_{m-1,0} & a_{m-1,1} & \cdots & a_{m-1,n-1} \end{pmatrix}$$

图 10–3　二维数组的矩阵结构

二维数组中的每一个元素由矩阵元素的值及一组下标$(i, j)(i=0, 1, 2, \cdots, m-1; j=0, 1, 2, \cdots, n-1)$来确定，每组下标$(i, j)$都唯一地对应一个值 a_{ij}。二维数组中的每一个元素都要受到行关系和列关系的约束，也就是每个元素同属于两个线性表。在这两个线性表中，一个是表达行关系第 i 行的行表 a_{i0}，a_{i1}，a_{i2}，…，a_{ij}，…，$a_{i,n-1}$，同行元素 $a_{i,j+1}$ 的列号大于 a_{ij} 的列号，即 $a_{i,j+1}$ 是 a_{ij} 在行表中的直接后继元素；另一个是表达列关系，比如 a_{0j}，a_{1j}，a_{2j}，…，$a_{m-1,j}$。同列元素 $a_{i+1,j}$ 的行号大于 a_{ij} 的行号。即 $a_{i+1,j}$ 是 a_{ij} 在列表中的直接后继元素。

依次类推，n 维数组中每个元素值也是由一个值和一组下标来确定，n 维数组中的每一个元素都受 n 个关系的约束，即同属于 n 个线性表。当 $n=1$ 时，n 维数组就是一个线性表，显然，n 维数组也可以看成是线性表的推广。

可以把二维数组看成是这样一个线性表，它的每个元素是一个线性表。例如，图 10–4 所示为一个二维数组，以 m 行 n 列的矩阵形式表示。

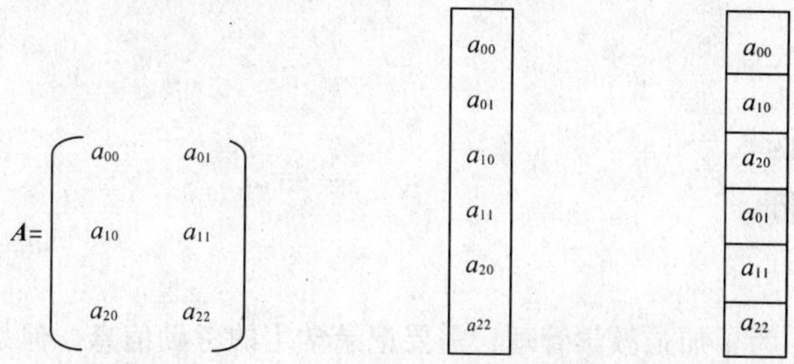

（a）二维数组　（b）行序为主序　（c）列序为主序

图 10–4　二维数组的两种存储结构

$\boldsymbol{A}=[(a_{00}, a_{01}, \cdots, a_{0,n-1}), (a_{10}, a_{11}, \cdots, a_{1,n-1}), \ldots, (a_{m-1,0}, a_{m-1,1}, \cdots, a_{m-1,n-1})]$

它的每个元素代表一个行向量。

$\boldsymbol{A}=[(a_{00}, a_{10}, \cdots, a_{m-1,0}), (a_{01}, a_{11}, \cdots, a_{m-1,1}), \ldots, (a_{0,n-1}, a_{1,n-1}, \cdots, a_{m-1,n-1})]$

它的每个数组元素是一个列向量。

对于数组，通常只有两种运算。一是给定一个下标，存取相应的数据元素；二是给定一个下标，修改相应的数据元素中的某个数据项的值。

10.1.2　数组的内存映像

数组的内存映像反映了数组在内存中的存储结构。数组一般不做删除或插入操作，一旦被定义，数组中的元素个数和元素之间的关系就无须变动。一般情况，采用顺序存储结构来表示数组。

存储单元是一维线性结构，而数组是一个多维的结构，因此用一组连续存储单元存放数组的数据元素。一般有两种存储方式：一种是以行序为主序的存储方式，另一种是以列序为主序的存储方式，如图 10–4 所示。

对于数组，若已知数组的维数和各维的上下界，就可以为数组分配存储空间；若已知数组第一个元素的地址以及每个数组元素所占的字节数，即可求得相应数组元素的存储位置。计算数组元素存储位置的公式称为地址计算公式。假设每个数组元素占 s 个存储单元，可得到简单计算数组元素的地址计算公式。在下列地址公式中，n、m 分别为数组的行数和列数，i、j 分别为数组的行序号和列序号。

一维数组中元素 q 的地址计算公式为：

$LOC[i] = LOC[0] + i \times s \quad (0< i \leqslant n-1)$

其中 LOC[0]表示 a_0 的地址。

对于二维数组 $A[m][n]$，按行序为主序存储的数组元素 a_{ij} 的地址计算公式为：

$LOC[i][j] = LOC[0][0] + (i\times n+j)\times s \quad (0< i \leqslant m-1, 0<j \leqslant n-1)$

对于三维数组 $A[m][n][p]$，可分解为 p 个 $m\times n$ 的二维数组。所以，按行序为主序存储的数组元素 a_{ijk} 的地址计算公式为：

$LOC[i][j][k] = LOC[0][0][0]+ (i\times n\times p+j\times p+k)\times s \quad (0< i \leqslant m-1, 0<j \leqslant n-1, 0<k \leqslant p-1)$

10.2 “学生考勤的放假天数”实例

【实例目的】

① 掌握对称矩阵。

② 掌握三角矩阵。

【实例内容】

在教学过程中，为了加强教学管理，需要记录学生的考勤信息。但是，根据学校的教学计划，学校会按照规定实施放假。由于学生考勤的放假天数一般比较集中，可以采用矩阵结构存储放假天数信息。

【实例步骤】

根据以上分析，可以用 C 语言实现这个算法。

① 编辑程序。在 Turbo C 2.0 编译界面中按 Alt+F 组合键，选择 New 命令，然后输入源程序，如图 10-5 所示。

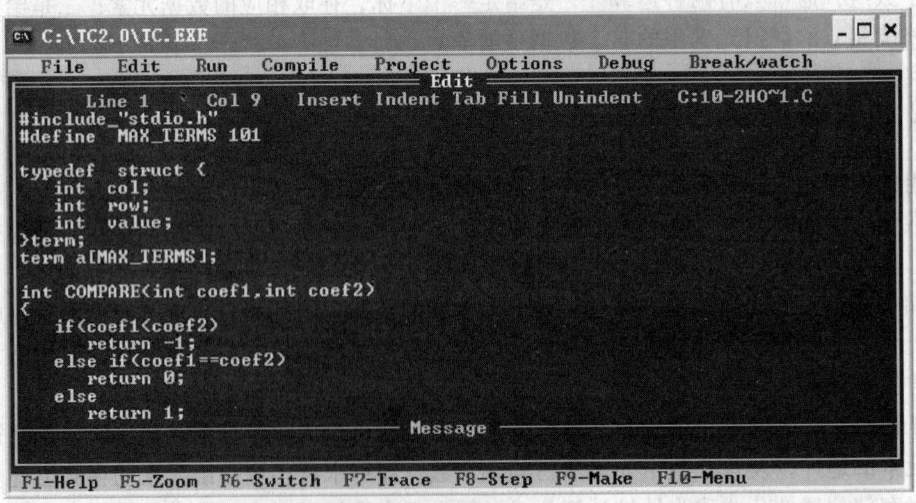

图 10-5 源代码界面

② 数组的变换程序，如图 10-6 所示。

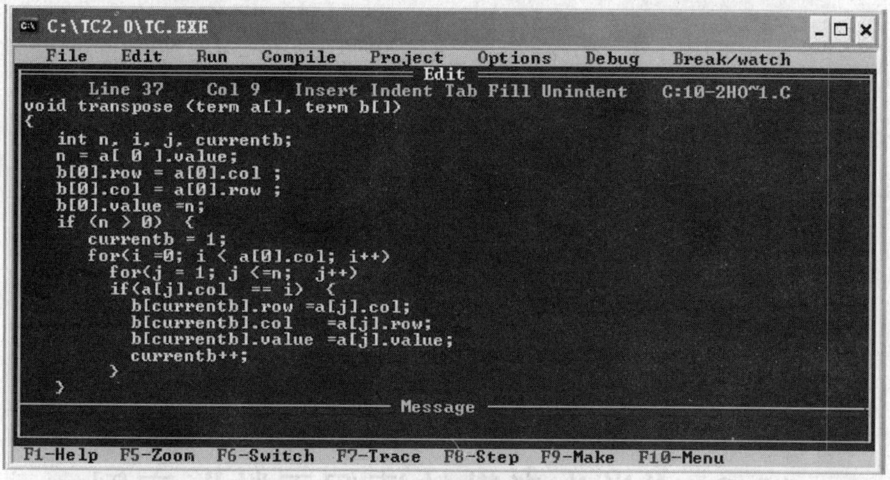

图 10-6　数组的变换程序界面

10.2.1　对称矩阵

对称矩阵是一种最常见的特殊矩阵。对称矩阵是个 n 阶矩阵，若一个 n 阶矩阵 $\boldsymbol{A}$ 的元素满足 $a_{ij}=a_{ji}$ $(0< i, j\leqslant n-1)$，则称为 n 阶对称矩阵。也就是说在对称矩阵中，以对角线 a_{00}，a_{11}，…，$a_{n-1,n-1}$ 为轴线的对称位置上的矩阵元素值相等。由此，可以给每一对对称的矩阵元素分配一个存储它间，那么 n 阶矩阵中的 $n\times n$ 个元素就可以被压缩到 $n(n+1)/2$ 个元素的存储空间。

若以行序为主序存储的对称矩阵为例，将一维数组 Sa[$n(n+1)/2$]作为 n 阶对称矩阵 $\boldsymbol{A}$ 的存储结构，则一维数组 Sa[k]与矩阵元素的之间存在一一对应关系的公式，如图 10-7 所示。

$$A_{i,j}=\begin{cases}\dfrac{i(i+1)}{2}+j & (i\geqslant j)\\[2ex]\dfrac{j(j-1)}{2}+i & (i<j)\end{cases}$$

0	1	2	3	4	5		…			$n(n+1)/2-1$
a_{00}	a_{10}	a_{11}	a_{20}	a_{21}	a_{22}	a_{30}	…	$a_{n,1}$	…	$a_{n-1,n-1}$

图 10-7　对称矩阵的压缩存储

10.2.2　三角矩阵

三角矩阵也是一个 n 阶矩阵，有上三角矩阵和下三角矩阵，下（上）三角矩阵是主对角线以上（下）元素均为零的 n 阶矩阵。图 10-8 所示为一个下三角矩阵。

如果不存储主对角线另一方的零元素，三角矩阵的压缩存储方式可与对称矩阵相同，仍然以一维数组 Sa 作为存储结构，按行序为主序存储方式，则矩阵中元素 a_{ij} 的地址计算公式与对称矩阵相同。三角矩阵的存储空间需要 Sa[$n(n+1)/2$]，其地址计算公式如下：

$$\mathrm{LOC}[i][j] = \mathrm{LOC}[0][0] + (i(i+1)/2+j)\times s \quad (0\leqslant i\leqslant j\leqslant n-1)$$

$$A=\begin{pmatrix} a_{00} & 0 & \cdots & 0 \\ a_{10} & a_{11} & \cdots & 0 \\ \cdots & \cdots & \cdots & \cdots \\ \cdots & \cdots & \cdots & \cdots \\ a_{n-1,0} & a_{n-1,1} & \cdots & a_{n-1,n-1} \end{pmatrix}$$

图 10-8　下三角矩阵的表示

10.3 “学生考勤的请假天数”实例

【实例目的】

① 掌握稀疏矩阵的存储方式。

② 掌握广义表的定义和存储。

【实例内容】

在教学过程中，为了加强教学管理，需要记录学生的考勤信息。因为各种原因，有些学生会请假，这些请假信息也需要记录到考勤信息中。如果请假信息记为 0，则每个学生的请假信息可以用矩阵来表示和存储。

【实例步骤】

根据以上分析，可以用 C 语言实现这个算法。

① 编辑程序。在 Turbo C 2.0 编译界面中按 Alt+F 组合键，选择 New 命令，然后输入源程序，如图 10-9 所示。

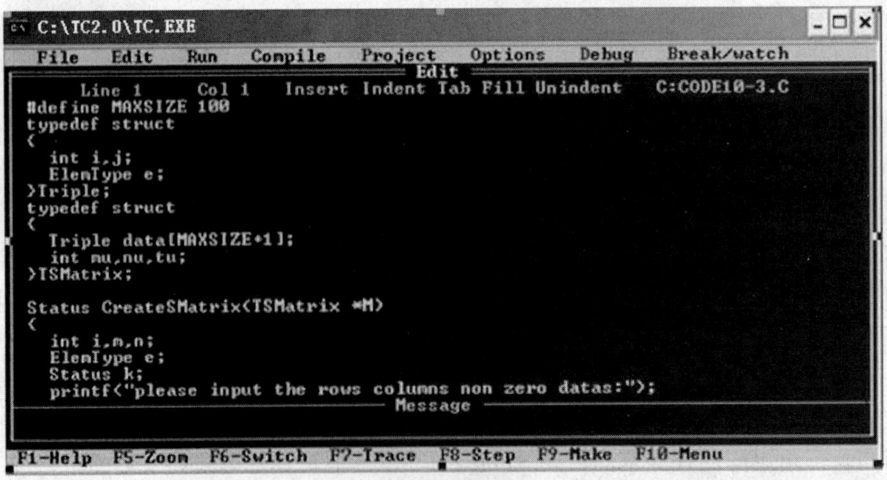

图 10-9　源代码界面

② 添加数据到矩阵中的程序代码如图 10-10 所示。

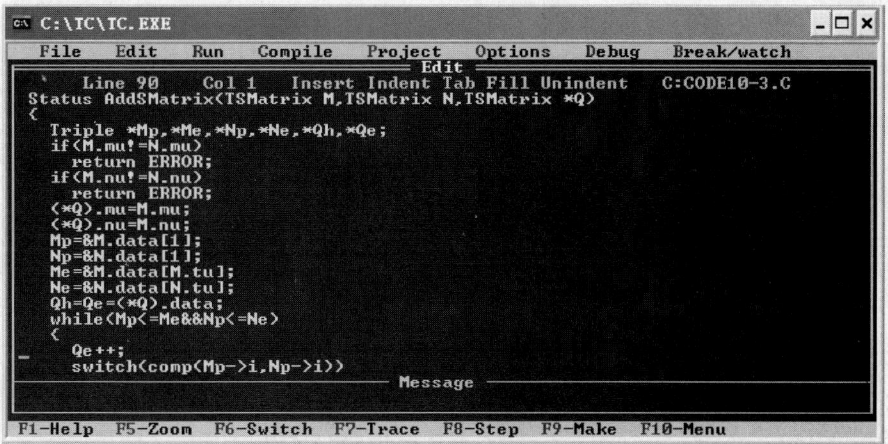

图 10-10　添加数据到矩阵中

【实例相关知识点提示】

当一个矩阵中非零元素的个数远远少于矩阵元素的个数，并且非零元素的分布也没有规律时，则称该矩阵为稀疏矩阵。

由于稀疏矩阵中非零元素的分布没有规律，所以很难定量地描述稀疏矩阵。假设在 $m\times n$ 的矩阵中，有 t 个矩阵元素不为零，令 $\delta=\dfrac{t}{m\times n}$，式中 δ 为矩阵的稀疏因子，通常认为当 $\delta\leqslant 0.05$ 时为稀疏矩阵。

稀疏矩阵同样可以用压缩存储的方法来存储。但是存储方式与之前的特殊矩阵有所不同。在稀疏矩阵的压缩存储中，只存储非零元素，但是由于在稀疏矩阵非零元素的分布没有任何规律，因此在存储稀疏矩阵的非零元素之外，还要存储稀疏矩阵非零元素对应的行下标和列下标。这样，稀疏矩阵中的每一个非零元素就需要有 3 个值来确定。

举一个例子来说明压缩存储的效果。如果在 1 000×1 000 的稀疏矩阵中只有 1 000 个非零元素，假如每个三元组需占用 3 个存储单元，则该矩阵共需 3 000 个存储单元。显然比采用非压缩存储所需占用 1 000×1 000 个存储单元要少得多。

稀疏矩阵存储的常用方法有两种：三元组表和十字链表。

10.3.1　稀疏矩阵的三元组表存储

在稀疏矩阵中，每一个非零元素可以用它所在的行号 i、列号 j 以及元素值 a_{ij} 组成的三元组(i, j, a_{ij})来表示。

在稀疏矩阵的三元组表存储结构中，可以按行号的递增顺序排列，在同一行中，三元组按列号递增的顺序排列，从而构成了一个稀疏矩阵的三元组线性表。在该三元组线性表中的每一个结点对应稀疏矩阵中一个非零元素。

图 10-11（a）所示的稀疏矩阵，可以用三元组线性表表示为：((1，1，5)，(1，4，2)，(2，3，1)，(3，2，9)，(4，5，1)，(5，4，2))，如图 10-11（b）所示。

$$\begin{pmatrix} 5 & 0 & 0 & 2 & 0 \\ 0 & 0 & 1 & 0 & 0 \\ 0 & 9 & 0 & 0 & 0 \\ 0 & 0 & 0 & 0 & 1 \\ 0 & 0 & 0 & 2 & 0 \end{pmatrix}$$

（a）稀疏矩阵

i	j	a_{ij}
1	1	5
1	4	2
2	3	1
3	2	9
4	5	1
5	4	2

（b）三元组

图 10-11　稀疏矩阵

用 C 语言进行描述，三元组线性表中的结点定义如下：

```
#define NUM 100                    /*非零元素的最大个数*/
typedef struct
{
   int row;                        /*行号*/
   int column;                     /*列号*/
   datatype value;                 /*元素值*/
}three_element;                    /*三元组的定义*/

typedef struct
{
   int md;                         /*行号*/
   int nd;                         /*列号*/
   int ld;                         /*非零元素个数*/
   three_element data[NUM];        /*元素值*/
}three_table;          /*三元组线性表的定义*/
```

其中，元素值域是一个一维数组，它的每一个数组元素的结构由 three_element 定义。

一般来说，具有 t 个非零元素的稀疏矩阵可以用 t+1 个三元组表示，其中可用第一个三元组表示稀疏矩阵的行数、列数及非零元素的个数。

稀疏矩阵采用三元组表示后，还需要进行各种运算。下面讨论稀疏矩阵的转置和相乘算法。

1．求转置矩阵

转置操作是矩阵运算中比较容易的一种。对于一个 $m\times n$ 矩阵 $\boldsymbol{A}_{mn}$，转置操作是将其转化为一个 $n\times m$ 的矩阵 $\boldsymbol{B}_{nm}$，且 $\boldsymbol{B}[i][j]=\boldsymbol{A}[i][j]$，其中 $0\leqslant i<n$，$0\leqslant j<m$。数组 $\boldsymbol{B}$ 中三元组排列的顺序是以稀疏矩阵 $\boldsymbol{B}$ 中元素的行号（即对于 $\boldsymbol{A}$ 中的列号）从小到大为顺序，若行号相同，再以列号（即对应 $\boldsymbol{A}$ 中行号）从小到大的顺序排列。在图 10-12 中，矩阵 $\boldsymbol{A}$ 的转置矩阵为 $\boldsymbol{B}$。

将已知三元组 $\boldsymbol{A}$ 求其转置矩阵 $\boldsymbol{B}$，需对数组 $\boldsymbol{A}$ 进行 n 次扫描（n 为 $\boldsymbol{A}$ 的列数，也是 $\boldsymbol{B}$ 的行数）才能完成。第 1 次扫描把第 2 列中的值置 1，按照从上到下的顺序写入到数组 $\boldsymbol{B}$ 中；第 2 次扫描把其值置 2，按照从上到下的顺序写入到数组 $\boldsymbol{B}$ 中，依次类推，直至扫描 n 次。转置算法如下：

```
TransThreeSparmat(three_table b, three_table a)
{
```

```
(*b).md = (*a).nd;
(*b).nd = (*a).md;
  (*b).ld = (*a).ld;          /* 稀疏矩阵的行、列非零元素的个数 */
  if(a.ld !=0)                /* 有非零元素则转换 */
{
  q=1;
  for(col=1;col<=a.nd;col++)                /* 按 A 的列序转换 */
      for(col=1;col<=a.nd;col++)            /* 扫描整个三元组表 */
           if(p=1;p<=a.ld;p++)
           {
             (*b).data[q].row=a.data[p].column ;
             (*b).data[q].column=a.data[p].row;
             (*b).data[q].value=a.data[p].value;
            q++;
           }
}
}
```

1	2	18
3	3	8
3	5	-6
4	3	28
5	2	12
6	6	-18

（a）矩阵 *A* 的三元组表

2	1	18
2	5	12
3	3	8
3	4	28
5	3	-6
6	6	-18

（b）转置矩阵 *B* 的三元组表

图 10-12　矩阵 *A* 的三元组表

2．矩阵相乘

矩阵相乘也是一种常见的矩阵运算。设有矩阵 $\boldsymbol{A}(m_1\times n_1)$和 $\boldsymbol{B}(m_2\times n_2)$。当 $n_1=m_2$ 时，乘积为 $\boldsymbol{Q}(m_1\times n_2)$，$\boldsymbol{A}\times\boldsymbol{B}$ 线性代数矩阵乘法可以描述如下：

$$\boldsymbol{Q}(p,q)=\sum_{i=1}^{n_1}\boldsymbol{A}(p,i)\times\boldsymbol{B}(i,q)\qquad(1\leqslant p\leqslant m_1,1\leqslant q\leqslant n_1)$$

已知矩阵 A(3×4)和 B(4×3)分别为：

$$\boldsymbol{A}=\begin{pmatrix}0 & -2 & 1 & 0\\ 0 & 0 & 0 & 4\\ 3 & 0 & 5 & 0\end{pmatrix}\qquad \boldsymbol{B}=\begin{pmatrix}0 & 1 & 0\\ 2 & 0 & 3\\ 4 & 0 & 1\\ 0 & 0 & 0\end{pmatrix}$$

则矩阵 $\boldsymbol{A}(3\times4)$和 $\boldsymbol{B}(4\times3)$的乘积 $\boldsymbol{Q}(3\times3)$为：

$$Q=\begin{pmatrix} 0 & 0 & -5 \\ 0 & 0 & 0 \\ 20 & 3 & 5 \end{pmatrix}$$

稀疏矩阵有很多元素是零，因而有很多项乘积也是零。为了实现快速仅对两项都不为零的元素计算它们的乘积。由线性代数矩阵乘法：

$$\boldsymbol{Q}(p,q)=\sum_{i=1}^{n_1}\boldsymbol{A}(p,i)\times\boldsymbol{B}(i,q) \qquad (1\leqslant p\leqslant m_1,1\leqslant q\leqslant n_1)$$

我们知道，只有$\boldsymbol{A}(p,i)$与$\boldsymbol{B}(i,p)$有相乘的机会，且当两项都不为零时，乘积才不为零。

根据以上分析，仅存储 ***A***、***B*** 的非零元素。它们的三元组表示如图 10–13 所示。

行	列	值
3	4	5
1	2	–2
1	3	1
2	4	4
3	1	3
3	3	5

（a）矩阵 ***A*** 的三元组表

行	列	值
4	3	5
1	2	1
2	1	2
2	3	3
3	1	4
3	3	1

（b）矩阵 ***B*** 的三元组表

图 10–13　矩阵 ***A***、***B*** 的三元组表

由于是将矩阵 ***A*** 的列与矩阵 ***B*** 的行相等两项相乘，所以可以根据图 10–13（a）中第 1 行第 2 列的值，到图 10–13（b）中第 1 列找第 2 **行**的值与其相乘，即将它们对应的非零元素相乘。得到的新元素 Q_{pq}，p 为 ***A*** 的行号，q 为 ***B*** 的列号。

注意：有可能得到若干个新的乘积元素其下标是一样的，这时要将它们相加求和。

算法思想如下：

（1）对矩阵 ***B*** 的三元组表从上到下进行扫描，统计出 ***B*** 中每一行非零元素的个数，由此可求出 ***B*** 中每一行第 1 个非零元素在 ***B*** 中的位置。

（2）对 ***A*** 从上到下进行扫描，将 ***A*** 中每一个元素与 ***B*** 中相应元素相乘，作为 $\boldsymbol{A}\times\boldsymbol{B}$ 中的一项。在稀疏矩阵相乘的过程中，为了得到非零项的乘积，对于 ***A*** 中每一行的元素（p，k，$\boldsymbol{A}_{pk}$），($1\leqslant p\leqslant m_1$，$1\leqslant q\leqslant n_1$)，需要在 ***B*** 中找到有相应的元素（$k$，$q$，$\boldsymbol{B}_{kq}$）。

*10.3.2　稀疏矩阵的十字链表存储

当用三元组来表示稀疏矩阵时，三元组表的元素个数是固定不变的。如果再做其他操作（如加法、乘法）时，非零项数目会发生变化，此时使用三元组顺序表的结构会造成大量数据的移动，使得算法的时间复杂度大大增加。稀疏矩阵的十字链表表示法是用多重链表来存储稀疏矩阵。

在十字链表示法中，稀疏矩阵中的每个非零元素用一个结点来表示，这种结点由 5 个域组

成，其中行域 row、列域 col、值域 val 分别表示某个非零元素所在的行号、列号和数值，如图 10-14（a）所示。向下指针域（down）用以链接同一列中表示下一个非零元素的结点，向右指针域(right)用以链接同一行中表示下一个非零元素的结点。这样，同一行中非零元素的结点构成一个链表，同一列非零元素的结点也构成一个链表。我们把每行、每列的链表用循环线性链表来表示，且使第 k 行和第 k 列的两个链表合用一个表头结点。这种行（列）表头结点也由 5 个域组成，如图 10-14(b)所示。其中相应的 row 和 col 域内写入零，next 域用以链接下一行(列)循环线性链表的表头结点，down 域用以链接本列循环线性链表中第一个非零元素结点，right 域用以链接本行循环线性链表中第一个非零元素结点。我们把这种行（列）表头结点也构成一个循环线性链表，并且设置总表头结点。为使结点格式统一，总表头结点也用 5 个域，如图 10-14（c）所示。总表头结点在 row、col 域中写入稀疏矩阵的行数 m 和列数 n，而 next 域用以链接第一行（列）循环线性链表的去头结点，另外的 down 和 right 域，在总表头结点中是不用的。

row	col	val
down	right	

（a）

0	0	next
down	right	

（b）

m	n	next
不用	不用	

（c）

图 10-14　十字链表的结构

总之，这种多重链表中有 3 种结点，即总表头结点、行(列)表头结点和非零元素结点。这 3 种结点各域的意义不全一样，它们的数据类型也有不同。用 C 语言描述如下：

```
struct
{
int row,col;
struct node *right,*down;
union
   {
    float val;
    struct node *next;
   }same;
  };
```

另外还有以下 3 种循环线性链表：

① hm（总的头指针）指向各行(列)去头结点组成的循环线性链表，其结点之间用各结点的 next 域相链接。

② 由同一行中非零元素结点组成的循环线性链表，其结点之间用各结点的 right 域相链接。

③ 在同一列中非零元素结点组成的循环线性链表，其结点之间用各结点的 down 域相链接。

对某一个非零元素的结点来说，它既是第 i 行循环线性链表中一个结点，又是第 j 列循环线性链表中的一个结点。在图 10-15 中，对整个稀疏矩阵是用十字交叉的多重链表来表示的，所以把这种多重链表称为十字链表。如图 10-15（a）中的稀疏矩阵 $\boldsymbol{A}$ 所示，对应的十字链表如图 10-15（b）所示。

十字链表可以看作是由各个行链表和列链表共同搭建起来的一个综合链表，每一个结点既是处在第 i 行链表的一个结点，同时又是处在第 j 列链表上的一个结点，就像处在十字交叉路口上的结点一样，这就是十字链表名字的由来。

十字链表中每一行和每一列链表都构成一个循环链表，都有一个表头结点。由于表头结点

行和列对应的域 i 和 j 值都为零，且各自都指向每一行或列链表中的第一个结点，所以可以将行和列链表共享一个表头结点，即第 i 行和第 j 列共用同一个表头结点，第 i 列和第 j 行共用同一个结点。因此，在 5×4 的稀疏矩阵 A 中共需要 5 个表头结点，这 5 个表头结点的 next 域各自指向它们的下一个表头结点，同时用一个相应的头指针 h[i]指向该表头结点。由于矩阵 A 为 5×4，h[5]的列指针域未用到。

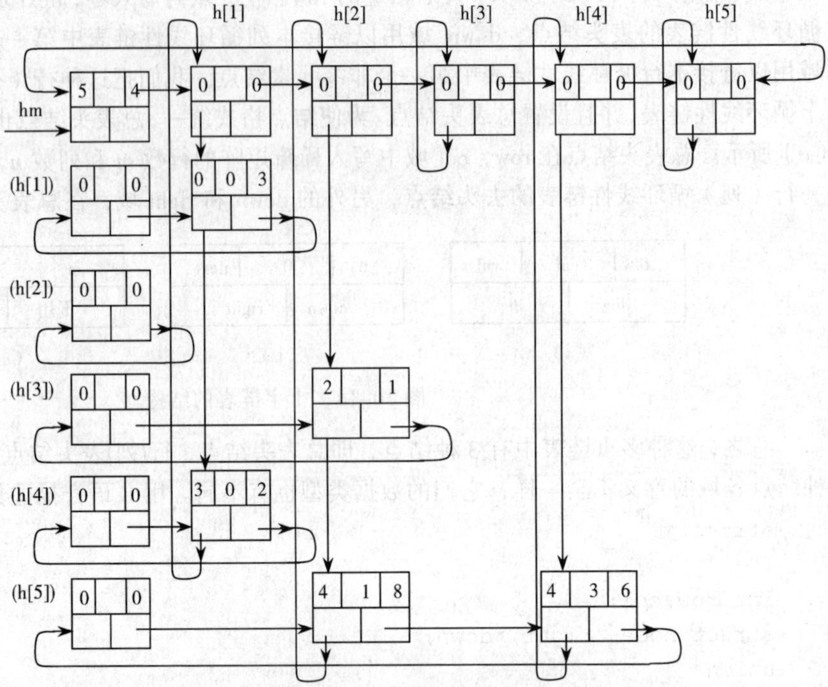

$$A_{5\times4}=\begin{pmatrix}3&0&0&0\\0&0&0&0\\0&-4&0&0\\2&0&0&0\\0&8&0&6\end{pmatrix}$$

（a）稀疏矩阵 A

（b）A 对应的十字链表

图 10-15　稀疏矩阵 A 的十字链表

为了处理方便，又增加了一个总表头结点，它的 down 和 right 域都没用到，行和列的值 i 和 j 所在的域用来存放总的行数和列数，它的 next 域指向第一个表头结点。这样总表头结点和表头结点在一起又构成了一个循环链表，并用一个总的头指针 hm 指向该循环链表的总表头结点。下面是建立十字链表的算法。

```
#include "stdio.h"
#include "stdlib.h"
#define MAXSIZE 1000                    /*定义非零元素的最大值*/
typedef int elemtype;
typedef struct node
{
  int i,j;
  struct node *down,*right;
  union
  {
    struct node *next;                  /*头结点使用的next域*/
    elemtype v;                         /*结点使用v值域*/
```

```
    }val;
}crosslink;

  Void CreateCrosslink(crosslink *hm)
  {
    /*建立十字链表*/
    crosslink *p,*q,*h[MAXSIZE];
    int i,j,m,n,t,s;
    elemtype v;                          /* 根据用户需求定义变量 */
    printf("please input the number of row,column and none-zero data.\n");
    scanf("%d%d%d",&m,&n,&t);            /* 行、列和非零元素的个数*/
    if(m>n)  /*  由于行、列共用一个头结点，所以取行、列的较大数为表头结点数 */
      s=m;
    else
      s=n;
    p=(crosslink *)malloc(sizeof(crosslink));  /*生成总表头结点*/
    p->i=m;
    p->j=n;
    hm=p;                                /*用总的头指针 hm 指向总的表头结点*/
    h[0]=p;
    /*以下是建立表头结点的过程 */
    for(i=1;i<=s;i+)
    {
      p=(crosslink *)malloc(sizeof(crosslink));
      p->i=0;
      p->j=0;
      p->right=p;
      p->down=p;
      h[i]=p;
      h[i-1]->val.next=p;
    }
   h[s]->val.next=hm;                    /*构成表头结点的循环链表*/
   /*以下是输入非零结点值和建立十字链表的过程*/
    for(i=1;i<=t;i++)
    {
      scanf("%d%d%d",&i,&j,&v);          /*输入非零元素的三元组*/
      p=(crosslink *)malloc(sizeof(crosslink));
      p->i=i;
      p->j=j;
      p->val.v=v;
      /*以下是将新建结点插入到十字链表中第 i 行链表的过程*/
      q=h[i];                            /*q 指向第 i 行的表头结点*/
      while((q->right !=h[i])&&(q->right->j<j))
          q=q->right;
      p->right=q->right;
      q->right=p;
       /*以下是将新建结点插入到十字链表中第 j 列链表的过程*/
```

```
        q=h[j];                              /*q 指向第 j 列的表头结点*/
        while((q->down !=h[j])&&(q->down ->i <i))
            q=q->down;
        p->down=q->down;
        q->down=p;
    }
}
```

从上面的算法可以看出：十字链表的建立，首先要根据行和列的最大值建立总表头结点和表头结点.并构成一个循环链表；然后生成新结点，读入非零元素值，将新结点插入十字链表相应的行和列的过程。上述算法的时间复杂度是 $O(t \times s)$，其中 t 为稀疏矩阵中非零元素的个数，s 取行 m 和列 n 中较大的一个。

十字链表建立完毕，输出十字链表就比较容易。下面是十字链表的输出算法描述。

```
void DispCrosslink(crosslink *hm)
{
  /*十字链表输出的对应算法*/
  crosslink *p,*q;
  int i,j;
  printf("the row number.\n");
  for(i=0;i<=hm->j;i++)                      /*输出行 */
     printf("%d  ",i);
  printf("\n");
  printf("the column number.\n");
  for(i=1,p=hm->val.next;p!=hm;i++)          /*输出列 */
     printf("%d  ",i);
  for(j=1,q=p->right;q!=p;j++)
  {
     if(j==q->j)
  {
         printf("%d\t",q->val);
     q=q->right;
  }
      else
     printf("0 " );
  printf("\n");
  p=p->val.next;
     }
 }/* DispCrosslink */
```

10.3.3 广义表的定义

广义表是线性表的推广，它是 $n(n\geqslant 0)$个元素的序列，记为：

$$A=(a_1,\ a_2,\ \dots\ a_{i-1},\ a_i,\ a_{i+1},\ \cdots\ a_n)$$

其中，A 是广义表的名称，n 是它的长度，当 $n=0$ 时为空表。在一个非空的广义表中，其元素 a_i 可以是某一确定类型的单个元素，称为原子，也可以是一个广义表，称为子表。因此，广义表的定义是一种递归的定义，又是一种递归的数据结构。当广义表非空的时候，把第一个

元素 a_1 称为广义表 A 的表头（Head），其余元素组成的表（a_2，…a_{i-1}，a_i，a_{i+1}，…a_n）是 A 的表尾（Tail）。

习惯上用括号将广义表括起来，用逗号分隔元素，用小写字母表示单个元素，用大写字母表示广义表。下面是广义表的一些举例。

A=( )；表示 A 为空表，长度为 0。

B=(b，c)；表示 B 为一个长度为 1 的广义表，它由两个原子元素 b 和 c 构成。

C=(a，(b，c))；表示 C 为长度为 2 的广义表，它有两个元素，一个为原子 a，另一个为子表(b，c)。

D=(C，B，A)；表示广义表 D 的长度为 3，3 个元素都是子表，D 相当于((a，(b，c))，(b，c)，( ))这种形式。

E= (a，E)；表示 E 为一个长度为 2 的广义表，第一个元素是单元素，第二个元素展开后是一个无限的广义表，这是一种递归表。

从上面的广义表定义和举例中可以看到，广义表可以为其他广义表所共享（如 D 就直接使用了广义表 A、B 和 C。无须重新列出其子表的值），另外广义表可以是一个递归的表，即列表可以是其本身的一个子表，比如广义表 E 就是其自身的一个子表。

另外，广义表的元素之间不但存在次序关系还存在层次关系，广义表中元素最大的层数称为广义表的深度。相对于元素来说，它的层数就是包含该元素括号对的数目。例如，广义表

$$F=(a，(b，(c，(d))))$$

则数据元素 a 在第一层，数据元素 b 在第二层，数据元素 c 在第三层，数据元素 d 在第四层，广义表 F 的深度为 4。

从表头和表尾的定义可知：任何一个非空列表及其表头可能是原子，而其表尾必定为列表。下面是求表头和表尾运算的例子。

Head(B)= b　　Tail(B)=(c)

Head(C)= a　　Tail (C)=((b，c))

Head(D)= c　　Tail (D)= (b，a)

*10.3.4　广义表的存储

在计算机中表示广义表，虽然可以采用顺序分配的结构，但它会给存储管理带来较大的困难。因此，通常采用链式分配的结构表示广义表。广义表中结点具有不同的结构，即数据元素结点和子表元素结点。为将两者统—，结点结构如图 10-16 所示。

flag	info	link

图 10-16　广义表结点结构

其中，flag 为标志域，以区别数据元素与子表。若某结点表示数据元素，则该结点中的 flag 域设为 0，info 域存放数据元素的值；若某结点表示子表，则该结点中的 flag 域设为 1，info 域存放指向该子表的指针。结点中的 link 域存放指向下一个结点的指针。其结构定义如下：

```
typedef struct linknode
{
   int flag;
   struct linknode *link;
   union{
      char data;
```

```
        struct linknode *sublist;
    }info;
}GNODE;
```

例如，上面所举 5 个列表的存储结构可用图 10–17 表示。

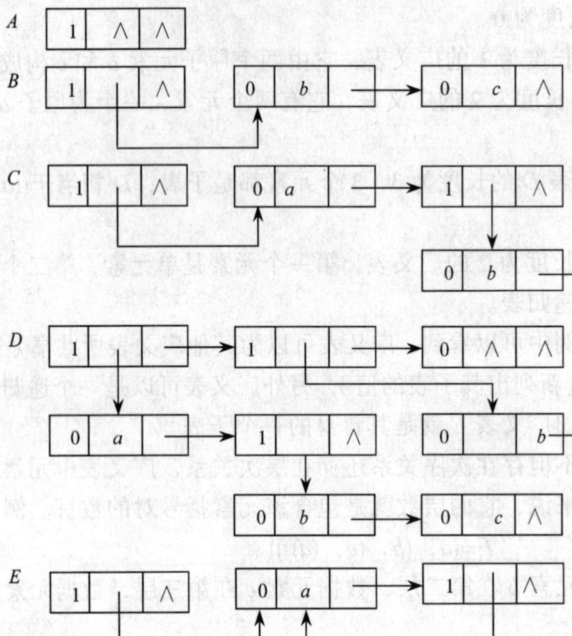

图 10–17　广义表 A、B、C、D、E 的一种存储结构

从上述定义和例子可推出列表的 3 个重要结论：

① 列表的元素可以是子表，而子表的元素还可以是子表。

② 列表可为其他列表所共享。

③ 列表可以是一个递归的表，即列表也可以是其本身的一个子表。

10.3.5 广义表的运算

广义表的操作主要有求广义表长度、广义表深度以及对广义表进行查找、删除和打印等。在此仅讨论求广义表深度的操作。

广义表的深度定义为广义表中括弧的重数，是广义表的一种量度。

广义表 LS=(a_1，a_2，… a_{i-1}，a_i，a_{i+1}，… a_n)的深度 DEPTH（LS）递归定义为：

基本项 DEPTH（LS）= 1　　当 LS 为空表时；

DEPTH（LS）= 0　　当 LS 为单元素时，此时没有括号；

归纳项：DEPTH（LS）= 1+max{ DEPTH(a_i)，$1\leqslant i\leqslant n$}。

由此定义容易写出求深度的递归函数。假设 p 是 GNODE 型的变量，p->flag= =1 且 p->info.sublist= =NULL，表明广义表为空表；p->flag= =0，表明是单元数。反之，p 指向表结点，该结点中的 p->info.sublist 指针指向表头，即为 p 的第 1 个子表，而结点中 p->link 指针指向 p 的下一个结点。由此求广义表深度的递归函数，可用如下 C 语言描述。

```
int depth(GNODE *p)
{
  int h,maxdh;
  GNODE *q;
  if(p->flag==0) return(0);                    /* 若表头结点为 0，则表示该表为原子 */
  else
    if(p->flag==1&&p->info.sublist==NULL)  /* 空表的情况*/
       maxdh=1;
else                                          /* 否则，要进行递归求解 */
   {
    maxdh=0;                                  /* 赋初值 */
    while(p!=NULL) /* 循环扫描广义表的每个结点，对每个结点求其子表深度 */
       {
         q=p->info.sublist;
      h=depth(q);
      if(h>maxdh) maxdh=h;                    /* 取最大的子表深度 */
      p=p->link;
       }
    return(maxdh+1);                          /* 最大子表深度加 1 即为该广义表的深度 */
 }
}
```

上述算法执行过程实际上是遍历广义表的过程，在遍历时首先求得各子表的深度，然后综合得到广义表的深度。

广义表 $D=(A，B，C)=((),(e),(a,(b,c,d)))$的深度为 3。按递归定义分析广义表 D 的深度，则有：

DEPTH(D)=1+Max{DEPTH(A),DEPTH(B)DEPTH(C)}

DEPTH(A)=1;

DEPTH(B)=1+Max{DEPTH(e)}=1+0=1

DEPTH(C)=1+Max{DEPTH(a),DEPTH((b,c,d))}=2

DEPTH(a)=0

DEPTH((b,c,d))=1+Max{DEPTH(b),DEPTH(c),DEPTH(d)}=1+0=1

由此，DEPTH(D)=1+Max{1,1,2}=3。

小　结

数组是由下标和值组成的有序对集合。在数组中，对于每组有定义的下标都存在一个与其对应的值，该值通常称为数组元素的值。一旦数组定义后，该结构就具有以下性质：

① 数据元素的数目固定，即一旦定义了数组结构，在其操作过程中，元素的个数不再变化。

② 数组中所有元素的值具有相同数据类型。

③ 数据元素下标关系具有上下界的约束，并且下标有序。

对于数组来说，只有下列两种运算：

① 给定一组下标，找到其对应的数据元素。

② 给定一组下标，存储或修改与其相对应的数据元素中某个数据项的值。

对于特殊矩阵可采用不同的存储方法：

① 对称矩阵：压缩存储的对应关系是：$k=i(i+1)/2+j$。

② 三角矩阵：压缩存储的对应关系是：$k=2(i-1)+j$。

稀疏矩阵的压缩存储：

① 三元组表：仅存储非零元素，除其值外还必须同时存储它的下标位置。

② 十字链表：零元素不形成结点，非零元素才有存储，从而节省存储空间。

广义表是线性表的一种扩展，允许表中元素是原子元素，也可以是线性表。广义表具有 3 个重要特点：

① 列表的元素可以是子表，而子表的元素还可以是子表。

② 列表可与其他列表共享。

③ 列表可以是一个递归的表，即列表也可以是其本身的一个子表。

思考与练习

一、单选题

1．设有一个 8 阶的对称矩阵 $\boldsymbol{A}$，采用压缩存储方式，以行序为主序存储，每个元素占用一个存储单元，基址为 100，则 A_{63} 的地址为（　　）。

A．118　　B．124　　C．151　　D．160

2．对稀疏矩阵进行压缩存储的目的是（　　）。

A．降低运算的时间复杂度　　B．节省存储空间

C．便于存储　　D．便于进行矩阵运算

3．以下有关广义表说法中不正确的是（　　）。

A．广义表的表头总是一个原子　　B．广义表的表尾总是一个广义表

C．广义表的元素可以是单个元素　　D．广义表的元素可以是一个子表

4．广义表 $L=(a，(b，(c)，d)，(( )，e))$的长度为（　　）。

A．∞　　B．6　　C．4　　D．3

5．已知广义表 $L=((a，b，c)，a，(x，y，z))$，从 L 表中取出原子项 y 的运算是____。

A．head(tail(head(tail(L))))　　B．.tail(head(head(tail(L))))

C．head(tail(head(tail(tail(L)))))　　D．head(tail(tail(L)))

二、填空题

1．通常数组只有__________和__________两种运算，因此常采用__________来存储数组。

2．数组 A 中每个元素的长度是 3 个字节，行下标 i 从 1 到 8，列下标 j 从 1 到 10，首地址 ST 开始连续存放在存储器中。若按行优先方式存储，元素 A[8][5]的起始地址为__________；若按列先方式存储，元素 A[8][5]的起始地址为__________。

3．已知数组 A[3　8，2　6]以列序为主序顺序存储，且每个元素占两个存储单元，则计算元素 A[i，j]地址的公式为__________。

4．稀疏矩阵 $A=\begin{bmatrix}0&0&0\\0&0&10\\0&0&0\end{bmatrix}$ 的三元组表示为__________。

5．已知广义表 A=((( )，(a，(b)，c)))，则 head(tail(head(tail(head(A))))等于__________。

三、综合题

1．已知在 5×6 的数组 A 中，每个元素占 2 个字节，数组的基址为 1000，求：

（1）A 所占的字节数；

（2）元素 a_{25} 的地址；

（3）按行和按列优先存储的 a_{34} 地址。

2．设有上三角矩阵$(a_{ij})n\times n$，将其上三角元素逐行存于数组 $B(1:m)$中（m 充分大），使得 $B[k]=a_{ij}$，且 $k=f_1(i)+f_2(j)+c$。试推导出函数 f_1、f_2和常数 c（要求 f_1和 f_2中不含常数项）。

3．已知稀疏矩阵 $A=\begin{bmatrix}0&0&0&0&30&0\\0&0&0&0&0&0\\0&0&0&0&50&0\\0&0&0&0&0&0\\10&0&0&0&0&20\end{bmatrix}$，请给出矩阵 A 的三元组表示。

4．约瑟夫环问题：设有 n 个人围坐一圈，并按顺时针方向 1～n 编号。从第 s 个人开始进行报数，报数到第 m 个人，此人出圈，再从他的下一个人重新开始按 1～m 的报数进行下去，直到所有的人都出圈为止。

```
void Josef (int A[], int n ,int s,int m)
{
   for(i=1;i<=n;i++)
  A[i]=i;
   s1=s;
   for( i=n;i>=2; i--)
   {
     s1=________;            /* 计算出圈人 s1 */
     if( s1= =0)
     ________;
     w=A[s1];               /*A[s1]出圈 */
     for(j= ________ )
        A[j] =A[j+1];
     A[i]=w;
    }
  printf("出圈序列为: ");    /* 输出出圈序列 */
for( i=n;i>=1;i--)
  printf("%d",A[i]);
printf("\n");
}
```

5. 编写算法，将自然数 $1\sim n^2$ 按“蛇形”填入，$n\times n$ 矩阵中。例如，$(1\sim 4^2)$的 4×4 矩阵如图 10-18 所示。

1	3	4	10
2	5	9	11
6	8	12	15
7	13	14	16

图 10-18 $(1\sim 4^2)$ 的 4×4 矩阵

Ⅳ 文件结构

第11章 文 件

【内容提要及教学目标】

文件使得数据能够在规模很大，并且需要长期保存的要求下存放在外存储器。常见的文件分类为顺序文件和散列文件。通过本章的学习，读者应掌握以下内容：

- 了解文件的基本概念和文件的分类。
- 掌握文件的基本运算。
- 熟悉不同文件的操作方式和相关特点。
- 理解多重表文件和倒排文件。

【本章重点及难点】

掌握顺序文件和散列文件的组织方式和操作方式，掌握 ISAM 文件和 VSAM 文件。

11.1 文件的基本概念

11.1.1 文件及其类别

文件（File）是由性质相同的记录所构成的集合。数据结构中讨论的文件主要是数据库意义上的文件，而不是操作系统意义上的文件。操作系统中是以文件为单位对数据进行管理，而数据库所研究的文件是结构化的记录集合。

记录是文件中存取数据的基本单位，每个记录由一个或多个数据项组成。数据项是文件最基本的不可分割的数据单位，是文件中使用的最小单位。

在文件系统中，数据按组成划分为 3 个级别：数据项、记录和文件。

数据项有时也称为字段，或者称为属性（Attribute）。能唯一标识一个记录的数据项或数据项的组合称为主关键字项，不能唯一标识一个记录的数据项或数据项的组合称为次关键字项。

【例 11.1】 表 11-1 所示为某高校教师信息管理表，每位职工的档案信息包括：工号、姓名、性别、职务、工资、住址、电话号码等。文件由若干记录组成，每位职工情况就是一个记录。这份教师信息表中列出了 5 个记录，每个记录由 7 个数据项组成。每个数据项代表记录的某种属性，每个数据项的名字称为记录的域。其中，“工号”为主关键字，而“姓名”、“性别”等数据项为次关键字。

表 11-1 教师信息表

工号	姓名	性别	职务	工资	住址	电话号码
10001	匡青青	女	讲师	2142	北京西路 411 号	86262×××
10002	肖子皓	男	副教授	2700	南京东路 999 号	85966×××

续表

工号	姓名	性别	职务	工资	住址	电话号码
10003	谭辉明	男	助教	1930	西安路 688 号	88138×××
10004	彭明明	男	讲师	2302	上海路 168 号	88138×××
10005	章小花	女	助教	1959	八一大道 21 号	88174×××

文件还可以划分为定长记录文件和不定长记录文件两类。若文件中所有记录的信息长度都相同，则称这类记录为定长记录，由这类定长记录组成的文件称为定长记录文件；若文件中含有信息长度不等的不定长记录，则称其为不定长记录文件。

11.1.2 文件记录的逻辑结构和物理结构

文件结构同样也包括逻辑结构、存储结构及在文件上的各种操作运算 3 个方面。文件操作是定义在逻辑结构上的，但操作运算的具体实现要在存储结构上进行。

1. 文件记录的逻辑结构

文件记录的逻辑结构是一种面向用户的结构，是用户对数据的表示和存取的方式。文件可看成是以记录为数据元素的一种线性结构。

2. 文件记录的物理结构

文件记录的物理结构（亦称为存储结构）是指数据在物理存储器上存储的方式，是数据的物理表示和组织。

11.1.3 文件组织与操作

1. 文件组织

文件的基本组织方式有 4 种：顺序组织、索引组织、散列组织和链式组织。文件的构造方法往往是这 4 种组织方式的组合。常用的文件类型有：顺序文件、索引文件、索引顺序文件、散列文件等。文件组织方式的选择，取决于文件的使用方式与频繁程度、存取要求、外存的性质和容量。本章将主要介绍顺序文件和散列文件。

2. 文件操作

文件的操作主要有两类：检索和修改。

文件的检索操作即在文件中查找满足给定条件的记录，它既可以按记录的逻辑号进行查找，也可以按关键字进行查找。根据检索条件不同，对数据库文件的检索有以下 4 种方式：

① 简单查询：只查询单个关键字等于给定值的记录。

例如，在表 11–1 所示文件中查询“工号”=“10003”，或“姓名”=“谭辉明”的记录。

② 范围查询：查询关键字属于某个范围内的记录。

例如，在表 11–1 所示文件中查询“性别”=“女”所有教师的记录。

③ 函数查询：给定关键字的某个函数，询问该函数的某个值。

例如，在表 11–1 所示文件中查询“工资”在平均值以上的教师记录。

④ 布尔查询：将以上 3 种查询用布尔运算（与、或、非）组合起来的查询。

例如，在表 11-1 所示文件中查询“职务”为“讲师”且“工资”在平均值以上的男性职工。

文件的修改操作是指插入一个记录、删除一个记录和更新一个记录等 3 种运算。此外，为提高文件的效率，还要进行文件再组织操作，当文件被破坏后，恢复文件及保护数据文件的安全等。

文件的检索和更新有实时处理和批量处理两种处理方式。通常，实时处理对响应时间要求很严格，应当在接受询问后几秒内完成检索和更新；而批量处理则不同，对响应时间要求宽松一些。不同的文件系统有不同的要求。

11.2 顺序文件

顺序文件是指记录按其在文件中的逻辑顺序依次存放到外存储器中，是逻辑顺序和物理顺序一致的文件。若顺序文件中的记录按主关键字有序，则称此顺序文件为顺序有序文件，否则称为顺序无序文件。为了提高运算效率，通常将顺序文件组织成有序文件。在此约定，本书以后所涉及的顺序文件都是有序文件。

顺序文件是根据记录的序号或记录的相对位置来存取文件的，其特点如下：

- 要检索第 i 个记录，必须先检索前 $i-1$ 个记录。
- 插入新的记录时，只能添加在文件的末尾。
- 若要更新文件中的某个记录，则必须将整个文件进行复制。

顺序文件存储在顺序存储设备上。磁带是一种典型的顺序存储设备，磁带文件是顺序文件。对于存储在顺序存储设备上的顺序文件只能用顺序查找方法进行检索。

对于存储在直接存储设备（如磁盘）上的顺序文件，可以用顺序查找进行检索，也可以用分块查找或二分查找进行检索。

顺序文件的修改操作比较困难，不能按内存操作方法进行文件的插入、删除和修改操作，这是因为文件中的记录不能像向量空间的数据那样“移动”，而只能通过复制整个文件来实现插入、删除和更新操作。为了提高效率，通常采用批量处理方式实现对顺序文件的更新。采用批量处理时，需要设置一个附加文件，用来存放所有对顺序文件的修改请求。当修改请求积累到一定数量时，就开始进行批量处理。

下面通过磁带文件的批处理过程来说明顺序文件的更新操作过程。

磁带文件适合于文件数据量大，记录变动少和只做批量修改的情况。对磁带文件进行修改时，一般需用另一条复制带将原带上不变的记录复制一遍，同时在复制过程中插入新记录，并用修改后的新记录代替原记录写到磁带上。为了方便，要求待复制的文件按关键字或逻辑记录号有序。

一个文件，称为事务文件，存放到另一个磁带文件中。主文件按关键字从小到大顺序有序，事务文件和主文件同样的有序关系。

磁带文件进行批处理的更新过程如下：首先将事务文件按主关键字排序，然后将主文件与事务文件归并成一个新的主文件。在归并过程中，顺序读出主文件与事务文件中的记录，比较它们的关键字并分别进行不同的处理。对于关键字不匹配的主文件记录，则将其直接写到新主文件中。“更改”和“删除”记录时，要求主文件与事务文件的关键字相匹配。若“删除”记录，则不需要写到新主文件中；若“更改”记录，则将更改后的新记录写到新主文件中；若“插入”记录，则不要求关键字相匹配，可直接将事务文件中要插入的记录写到新主文件合适的位置上。

磁盘上顺序文件的修改操作与磁带文件类似。顺序文件特别适用于磁带存储器，也适用于磁盘存储器。顺序文件适合进行顺序存取和成批处理。

顺序文件的主要优点是：顺序存取速度很快。若顺序文件存放在磁带上，这个优点总是可以保持的。但是，若顺序文件存放在直接存取设备（如磁盘）上，则在多道程序的情况下，反而会降低文件存取的速度。因此，顺序文件多用于顺序存储设备（如磁带）。

11.3　散列文件

散列文件是利用散列存储方式组织的文件，亦称为直接存取文件。

1. 散列文件的组织方式

散列文件又称直接存取文件，即根据文件中关键字的特点，设计一个散列函数和处理冲突的方法，将记录散列到存储设备上。

2. 基桶和溢出桶

散列文件的存储单位叫做桶（Bucket）。假如一个桶能存放 m 个记录，当桶中已有 m 个同义词的记录时，存放第 $m+1$ 个同义词会发生“溢出”。需要将第 $m+1$ 个同义词存放到另一个桶中，通常称此桶为“溢出桶”。相对地，称前 m 个同义词存放的桶为“基桶”。

特别注意：

① 溢出桶和基桶大小相同，相互之间用指针相链接。

② 若在基桶中没有找到待查记录，就沿着指针到所指溢出桶中进行查找，所以希望同一散列地址的溢出桶和基桶，在磁盘上的物理位置不要相距太远，最好在同一柱面上。

3. 散列文件的查找操作

在散列文件中查找的过程如下：

① 根据给定值求出散列桶地址。

② 将基桶的记录读入内存，进行顺序查找。

③ 若找到关键字等于给定值的记录，则检索成功，否则读入溢出桶的记录继续进行查找。

4. 散列文件的删除操作

在散列文件中删去一个记录，仅需对被删记录作删除标记即可。

5. 散列文件的特点

（1）散列文件的优点

① 文件随机存放，记录不需要进行排序。

② 插入、删除方便。

③ 存取速度快。

④ 不需要索引区，节省存储空间。

（2）散列文件的缺点

① 不能进行顺序存取，只能按关键字随机存取。

② 询问方式限于简单询问。

③ 在经过多次插入、删除后，可能造成文件结构不合理，需要重新组织文件。

*11.4 索引文件

索引技术是组织大型数据库的一种重要技术，索引是逻辑记录和物理记录之间的一一对应的关系。由文件数据区和索引表两部分构成索引文件，文件数据区存储实际的数据记录，索引表是存储记录的关键字和记录(存储)地址之间的对照表，每个元素称为一个索引项。

如果数据文件中的每一个记录都有一个索引项，这种索引称为稠密索引。若对一组记录建立一个索引项，则称为非稠密索引，其基本结构如图 11-1 所示。

对于非稠密索引，通常将文件记录划分为若干块，块内记录可以无序，但块间必须有序。若块内记录是有序的，称为索引顺序文件，否则称为索引非顺序文件。对于索引非顺序文件，只需要对每一块建立一个索引项。

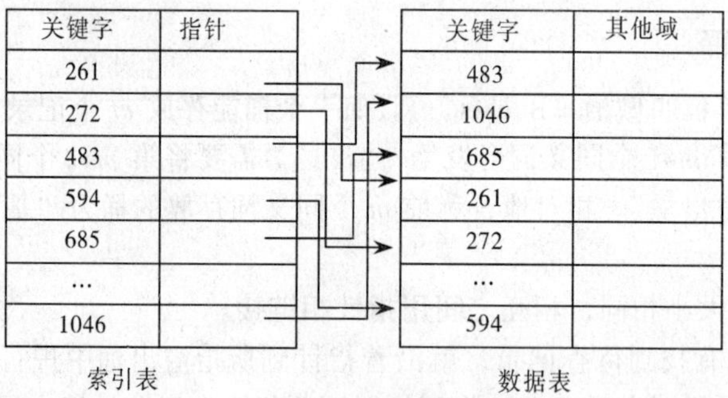

（a）稠密索引

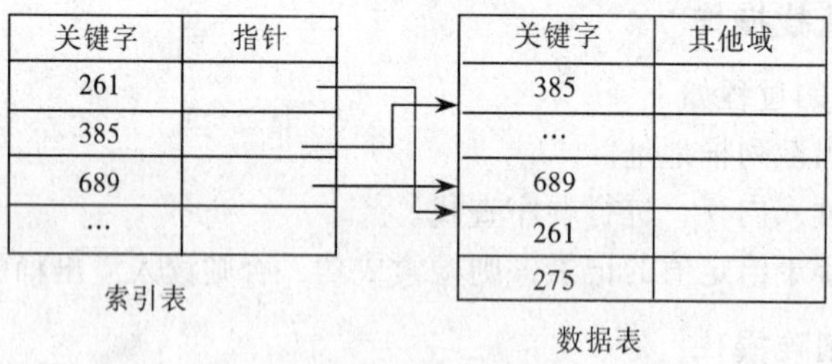

（b）非稠密索引

图 11-1　稠密索引和非稠密索引图

对于稠密索引，可以根据索引项直接查找到记录的位置。如果索引项数目与数据表中记录数相同，当表很大时，检索记录需多次访问外存。

而对于非稠密索引，查找的基本思想是：首先根据索引找到记录所在的块，再将该块读入到内存，然后再在块内顺序查找。

如果文件中记录数很庞大，对非稠密索引而言，索引也很大，可以将索引表再分块，建立索引的索引，形成树形结构的多级索引，如后面将要介绍的 ISAM 文件和 VSAM 文件。

11.4.1　ISAM 文件

ISAM（Indexed Sequential Access Method，顺序索引存取方法）是专为磁盘存取设计的一种文件组织方式，采用静态索引结构，是一种三级索引结构的顺序文件。

ISAM 文件由基本文件、磁道索引、柱面索引和主索引组成。

基本文件按关键字的值顺序存放，首先集中存放在同一柱面上，然后再顺序存放在相邻柱面上；对于同一柱面，则按盘面的次序顺序存放。在每个柱面上，还开辟了一个溢出区，存放从该柱面的磁道上溢出的记录。同一磁道上溢出的记录通常由指针相链接。

ISAM 文件为每个磁道建立一个索引项，相同柱面的磁道索引项组成一个索引表，称为磁道索引，由基本索引项和溢出索引项组成，其结构如图 11-2 所示。

基本索引项：关键字域存放该磁道上的最大关键字；指针域存放该磁道的首地址。

溢出索引项：为插入记录而设置。关键字域存放该磁道上溢出的记录的最大关键字；指针域存放溢出记录链表的头指针。

在磁道索引的基础上，为文件所占用的柱面建立一个柱面索引，其结构如图 11-3 所示。关键字域存放该柱面上的最大关键字；指针域指向该柱面的第 1 个磁道索引项。

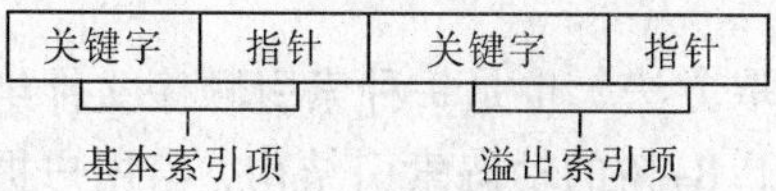

图 11-2　磁道索引项结构

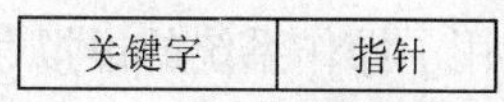

图 11-3　柱面索引结构

当柱面索引很大时，柱面索引本身占用很多磁道，又可为柱面索引建立一个主索引。此时，ISAM 文件的三级索引结构如图 11-4 所示。

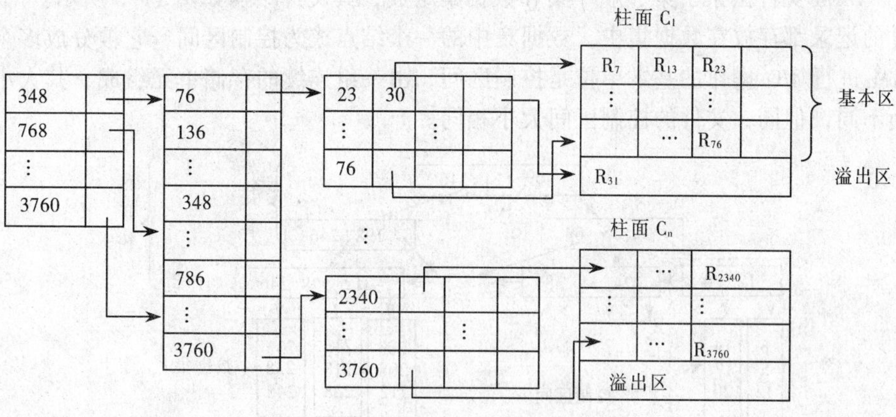

图 11-4　ISAM 文件结构示意图

1. ISAM 文件的检索

根据关键字查找时，首先从主索引中查找记录所在的柱面索引块的位置；再从柱面索引块中查找磁道索引块的位置；然后再从磁道索引块中查找出该记录所在的磁道的第一个记录的位置；由此出发在该磁道上顺序查找直至找到为止。反之，若找遍该磁道而不存在此记录，则表明该文件中无此记录。

2. ISAM 文件中记录的插入

首先根据待插入记录的关键字查找到相应位置；然后将该磁道中插入位置及以后的记录后移一个位置。若溢出，将该磁道中最后一个记录存入同一柱面的溢出区，并修改磁道索引；最后将记录插入到相应位置。

3. ISAM 文件中记录的删除

ISAM 文件中删除记录的操作要比插入简单得多，只需找到要删除的记录，在其存储位置上做删除标记，而不需要移动记录或改变指针，但在经过多次插入和删除操作后，文件的结构可能变得很不合理。此时，大量的记录进入溢出区，而基本区中又浪费很多空间。因此，通常需要周期性地整理 ISAM 文件，填满基本区而空出溢出区，形成一个新的 ISAM 文件。

4. ISAM 文件的特点

ISAM 文件的优点在于节省存储空间，查找速度快。其不足之处为处理删除记录复杂，多次删除后存储空间的利用率和存取效率降低，需定期整理 ISAM 文件。

11.4.2 VSAM 文件

VSAM（Virtual Storage Access Method，虚拟存储存取方法）也是一种索引顺序文件组织方式，利用了操作系统的虚拟存储器的功能，采用的是基于 B+树的动态索引结构，给用户提供方便。对用户来说，文件只有控制区间（Control Interval）和控制区域 Control Range）等逻辑单位，与外存储器中柱面、磁道等具体存储单位没有必然的联系。用户在存取文件中的记录时，不需要考虑这个记录的当前位置是否在内存，也不需要考虑何时执行对外存进行“读/写”的指令。

一个 VSAM 文件由索引集、顺序集和数据集组成，其文件结构如图 11-5 所示。

文件的记录都存放在数据集中，数据集中的一个结点成为控制区间，它被分成多个控制区间；VSAM 进行 I/O 操作的基本单位是控制区间，由一组连续的存储单元组成，其大小可随文件不同而不同，但同一文件的控制区间大小相同。

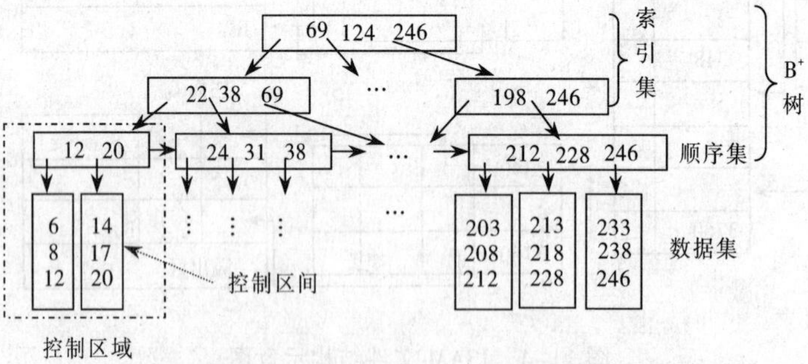

图 11-5　VSAM 文件结构示意图

顺序集是由 B+树索引结构的叶子结点组成。每个结点存放若干个相邻控制区间的索引项，每个索引项存放一个控制区间中记录的最大关键字值和指向该控制区间的指针。顺序集中的每个结点及与它所对应的全部控制区间组成一个控制区域。

顺序集中的结点之间按顺序链接成一个链表，每个结点又在其上层建立索引，并逐层向上按 B+树的形式建立多级索引。此时，顺序集中的每一个结点就是 B+树的叶子结点；在顺序集之上的索引部分称为索引集。在 VSAM 文件上既可以按 B+树的方式实现记录的查找，又可以利用顺序集索引实现记录顺序查找。

在 VSAM 文件中，记录可以是不定长的，在每个控制区间存放一个或多个逻辑记录，记录是按关键字值递增有序排列存放在控制区间的前端，尾端存放记录的控制信息和控制区间的控制信息，如图 11-6 所示。在控制区间存取一个记录时需从控制区间的两端出发同时向中间扫描。

R_1	R_2	…	R_n	未用的自由空间	R_n 的控制信息	…	R_1 的控制信息	控制区间的控制信息

图 11-6　VSAM 文件结构示意图

1. VSAM 文件中记录的插入

VSAM 文件中没有溢出区，解决插入的方法是在初建文件时留出空间：一是每个控制区间内不填满记录，在最末一个记录和控制信息之间留出空隙；二是在每个控制区域中有一些完全空的控制区间，并在顺序集的索引中指明这些空间。

当插入新记录时，大多数新记录能插入到相应的控制区间内，但要注意为了保持区间内记录的关键字自小至大有序，则需将区间内关键字大于插入记录关键字的记录向控制信息的方向移动。若控制区间没有可用空间，利用同一控制区域的一个空白控制空间进行区间分裂，将近一半记录移到新的控制区间中，并修改顺序集中相应的索引，插入新的记录；若该控制区间有可用空间，将关键字大于待插入记录的关键字的记录全部后移一个位置，在空出的位置存放待插入记录；若控制区域中没有空白控制空间，则开辟一个新的控制区域，进行控制区间域分裂和相应的顺序集中的结点分裂。也可按 B+树的分裂方法进行。

2. 记录的删除

在 VSAM 文件中删除记录时，要先找到要删除的记录，然后将同一控制区间中比删除记录关键字大的所有记录逐个前移，覆盖要删除的记录，把空间留给以后插入的新记录。若一个控制区间的记录全部删除，则需修改顺序集中相应的索引项。

3. VSAM 文件的特点

（1）优点

VSAM 文件能动态地分配和释放空间，永远不需定期整理文件或对文件进行再组织；可保持较高的查询效率，无论是查询原有的还是后插入的记录，都有相同的查询速度。VSAM 文件虽占有较多的存储空间，但能保持约 75%的存储利用率。。

（2）缺点

为保证具有较好的索引结构，VSAM 文件在插入或删除时索引结构本身也会变化；控制信息和索引占用空间较多，因此，VSAM 文件通常比较庞大。基于 B+树的 VSAM 文件通常被作为大型索引顺序文件的标准。

*11.5　多关键字文件

数据库文件常常是多关键字文件，多关键字文件的特点是不仅可以对主关键字进行各种查询，而且可以对次关键字进行多条件的查询。

如果文件组织中只有主关键字索引，则为回答这些对次关键字的询问，只能顺序与存取文件中的每一个记录进行比较，从而效率过低。为此，对主关键字文件，除了按前文介绍的方法组织文件之外，尚需建立一系列的次关键字索引。次关键字索引可以是稠密的，也可以使非稠密的；索引表可以是顺序表，也可以是树表。与主关键字索引表不同，每个索引项应包含次关键字、具有同一次关键字的多个记录的主关键字或物理记录号。因此，由于建立次关键字的索引的结构不同，多关键字文件有多重表文件和倒排文件。

11.5.1 多重表文件

多重表文件（Multilist Files）的特点是：记录按主关键字的顺序构成一个串联文件（物理上的），并建立主关键字索引（称为主索引）；对每一个次关键字都建立次关键字索引（称为次索引），所有具有同一次关键字值的记录构成一个链表（逻辑上的）。

主索引一般是非稠密索引，其索引项一般有两项：主关键字值、头指针。次索引一般是稠密索引，其索引项一般有三项：次关键字值、头指针、链表长度。头指针指向数据文件中具有该次关键字值的第 1 个记录，在数据文件中为各个次关键字增加一个指针域，指向具有相同次关键字值的下一个记录的地址。对于任何次关键字的查询，都应首先查找对应的索引，然后顺着相应指针所指的方向查找属于本链表的记录。

多重表文件易于构造和修改，查询方便。如果不要求保持链表的某种次序，则插入一个新记录时比较容易，可将记录插在链表的头指针之后。但是，要删去一个记录却很烦琐，需要在每个次关键字的链表中删除该记录。

11.5.2 倒排文件

倒排文件又称逆转表文件。与多重表文件类似，可以处理多关键字查询。其差别在于：多重表文件将具有相同关键字值的记录链接在一起，在数据文件中设有与各个关键字对应的指针域。而倒排文件将具有相同关键字值的记录的地址收集在一起，并保存到相应的次关键字的索引项中，在数据文件中不设置对应的指针域。

次索引是次关键字倒排表，倒排表由次关键字值、记录指针(地址)，索引中保持次关键字的逻辑顺序。

倒排表文件检索速度快，插入和删除操作比多重表文件简单。当插入一个记录时，只要将记录存入数据文件，并将其存储地址加入各倒排表中即可；删除也很方便。但是，倒排表维护比较困难。在同一索引表中，不同关键字值的记录数目不同，同一倒排表中的各项长度不等。

小　　结

文件是存放于外存储器中的数据结构。本章主要讨论了顺序文件、散列文件、索引文件、多关键字文件的结构特点及其操作。

顺序文件具有文件中记录的物理顺序和逻辑顺序一致的特点，对顺序存储器上的顺序文件只能进行顺序存取，对直接存储器上的顺序文件还可按记录号或关键码进行随机存取。对顺序文件的操作主要是按批处理方式进行，散列文件记录可以随机存放，插入删除方便，但在存放时会出现地址冲突。索引技术是组织大型数据库的一种重要技术，索引是逻辑记录和物理记录之间的一一对应的关系，主要介绍的 ISAM 文件和 VSAM 文件：ISAM 是专为磁盘存取设计的一种文件组织方式，采用静态索引结构，是一种三级索引结构的顺序文件；VSAM 也是一种索引顺序文件组织方式，利用了操作系统的虚拟存储器的功能，采用的是基于 B+树的动态索引结构，给用户提供方便。多关键字文件不仅可以对主关键字进行各种查询，而且可以对次关键字进行多条件查询。

思考与练习

一、单选题

1. 直接存取文件的特点是（　　）。
   A. 记录按关键字排序
   B. 记录可以进行顺序存取
   C. 存取速度快，但占用较多的存储空间
   D. 记录不需要排序，存取效率高
2. 对文件进行直接存取的根据是（　　）。
   A. 按逻辑记录号去存取某个记录
   B. 按逻辑记录的关键字去存取某个记录
   C. 按逻辑记录的结构去存取某个记录
   D. 按逻辑记录的具体内容去存取某个记录
3. 索引顺序文件的记录，在逻辑上按关键字的顺序排列，但物理上不一定按关键字顺序存储，故需建立一张指示逻辑记录和物理记录之间一一对应关系的（　　）。
   A. 链接表　　B. 索引表　　C. 符号表　　D. 交叉访问题
4. 索引非顺序文件是指（　　）。
   A. 主文件有序，索引表有序　　B. 主文件有序，索引表无序
   C. 主文件无序，索引表有序　　D. 主文件无序，索引无有序

二、填空题

1. 散列文件的关键在于选择好的__________和__________方法。
2. 对索引顺序文件既能进行__________存取，又能进行__________存取，因而是最常用的文件组织方式之一。
3. 记录的__________结构是数据在物理存储器上的存储方式。
4. 文件的基本运算分为检索和修改两类，前者有 3 种方式，分别是__________、__________和__________。
5. 树索引文件的特点是__________。

三、综合题

1. 什么是文件的逻辑记录和物理记录？它们有什么区别与联系？
2. 简述散列文件的查找方法及优缺点。
3. 设有一个职工文件，每个记录有如下格式：

职工号、姓名、职称、性别、工资

其中“职工号”为主关键字，其他为次关键字，如下表所示。试用下列结构组织这个文件：

（1）索引无序文件；

（2）多重表文件；

（3）倒排文件。

职工文件表如表 11-2 所示。

表 11-2 职 工 文 件

记录	职工号	姓名	职称	性别	工资
1	29	程均华	教授	男	985
2	05	王小强	副教授	男	806
3	02	李丽梅	副教授	女	781
4	38	张文斌	讲师	男	580
5	31	付志强	助教	男	482
6	43	董巍巍	讲师	男	600
7	17	赵红梅	教授	女	962
8	46	李芳媛	助教	女	456

*第 12 章　外部排序

【内容提要及教学目标】

本章主要介绍外部排序的概念和基本思想，以及常用的两种外部排序方法——多路平衡归并排序和置换选择排序。通过本章的学习，读者应该掌握以下内容：

- 熟悉外部排序的概念和基本思想。
- 理解多路平衡归并排序的过程。
- 理解置换选择排序的过程。

【本章重点及难点】

多路平衡排序的过程和置换选择排序的过程。

12.1　外部排序的基本思想

在第 5 章讲述的内部排序，都是针对记录比较少的文件，但当文件记录个数比较多时，以至于多到内存都放不下时，就要借助于磁盘、磁带和光盘等外存来保存，这种把待排序记录存储在外部存储设备上的排序方法称为外部排序。

外部排序的基本思想是：外部排序将整个排序过程分两个独立的阶段完成。第一个阶段，按照内存的大小，将待排序文件分成若干个子文件，依次读入内存，选用合适的内部排序方法对其进行排序，然后把排序后的文件重新写回到外存中，形成初始的归并段，排序后的文件通常称为初始归并段；第二个阶段使用归并排序的方法对这些初始归并段进行归并排序，直到得到一个有序的文件为止。

第一个阶段的工作已经在第 5 章讨论过，本章主要讨论第二个阶段，即归并的过程。先看一个外部排序的归并实例。

【例 12.1】假设一个待排序文件有 10 000 个记录，首先通过内部排序 10 次得到 10 个初始归并段 R[1]～R[10]，其中每一段都含有 1 000 个记录。然后，将这 10 个初始归并段两两归并，直到得到一个有序文件为止。归并过程如图 12-1 所示。

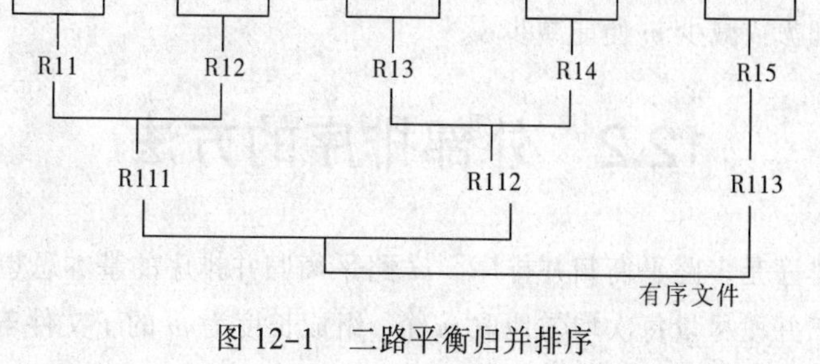

图 12-1　二路平衡归并排序

从图 12–1 可以看出，10 个初始归并段排列成一个有序文件，需要经过 4 趟归并，每一趟归并后都由 m 个归并段得到 $m/2$ 个新的初始归并段，这种方法就是二路平衡归并法。

将两个有序归并段合并成一个有序段的过程，若在内存中进行就很简单，只须通过二路归并排序中的合并函数 Merge()就可以实现。但如果是在外存中进行两两归并，不仅要调用 Merge()函数，而且还要进行外存上的读和写操作，所以不能把两个有序段及归并结果段同时放在内存中，对外存中信息的读/写是以“物理块”为单位的。假设例 12.1 中每个物理快可以容纳 200 个记录，则每一趟归并需要进行 50 次“读”和 50 次“写”，4 趟归并加上内部排序的读/写，那么外排序共需进行 500 次读/写。

一般情况下，外部排序花费的总时间=内部排序（产生初始归并段）花费的时间 $m\times t_{is}$+外存信息读/写的时间 $d\times t_{io}$+内部归并所需的时间 $s\times ut_{mg}$。

其中，t_{is} 是为得到一个初始归并段进行内部排序所需要时间的均值，t_{io} 是进行一次外存读/写时间的均值，ut_{mg} 是对 u 个记录进行内部归并所需时间，m 为经过内部排序之后得到的初始归并段的个数，s 为归并的趟数，d 为总的读/写次数。由此，例 12.1 中 10 000 个记录利用二路归并进行排序所需总的时间为

$$10\times t_{is}+500\times t_{io}+4\times 10000t_{mg}$$

其中，t_{io} 取决于所用的外存设备，显然 t_{io} 比 t_{mg} 要大得多。因此，调高外部排序的效率主要在于减少外存信息读/写的次数 d。

下面来分析 d 和“归并过程”的关系。如果对例 12.1 中的 10 个初始归并段进行五路平衡归并（即每一趟将 5 个或 5 个以下的有序子文件归并成一个有序子文件），则从图 12–2 可以看出，仅需进行 2 趟归并，外部排序时总的读/写次数便减少到 2 × 100+100=300，比二路归并减少了 200 次的读/写。

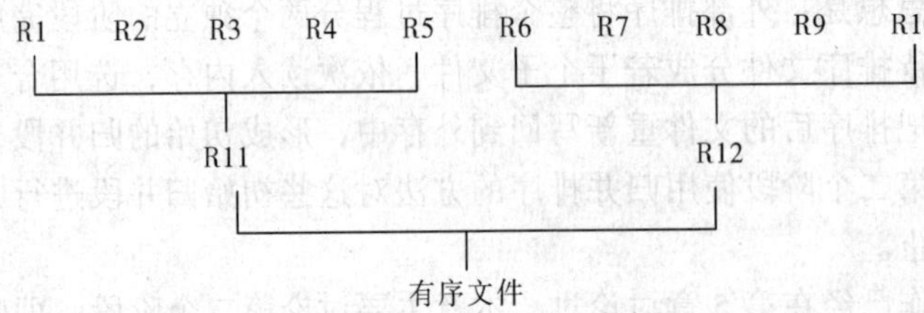

图 12–2　五路平衡归并排序

由此可见，对同一个文件进行外部排序时，所需读/写外存的次数 d 和归并的趟数 s 成正比。而在一般情况下，对 m 个初始的归并段进行 k 路平衡归并时。归并的趟数

$$s=\lfloor \log_k^m \rfloor$$

显然，如果增加 k 或减少 m 便能减少 s。

12.2　外部排序的方法

最常用的外部排序是多路平衡归并排序。m 路平衡归并排序的基本思想是：第一趟，将 n 个长度为 1 的初始归并段尽量每次均匀地取 m 个，组成长度为 m 的子文件若干个，依次将这若

干个子文件读入内存进行内部排序，排序结果写回外存，得到 k 个初始归并段；第二趟再对这 k 个长度为 m 的初始段重复第一趟的排序过程，反复执行，直到文件中只含有一个初始段的时候，排序结束。二路归并排序是最简单的多路归并排序。在多路归并排序过程中，归并后的第一个初始段是所有归并段中关键字最小的记录，需要比较 $k-1$ 次。如果每趟归并 n 个记录，就要比较$(n-1)(k-1)$次，m 个初始段需要归并 $s=\lfloor \log_k m \rfloor$趟，共需比较$(n-1)(k-1)s=\lfloor \log_k m \rfloor$次。为了减小 k 的值，通常在实现时选用“败者树”，而不用选择排序。

所谓“败者树”，实际上是树形选择结构的一种变型。图 12-3（a）所示是一棵实现 5 路归并的“败者树”LS[0…4]，图中方形结点表示叶子结点（也可以看成是外结点），分别为 5 个归并段中当前参加归并选择记录的关键字；败者树中根结点 LS[1]的双亲结点 LS[0]为“冠军”，在此指示各归并段中的最小关键字记录为第三段中的当前记录；结点 LS[3]指示 b_1 和 b_2 两个叶子结点中的败者即 b_2，而胜者 b_1 和 b_3（b_3 是叶子结点 b_3、b_4 和 b_0 经过两场比赛后选出的获胜者）进行比较，结点 LS[1]则指示它们中的败者为 b_1。在选得最小关键字的记录后，只要修改叶子结点 b_3 中的值，使其为同一归并段中下一个记录的关键字，然后结点向上和双亲结点所指的关键字进行比较，败者留在该双亲结点，胜者继续向上直至树根的双亲。如图 12-3（b）所示，当第 3 个归并段中的第二个记录参加归并时，选得的最小关键字记录为第一个归并段中的记录。为了防止归并过程中某个归并段变为空，可以在每个归并段中附加一个关键字为最大值的记录。当选出的“冠军”记录的关键字为最大值时，表明此次归并已经完成。由于实现 k 路归并的败者树的深度为$\lfloor \log_2 k \rfloor+1$，则在 k 个记录中选择最小关键字仅需进行$\lfloor \log_2 k \rfloor$次比较。败者树的初始化也容易实现，只要先令所有的非终端结点指向一个含最小关键字的叶子结点，然后从各个叶子结点出发调整非终端结点为新的败者树即可。

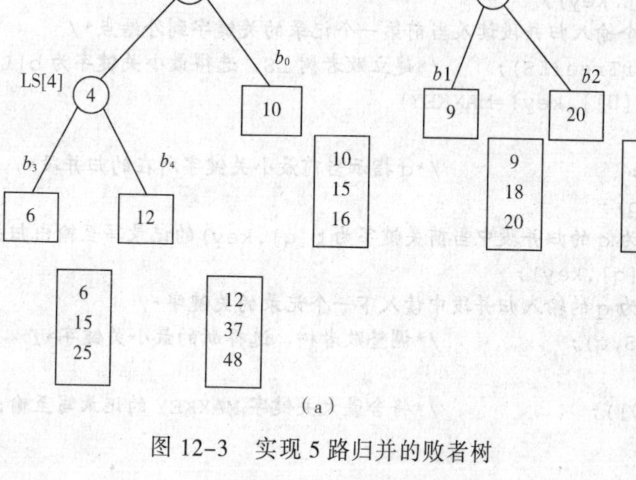

（a）

图 12-3 实现 5 路归并的败者树

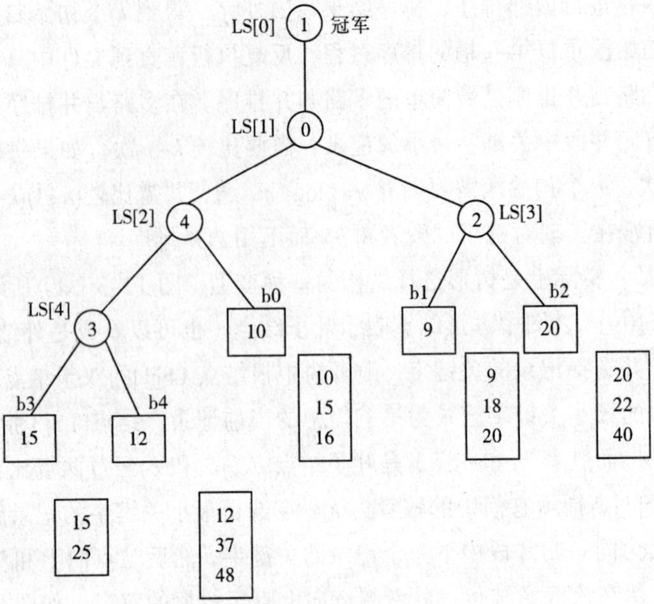

（b）

图 12-3　实现 5 路归并的败者树（续）

下面的算法简单描述利用败者树进行 k 路归并的过程。为了突出如何利用败者树进行归并，在算法中避开了外存信息存取的细节，可以认为归并段已经在内存中。

```
Typedef int LoserTree[k];    /*败者树是完全二叉树且不含叶子，可采用顺序存储结构*/
Typedef Struct{
  KeyType key;
}ExNode,External[k];          /*外结点只存放待归并记录的关键字*/

void K_Merge(LoserTree &LS,External &b)
{    /*利用败者树 LS 将编号从 0~k-1 的 k 个输入归并段中的记录归并到输出归并段，b[0]~
b[k-1]为败者树上的 k 个叶子结点，分别存放在 k 个输入归并段中当前记录的关键字*/
   for(i=0;i<k;++i)
    input(b[i].key);
    /*分别从 k 个输入归并段读入当前第一个记录的关键字到外结点*/
   CreateLoserTree(LS);      /*建立败者树 LS，选得最小关键字为 b[LS[0]].key*/
   while(b[LS[0]].key!=MAXKEY)
   {
      q=LS[0];                /*q 指示当前最小关键字所在的归并段*/
      output(q);
      /*将编号为 q 的归并段中当前关键字为 b[q].key)的记录写至输出归并段*/
      input(b[q].key);
      /*从编号为 q 的输入归并段中读入下一个记录的关键字*/
     Adjust(LS,q);            /*调整败者树，选择新的最小关键字*/
   }
  output(LS[0]);              /*将含最大关键字 MAXKEY 的记录写至输出归并段*/
}
```

```
void Adjust(LoserTree &LS,int s)
{    /*沿着从叶子结点 b[s]到根结点 LS[0]的路径调整败者树*/
   t=(s+k)/2;                      /*LS[t]是 b[s]的双亲结点*/
   while(t>0)
   {
     if(b[s].key>b[LS[t]].key) s→ls[t];  /*s 指向新的胜者*/
     t=t/2;
   }
  LS[0]=s;
}
void CreateLoserTree(LoserTree &LS)
{
   /*沿着从叶子结点到根的 k 条路径调整成为败者树*/
  b[k].key=MINKEY;                 /*设 MINKEY 为关键字可能的最小值*/
  for(i=0;i<k;++i)
     LS[i]=k;      /*设置 LS 中"败者"的初始值*/
  for(i=k-1;i>0;--i)
     Adjust(LS,i);                 /*依次从 b[k-1], b[k-2], …, b[0]出发调整败者*/
}
```

在多路平衡归并排序中除了可以通过减少 k 值来减少比较次数，也可以通过减少 m 来提高排序效率。置换选择排序就是这样一种方法。置换选择排序的基本思想是：在产生每一个初始归并段的过程中，选择最大（或最小）关键字，输入和输出交叉或平行地进行。

假设初始待排序文件为输入文件 FI，初始归并段文件为输出文件 FO，内存工作区为 W，FO 和 W 的初始值为空，设 W 的容量为 w 个记录，则置换选择排序的操作过程如下：

① 从 FI 输入 w 个记录到工作区 W 中。

② 从 W 中选出关键字最小的记录，并记为 MINIMAX 记录。

③ 将 MINIMAX 记录输出到 FO 中。

④ 若 FI 不为空，则从 FI 输入下一个记录到 W 中。

⑤ 从 W 中所有关键字比 MINMAX 记录的关键字大的记录中选出最小的记录，并记为新的 MINIMAX 记录。

重复③～⑤步，直到在 W 中选不出新的 MINIMAX 记录为止，这时得到一个初始归并段，输出一个归并段的结束标志到 FO 中。

重复②～⑤步，直到 W 为空，此时得到全部的初始归并段。

【例 12.2】如表 12-1 所示，假设 FI={15，19，4，61，12，17，83，25，16，34，26，7}，工作区个数 w=3，写出置换选择排序的整个过程。

表 12-1　置换选择排序过程

FO	W	FI
空	空	15，19，4，61，12，17，83，25，16，34，26，7
空	15，19，4	61，12，17，83，25，16，34，26，7
4	15，19，61	12，17，83，25，16，34，26，7
4，15	12，19，61	17，83，25，16，34，26，7

续表

FO	W	FI
4，15，19	12，17，61	83，25，16，34，26，7
4，15，19，61	12，17，83	25，16，34，26，7
4，15，19，61，83	12，17，25	16，34，26，7
4，15，19，61，83，↓（一归并段结束标志）	12，17，25	16，34，26，7
4，15，19，61，83，↓12	16，17，25	34，26，7
4，15，19，61，83，↓12，16	17，25，34	26，7
4，15，19，61，83，↓12，16，17	25，26，34	7
4，15，19，61，83，↓12，16，17，25	7，26，34	空
4，15，19，61，83，↓12，16，17，25，26	7，34	空
4，15，19，61，83，↓12，16，17，25，26，34	7	空
4，15，19，61，83，↓12，16，17，25，26，34，↓（一归并段结束标志）	7	空
4，15，19，61，83，↓12，16，17，25，26，34，↓7	空	空

从例 12.2 可以看出：置换选择排序要弄清楚的一个重要问题，就是产生归并段平均长度与工作区的大小关系。在内部排序中，归并段长度完全由工作区的大小决定，最长不超过工作区的大小，但置换选择排序所产生的归并段长度是不定长，并且还可以大于工作区的长度，其平均长度为工作区的两倍。

小　结

外部排序是将待排序记录存储在外部存储器上，在排序过程中需要进行多次内外存之间的信息交换的排序方法。

外部排序过程由两个独立的阶段完成，第一个阶段通过内部排序生成初始归并段，第二个阶段对生成的初始段进行归并排序，直到文件有序为止。

常用的外部排序方法是多路平衡归并排序，其中二路平衡归并排序又是最简单的一种。多路平衡排序的执行效率受 k 值的影响很大，所以在实际应用中，常会使用“败者树”来归并。除此之外，也可以使用另外一种外部排序方法，如置换选择排序来改善多路平衡归并排序中的 k 值，从而提高外部排序的执行效率。

思考与练习

一、单选题

1．外排序是指（　　）。

A．在外存上进行的排序方法

B．不需要使用内存的排序方法

C．数据里很大，需要人工干预的排序方法

D．排序前后数据在外存，排序时数据调入内存的排序方法

2．磁盘文件采用选择法实现 k 路归并时，占用 CPU 的时间与 k（　　）。

A．有关　　　　B．无关

C．可能有关　　　　D．关系不大

3．磁盘文件有 m 个初始归并段，采用 k 路归并时，所需的归并遍数是（　　）。

A．$\log_2 k$　　　　B．$\log_2 m$

C．$\log_k m$　　　　D．$[\log_k m]$

二、填空题

1．在选择树中，"败者"是指________。

2．归并排序有两个基本阶段，第一阶段是________，第二阶段是________。

三、综合题

1．归并排序中使用的选择树和堆排序中的堆有什么差别？

2．以 55 个长度为 L 的归并段为例，用二路多阶段归并法进行排序，写出归并过程中各磁带内容的变化情况。

附录 A “数据结构”实训指导

一、概述

“数据结构”是一门实践性很强的课程，只有通过大量的实训，才能对数据结构的逻辑关系和物理存储表示、数据结构的算法设计和具体程序实现有真正的认识、理解和掌握。实训中的问题比平时的习题要复杂，也更接近实际，实训着眼于理论与应用的结合点，使读者学会如何把书上学到的知识用于解决实际问题，培养读者的动手能力。另一方面，能使书上的知识变“活”，起到深化理解和灵活掌握教学内容的目的。平时的习题偏重于如何编写功能单一的“小”算法，而实训习题是软件设计的综合训练，涉及问题分析、总体结构设计、用户界面设计、程序设计基本技能和技巧，多人合作，以至一整套软件工作规范的训练和科学作风的培养。

本书的附录 C（课程应用与学习安验）部分共安排了 8 个实验训练例子，读者可根据老师的要求或自己的实际情况，选做其中的 4～6 题。每个学生对所做的实训题目，必须要给出实训报告。

二、实训步骤

虽然数据结构中的实训习题还远不是一个“真正”的软件（从实际问题中提出来的），但为了培养一个软件工作者所应具备的科学工作的方法和良好的程序设计风格，我们要求在进行实训时，要按软件工程的方法去做。具体步骤如下：

1. 问题分析

在进行设计之前，首先应该充分地分析和理解问题本身，弄清问题的需求是什么，包括功能需求、性能需求和约束，以及基本数据特性、数据间的联系等。

2. 数据结构与算法设计

针对要解决的问题，考虑各种可能的数据结构，并且力求从中选出最佳方案（必须连同算法实现一起考虑），确定主要的数据结构及全程变量，对引入的每种数据结构和全程变量 要详细说明其功用、初值和操作特点。

算法设计分概要设计和详细设计。概要设计着重解决程序的模块设计问题。这包括考虑如何把被开发的问题自顶向下分解成若干模块，并决定模块间的接口，即模块间的相互关系以及模块之间的信息交换问题。详细设计则要决定每个模块内部的具体算法，包括输入、处理和输出，可用伪码描述，在此过程中，要综合考虑系统功能，使得系统结构清晰、合理、简单和易于调试，不必过早陷入语言细节。

3. 编码实现

编码就是把详细设计的结果进一步求精并转换为程序设计语言程序。此时，要考虑语言的细节。

4. 调试用例设计

准备典型测试数据和调试方案。测试数据要有代表性、敏感性。测试方案包括模块测试和模块集成测试。

5. 静态检查

在上机实践之前，认真地进行静态检查是必不可少的。静态检查主要有两种方法，一是用一组测试数据手工执行程序,二是通过阅读或给别人讲解自己的程序深入全面地理解程序逻辑。

6. 上机实践准备和上机实践调试

上机实践准备包括：

① 熟悉机器的操作系统和语言集成环境的用户手册，尤其是最常用的命令操作，以便顺利进行上机实践的基本操作。

② 掌握调试工具，考虑调试方案，设计测试数据并手工得出正确结果。

对程序进行编译，纠正程序中可能出现的语法错误。调试前，先运行一遍程序看看究竟会发生什么，然后根据事先设计的测试方案并结合现场情况进行错误跟踪，包括打印执行路径或输出中间变量值等手段。

调试最好分模块进行，自底向上，即先调试底层函数。必要时可以另写一个调用程序。

7. 总结和整理实训报告

三、实训报告规范

实训报告的开头应给出题目、班级、姓名、学号和完成日期等（详见附录B），还可包括以下内容：

1. 需求分析

以无歧义的陈述说明程序设计的任务，强调程序要做什么，说明程序设计的任务，明确规定：

① 输入的形式和输入值的范围；

② 输出的形式；

③ 程序所能达到的功能；

④ 测试数据，正确的输入及其输出结果和含有错误的输入及其输出结果。

2. 概要设计

说明本程序中用到的所有数据结构，主程序的流程以及各程序模块之间的层次（调用）关系。

3. 详细设计

对主程序和其他模块写出伪码算法，画出各模块之间的调用关系图。

4. 测试

测试数据、测试结果的分析与讨论，测试过程中遇到的主要问题及是如何解决的，对设计与实现的回顾讨论和分析；算法的时空分析（包括基本操作和其他算法的时间复杂度和空间复杂度的分析）。

5．心得

心得包括程序的改进设想、经验和体会。

6．程序清单

程序清单指带注释的源程序。如果提交源程序光盘，可以只列出程序文件名的清单。注意，程序中应有详细的注释。

四、数据结构实训所使用的编程环境

《数据结构》实训的编程环境为 Turbo C 2.0。所以，要求学生要熟悉 Turbo C 语言环境，掌握 C 语言程序的书写格式和 C 语言程序的结构，特别要注意参数传递的规律，熟悉指针变量作函数参数的基本用法，以及如何把一个数据结构的算法转变成 C 语言的源程序，并在机器上调试、运行。

1．TC 集成开发环境简介

用高级语言编写的程序称为源程序，需要将其转换为二进制机器代码才能在计算机上运行。转换过程分为编译和连接两步进行，首先对源程序进行编译，生成的文件称为目标文件，然后将目标文件进行连接，生成的文件称为可执行文件。只有可执行文件才可以在计算机上运行，其过程如图 A-1 所示。

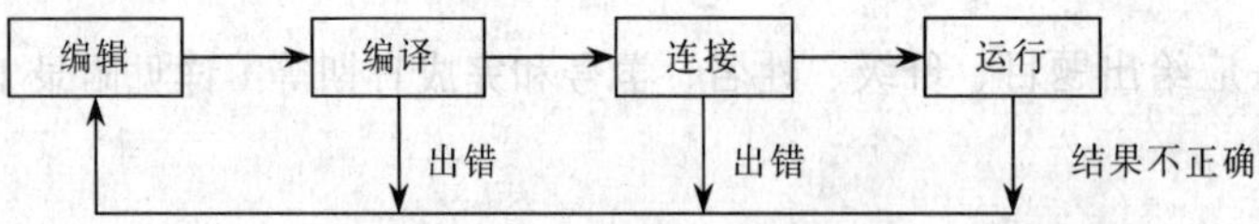

图 A-1　程序开发过程示意图

上述过程按以下步骤进行：

① 编辑源程序。输入新的源程序或对源程序进行修改。

② 对源程序进行编译。如果程序没有语法错误，则形成目标文件（.obj 文件），进入第③步；如编译时出现错误，则回到第①步骤修改源程序，再进行编译，直到没有编译错误，则进入下一步骤。

③ 将编译正确的目标文件进行连接。如果连接时没有发生错误，则形成可执行文件（.exe 文件），进入第④步骤；如果出现连接错误，则回到第①步骤进行修改。重复②、③步骤，直到程序没有连接错误，进入下一步骤。

④ 运行可执行文件。运行程序，得到运行结果，如果程序满足功能要求，则工作结束；如果程序运行结果不正确，则表明源程序还存在问题，需要进行修改，要返回第①步，重复①、②、③、④步骤，直至程序运行结果完全正确为止。

Turbo C（简称 TC）是美国 Borland 公司开发的 C 语言产品，由于它使用简单、方便，产生代码效率高、速度快、功能强，因此得到了广泛应用。Turbo C 2.0 为用户提供了一个集编辑、编译、连接、调试于一体的集成开发环境（Integrated Development Environment，即 IDE 环境，以下简称 TC 环境），用户可在此环境下对源文件进行全屏幕编辑、编译、连接、调试、运行等工作，也可对 TC 环境参数进行设置。

2. TC 环境的工作界面介绍

进入 TC 环境后，在屏幕中间出现一个 Turbo C 的版本信息框，显示有 Turbo C 的版本号、出版日期和公司名称等。按任一键此版本信息框消失，用户将会看到如图 A-2 所示的 TC 环境工作窗口。

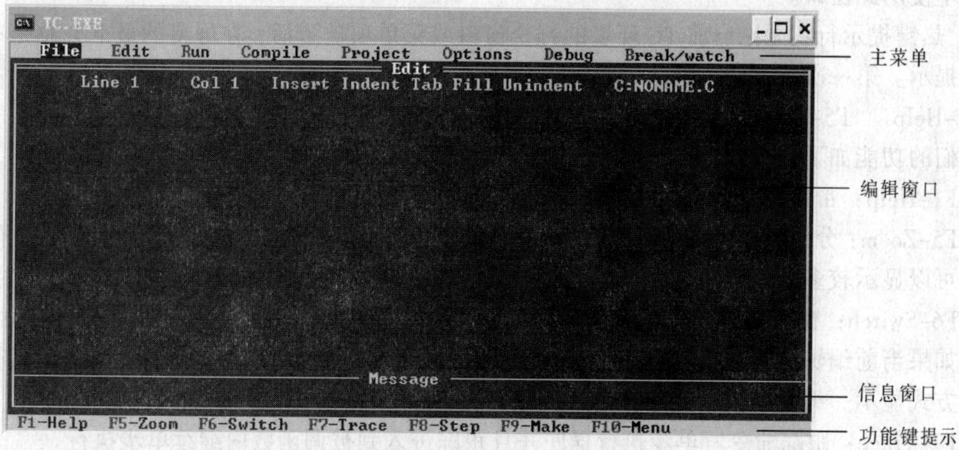

图 A-2 TC 环境工作窗口

TC 环境工作窗口包括以下内容：

① 主菜单：主菜单位于屏幕的顶部，包括 8 个下拉式主菜单项：File（文件）、Edit（编辑）、Run（运行）、Compile（编译）、Project（项目）、Options（选项）、Debug（调试）和 Break/watch（断点/监视），每一个主菜单项还有其子菜单，分别用来实现不同操作。

8 个主菜单项英文名称的第一个字母是大写且为红色。表明此字母和 Alt 键组成了热键，比如热键<Alt>+<E>的功能是进入编辑状态。当主菜单被激活后，以反亮条显示，使用键盘上的左移键和右移键可以选择所要求的主菜单项，按 Enter 键可显示其相应子菜单内容，按 Esc 键则取消对主菜单项的选择。

另一个激活主菜单的方法是按 F10 键，主菜单条上的某一个菜单项被激活，进一步使用左右方向键可选择其他主菜单项及其子菜单。

在子菜单中，许多命令都定义了热键，比如 File 主菜单中的 Save 子菜单项的热键为 F2，直接按 F2 键与进入 File 菜单后再进入子菜单选择 Save 的效果是一样的。因此，熟练掌握一些热键的用法，可以加快用户的操作速度，提高工作效率。

② 编辑窗口：主菜单下面的屏幕被分为上下两个区域，上方为编辑窗口，标有 Edit 字样。编辑窗口是一个全屏幕编辑环境，其作用是对 C 源程序进行输入和编辑。

在编辑窗口的上部有一行英文，显示编辑窗口的状态，内容如下：

Line 1　　Col 1　　Insert　　Indent　Tab　Fill　Unindent　　C:NONAME.C

其中 Line 1 和 Col 1 表示光标的位置，其中数字表示光标所在的行列。当光标移动时，Line 和 Col 后面的数字也随之改变。

Insert 表示屏幕当前为插入状态，用键盘上的 Insert 键切换模式开关，使输入处于插入或改写状态。

Tab 表示可以使用 Tab 键输入制表符，可用 Ctrl+O+T 进行切换。

Indent 表示当前为自动缩进方式，用 Ctrl+O+I 进行切换。

C：NONAME．C 为当前被编辑的文件名字。

③ 信息窗口：信息窗口在屏幕的下部，用来显示编译和连接时的有关信息。在信息窗口上方有 Message 字样标志。编译和调试源程序时都需要通过此窗口来查看诊断信息，在编辑源程序时不使用此窗口。

④ 热键提示行：无论当前 TC 环境的哪个窗口或菜单项被激活，在屏幕的最下方总是有一行热键提示。第一次进入时，默认的热键提示行如下：

F1–Help　F5–Zoom　F6–Switch　F7–Trace　F8–Step　F9–Make　F10–Menu

它们的功能如下：

- F1–Help：帮助命令。任何时候按 F1 键都会显示帮助信息。
- F5–Zoom：分区控制。在编辑源程序时，按 F5 键信息窗口消失，编辑窗口占据整个屏幕，可以显示较多的源程序文件内容。若再按一次 F5 键，信息窗口重新出现。
- F6–Switch：窗口切换开关。在编辑状态下，编辑窗口和信息窗口中只有一个是活动的，如果当前编辑窗口是活动的，按 F6 键激活信息窗口，该窗口中的标题 Message 以高亮度方式显示，编辑窗口不能工作。若再按一次 F6 键，重新激活编辑窗口。
- F7–Trace：跟踪命令。单步执行程序并且跟踪进入到被调函数内继续单步执行。
- F8–Step：单步执行命令。按一次 F8 键执行程序的一条语句。
- F9–Make：生成目标文件命令。对程序进行编译和连接，生成.obj 文件和.exe 文件。
- F10–Menu：菜单命令。按 F10 键激活主菜单。

另外，按下 Alt 键并保持按下状态几秒钟，提示行将显示 Alt 键与其他按键组成的热键的功能，显示内容为：

Alt:F1–Last help　F3–Pick　F6–Swap　F7/F8–Prev/Next error　F9–Compile

这些由 Alt 键和其他键组成的热键的功能如下：

- Alt+F1：显示最后一次显示的帮助信息。
- Alt+F3：显示本次进入 TC 环境后最后打开过的文件名列表(最多显示 8 个文件名)。
- Alt+F6：将前次编辑过的文件调入编辑窗口。
- Alt+F7：在屏幕上方显示有关前一个错误的提示信息。
- Alt+F8：在屏幕上方显示有关下一个错误的提示信息。
- Alt+F9：对编辑窗口的程序进行编译。

3．编辑源程序

（1）编辑新文件

进入 TC 集成环境并激活编辑窗口后，用户可以输入和编辑源程序。如果要输入和编辑一个新的 C 程序，按 F10 键后选择主菜单中的 File 菜单项，或用热键 Alt+F，再用键盘的上下方向键选择子菜单项 New 命令（见图 A–3），这时编辑窗口被清空，光标定位在左上角（第 1 行、第 1 列）。系统默认的新文件名为 Noname.c。

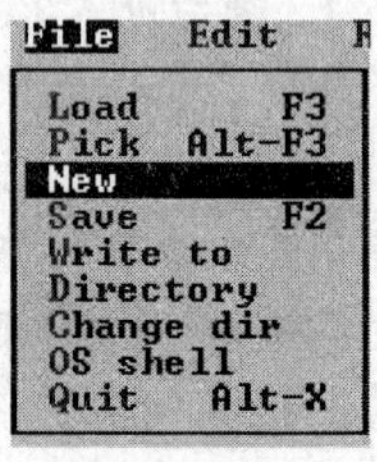

图 A–3　子菜单项 New 命令

用户此时可将已编好的源程序逐行输入，如发现错误可随时修改。TC 环境下常用的编辑功能和对应的按键命令如下：

↑、↓、←、→：上、下、左、右移动光标；

PgUp/PgDn：上下按页翻滚文件内容；

Home、End：将光标移到行首、行尾；

Ctrl+Y：删除一行；

Ctrl+N：插入一行；

Ctrl+T：删除一个单词；

Ctrl+KB：设置块开始（注：KB 表示按字母 K 键和 B 键，下同）

Ctrl+KK：设置块结尾；

Ctrl+KV：块移动；

Ctrl+KC：块复制；

Ctrl+KY：块删除。

此外，键盘上的 Insert、Delete、Backspace 键的功能分别是插入 / 改写状态切换、删除当前字符和删除光标左侧字符。

使用装载文件命令（Load）也可以建立新文件。

（2）保存文件

File 主菜单项下的 Save 命令的功能是保存编辑窗口内正在打开的文件，保存文件命令的热键是 F2 键。

新文件第一次被保存时，会弹出如图 A-4 所示的对话框，要求用户输入文件名。

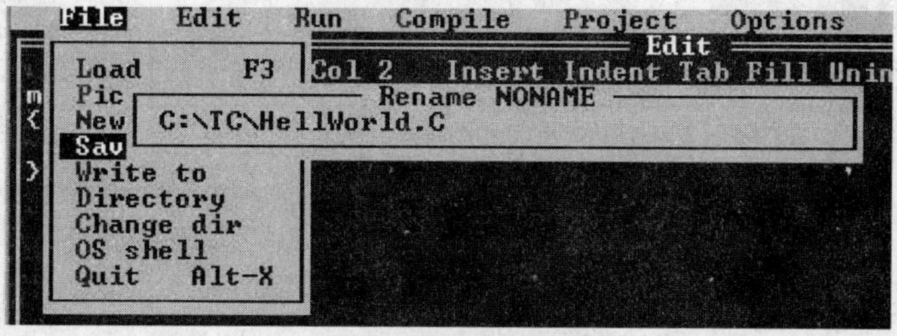

图 A-4 输入文件名

如果用户仅输入文件名，则文件被保存在当前子目录下；如果输入了盘符和子目录名，则文件保存在用户指定的子目录下。如果用户没有输入文件的扩展名，则文件的扩展名默认为.C，如果用户输入了扩展名，则文件按用户指定的扩展名保存。如果是已经保存过的文件，则执行保存文件命令后，该文件的内容被更新，文件中原有的内容被保存在扩展名为.BAK 的文件里。

例如，刚新建立的文件还没有保存，编辑窗口中的文件名还是默认的 NONAME.C，按 F2 键后在输入文件名的对话框内输入 C：\TC\HelloWorld，这样源程序 HelloWorld.c 就被保存在 C 盘的 TC 子目录内。

TC 环境没有自动保存文件的功能，要在接收用户的保存文件命令后才保存当前的文件内容。在操作过程中如果不及时保存文件，遇到突然断电等特殊情况，未被保存的内容将会丢失，并且不可恢复。因此，用户要随时保存正在编辑的文件，不要等到整个文件输入结束后再去保存。

如果对原有文件重新以另一个文件名存盘，可用 File 菜单项下的 Write to 命令，在 New Name 对话框中输入新文件名，文件就会以新名存盘，而原来的文件仍存在，如图 A-5 所示。

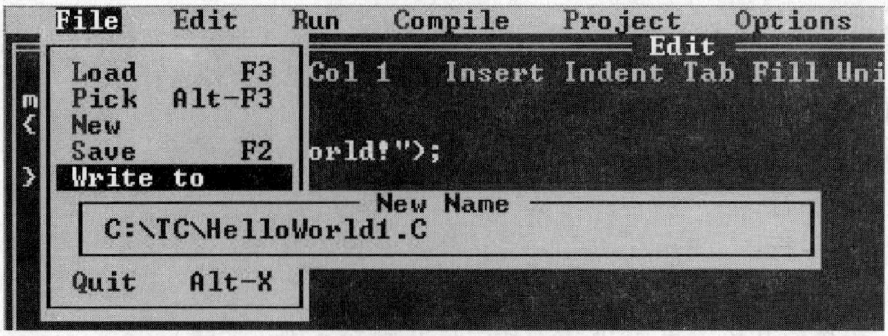

图 A-5 另存文件名

（3）装载文件

如果要编辑已经存在的源文件，就需要把它从磁盘中调出来装入 TC 环境的编辑窗口。

按 F10 键选择 File 菜单项中的 Load 命令，或按热键 F3，弹出如图 A-6 所示的对话框，等待用户输入文件名。例如，要编辑 C 盘 TC 子目录下的 HelloWorld.c 文件，则输入文件名并按 Enter 键确认后，该文件就被调入内存，并显示在编辑窗口中。

如果用户在装载文件对话框中不输入具体的文件名，而是输入*.C，屏幕显示出当前目录下的所有扩展名为.C 的文件名，用户利用光标键选择需要装入的文件名，按 Enter 键即可装入该文件。

如果用户在装载命令下输入新文件名，则编辑窗口被清空，新文件名显示在窗口右上角，此时用户就可以编辑一个新文件。

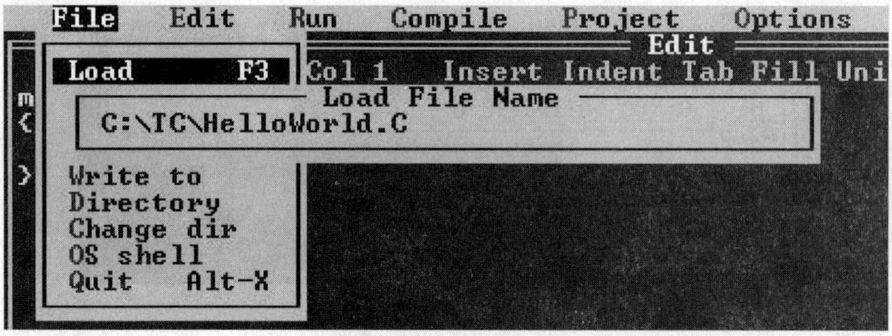

图 A-6 装载文件

（4）改变工作目录

从 TC 子目录下启动 TC 环境，其默认的工作目录为 TC 子目录。当几个人共同使用同一台计算机时，为了管理上的方便和安全，用户要建立自己的工作子目录，保存自己的工作文件。这样，在 TC 环境里，就要改变当前的工作目录。下面介绍改变工作目录的操作方法。

用户在进入 TC 环境前首先建立用户自己的子目录（C: \TC\USER1），然后启动 TC 进入 File 主菜单，用上下方向键选择 File 菜单下的 Change dir 命令，屏幕出现一个 New Directory 对话框，提示用户输入所选择的工作目录名，如图 A-7 所示。

从图 A-7 中可以看到，系统显示的当前工作目录是 C:\TC，在对话框中输入 C: \TC \USER1，工作目录就改为 C:\TC \USER1。

如果在 New Directory 中输入的目录名不存在，则系统会显示出错信息，即系统要求此目录已经建立。

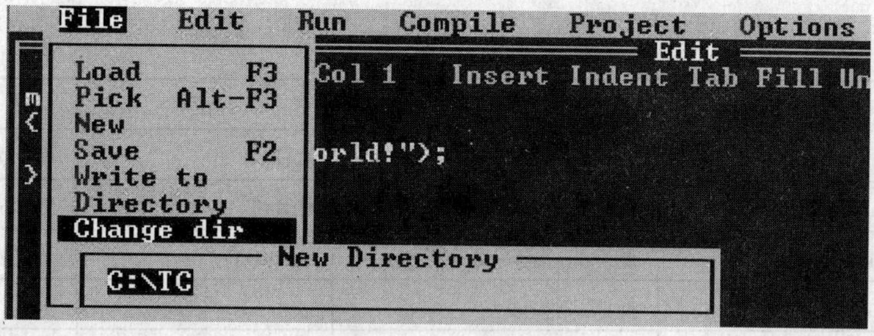

图 A-7 改变目录

4. 主菜单项的功能

下面列出了 TC 环境全部主菜单项的功能。菜单项后面的括号内为热键。

（1）File 菜单

- Load（F3）：把源文件装入编辑缓冲区。该项被选中后弹出一个对话框，可以直接输入含有路径的文件名，也可以输入文件类型通配符如*.c，通过移动光标选择相应的文件。
- Pick（Alt+F3）：该项被选中后打开一个表，表中列出了最近装入过的文件。第一个文件是当前正在编辑的文件，其余是以前装入过的文件。可从表中选择要装入的文件。
- New：清除编辑缓冲区，编辑一个名为 Noname.C 的新文件。
- Save（F2）：将正在编辑的文件存盘。在编辑新文件时，第一次使用该命令存储新文件 Noname.C，屏幕会弹出一个对话框，提示用户改写文件名。
- Write to：将当前编辑的文件另保存为一个新文件或保存在不同的路径上。
- Directory：列出当前目录中的所有文件名，可选择其中一个文件装入编辑缓冲区。
- Change dir：改变当前目录，从该目录读入源文件和保存输出文件到该目录。
- Os shell：暂时离开 Turbo C 集成环境，返回到 DOS 命令行状态。此时 Turbo C 驻留在内存中，输入 Exit 后又返回 TC 环境的原编辑状态。
- Quit（Alt+X）：退出 Turbo C 环境，返回操作系统。

（2）Edit 命令

选择 Edit 并按 Enter 键后，直接进入编辑状态。表 A-1，列出了 TC 所有的编辑命令。

表 A-1 编辑命令

分类	命令	作用	命令	作用
光标移动	←	左移一格	Ctrl+F	右移一词
	→	右移一格	Ctrl+QR	移到文本开始
	↑	上移一行	Ctrl+QC	移到文本结尾
	↓	下移一行	Home	移到本行开始
	Ctrl+QE	移到本窗口开始	End	移到本行结尾
	Ctrl+QX	移到本窗口底部	Ctrl+W	向上滚动
	Ctrl+QP	移到上次光标位置	Ctrl+Z	向下滚动
	PgDn	上移一页	Ctrl+QB	移到本块开始
	PgUp	下移一页	Ctrl+QK	移到本块结尾
	Ctrl+A	左移一词		

续表

分类	命令	作用	命令	作用
插入删除	Ins	Insert on/off	Ctrl+Y	删除光标所在行
	Del	删除光标所在字符	Ctrl+T	删除光标左一词
	Backspace	删除光标前一个字符	Ctrl+QY	从光标处删到行尾
	Ctrl+N	插入一行		
块操作	Ctrl+KB	做块头标记	Ctrl+KH	隐去/显示块标记
	Ctrl+KK	做块尾标记	Ctrl+KV	块移动
	Ctrl+KT	单个词标记	Ctrl+KR	从盘读入块
	Ctrl+KC	块复制	Ctrl+W	把块写入盘
	Ctrl+KY	块删除		
其他	Ctrl+U	撤销正在进行的操作	Ctrl+KD	存盘退出
	Ctrl+P	允许加入控制符	Ctrl+KQ	不存盘退出
	Tab	制表符	Ctrl+QF	寻找
	Ctrl+OI	Indent on/off	Ctrl+QA	寻找和替换
	Ctrl+OT	Tab 模式 on/off	Ctrl+QN	寻找标记处
	Ctrl+F1	在线帮助		

（3）Run 菜单

表 A–2 简要列出了菜单中选择项及其作用。

表 A–2　Run 菜单

选择项	作　　用
Run（Ctrl+F9）	编译、连接生成目标文件和可执行文件并运行
Program　reset（Ctrl+F2）	用于动态调试。其作用是中止当前的调试操作，释放分配给程序的空间，关闭已打开的文件，但不改变断点设置
Go To cursor（F4）	用于动态调试，使程序从执行长条开始运行到编辑窗口中的光标所在行上。若光标所在行不含可执行代码语句，则显示一个 ESC 框给出警告
Trace into（F7）	用于动态调试，运行到函数中的下一条语句。当遇到低一级的函数调用时，若编译时 Options/Compile/Code/Obj debug information 选择开关为 on，则跟踪进入函数内部
Step over（F8）	用于动态调试，运行到当前函数中的下一条语句，不跟踪函数调用
User screen（Alt+F5）	显示屏幕输出：程序输出和 Os/shell 输出屏幕

（4）Compile 菜单

表 A–3 简要列出了菜单中选择项及其作用。

表 A–3　Compile 菜单

选择项	作　　用
Compile to OBJ（Alt+F9）	编译源文件，生成相应的目标文件。OBJ 文件名称来源于 Primary C file 选项中记录的文件。如果在 Primary C file 选项中没有记录文件名，则源文件就是最后装入编辑窗口中的文件

续表

选择项	作用
Make EXE file	生成可执行文件。如果处理的是.C 文件，则编译并生成相应的.obj 和.exe 文件
Line EXE file	连接.obj 文件和系统库，生成.exe 文件
Build all	类似于 Compile/Mak EXE.file。只是不进行过时检查，即无条件编译与连接
Primary C file	弹出一个会话窗口，要求输入将要编译或 Make 的文件名。若在编译或连接时发现了错误，会把相应的文件装入编辑窗口
Get info	弹出一个显示窗口。其中显示了当前目录、当前源文件及源文件的字节大小、程序退出码以及可用存储空间等信息

（5）Project 菜单

① Project name：弹出会话窗口，输入将要被编译和连接的项目文件名。

② Break make on：规定终止 Make 的条件。此项被选择后弹出一个选择窗，其中有 4 个选择项：

- Warning：在编译一个文件后，如发现警告(Warning)错误，就停止编译。
- Error：在编译一个文件后，如发现错误(Error)，就停止编译。
- Fatal：编译完全部文件后，如发现致命错误，就停止编译。
- Link：在连接前停止 Make，即只生成.obj 文件。

③ Auto dependencies：设置自动依赖关系。

- On：自动检查.c 文件与相应.obj 文件的日期和时间关系。TC 在编译时把日期和时间信息存放在.obj 文件中。若.c 文件比.obj 文件的日期和时间新，则重新编译。
- Off：不检查日期和时间。

④ Clear project：清除 Project name 并重置消息窗口。

⑤ Remove message：清除消息窗口中的错误信息。

（6）Options 菜单

Options 菜单的功能是设置集成环境的工作方式，包含编译（Compiler）、连接（Linker）、环境（Environment）、目录（Directories）、参数（Arguments）、保存任选项（Save options）、恢复任选项（Retrieve options）等 7 个子菜单。

① 编译子菜单。Compile 子菜单中的选项为用户提供了选择文件配置、内存模式、查错技术、代码优化、诊断信息控制、宏定义等功能。

- Model：弹出一个子菜单、允许用户选择 Tiny、Small、Medium、Compact、Large、Huge 等 6 种编译模式中的一种，系统默认模式为 Small。
- Defines：弹出一个窗口，可以在窗口中输入宏定义。
- Code generations：弹出一个子菜单，改变子菜单中的选项可以控制生成的目标代码的形式。
- Optimization：弹出一个子菜单，按程序需要优化用户代码。
- Source：弹出一个子菜单，可以控制编译初始时如何处理源代码。
- Errors：弹出一个子菜单，可以控制编译器如何处理和响应诊断信息。
- Names：用户可以改变代码、数据和 BSS 段的默认段、组和类名，一般不需改变。

② 连接子菜单。Linker 子菜单中的选项可以改变连接程序的设置。

- Map file：选择映射文件的类型。

- Initialize segments：告诉连接程序初始化、未初始化的段。
- Default libraries：当连接非 C 编译程序产生的模块时，那些编译程序可能在目标文件中加入了一个默认库表，该选项可控制连接程序是否在默认库中查找所需函数。

On：查找所需函数；

Off：不查找所需函数。

- Graphics library：打开或关闭自动查找 BGI 图形库的开关。
- Warn duplicate symbols：打开或关闭连接程序警告在目标及库文件里出现的相同符号。
- Stack warning：控制是否产生 No stack 警告信息。

On：产生 No stack 警告信息（在 small 模式情况中有时会产生这种信息）；

Off：不产生 No stack 警告信息。

- Case-sensitive link：控制是否区分大小写字母。

On:区分大小写字母；

Off:不区分大小写字母。

③ 环境子菜单。

Environent 菜单的功能是：设置文件是否自动存盘、Tab 键的空格数和显示屏幕行数等。

- Message tracking：当滚动信息窗口中的错误信息时，控制 TC 是否跟踪编辑程序中的语法错误及跟踪方式。
- Keep messages：控制在编译、Make 之前是否保存信息窗口中的错误信息。
- Config auto save：控制是否自动保存选项设置。
- Edit auto save：控制是否将正在编辑的文件自动存盘。

On:选择 Run/Run 或 File/Os shell(Quit)时，自动将正在编辑的源文件存盘；

Off:不存盘。

- Backup files：控制是否产生备份文件。

On:当要覆盖一个磁盘上已存在的文件时，自动将原来的文件以.Bak 扩展名保存起来，然后再将当前文件存盘。

Off:不产生备份文件。

- Tab size：选择 Tab 制表键的空格数。默认值为 8，可取值范围为 2～16(Tab mode on)。
- Zoomed windows：把当前激活的窗口（编辑窗口或信息窗口）放大到整屏。与热键 F5 的作用相同。
- Screen size：弹出一个子菜单，允许用户选择显示屏幕的行数，标准为 25，EGA 为 43，VGA 为 50。

④ 目录子菜单。Directories 菜单中的选择项可以告诉 TC 到哪里去寻找编译、连接所需的文件，生成的可执行文件放到哪里，在哪里查找配置文件、选择文件和帮助文件。

- Include directories：选择头文件所在目录。
- Library directories：选择库文件所在目录。
- Output directory：选择输出文件所在目录。
- Turbo C directory：选择 TC 所在目录。
- Pick file name：弹出一个窗口，允许用户规定 pick 文件名。默认的文件名为 TCPICK. TCP，它是初启 TC 时自动加载的。如果用户没有规定 pick 文件名，则下面的选项 Current pick file 的设置为空；如规定了 pick 文件名时，将显示 pick 文件名。

• Current pick file：显示当前 pick 文件的文件名和它所在的目录。

（7）Debug 菜单

① Evaluate （Ctrl+F4）：弹出一个会话窗口，窗口中有 3 项内容：

• Evaluate：待求值的变量或表达式；

• Result：变量或表达式的当前值；

• New Value：赋给变量的新值（New value）。

② Call stack（Ctrl+F3）：弹出一个调用栈显示窗口，其中显示了程序正在运行的函数调用序列。主函数在栈底，子函数在栈顶。

③ Find function：显示编辑窗口中某一函数的定义。在会话窗口中输入要显示的函数名并按 Enter 键后，光标就指向该函数的定义处。

④ Refresh display：编辑屏幕被重写后，选该项则可恢复屏幕内容。

⑤ Display swapping：控制编辑窗口与程序输出窗口的切换。弹出一个选择窗口，其中有 3 种选择：

• Smart（默认方式）：执行代码产生输出时，切换到程序输出窗口，然后又返回到编辑窗口；

• Always：每执行一条语句切换一条屏幕；

• None：不进行切换。

⑥ Source debugging：控制编译器是否在可执行文件中加入调试信息。弹出一个选择窗口，其中有 3 种选择：

• On：在可执行文件中加入调试信息，debugger 可调用；

• Standalone：在可执行文件中加入调试信息，debugger 不可调用；

• None：不在可执行文件中加入调试信息。

（8）Break/Watch 菜单

① Add watch（Ctrl+F7）：弹出一个窗口，在该窗口中输入监视表达式后，在窗口中将显示表达式的值。

② Delete watch：删除监视窗口中最后加入的监视表达式。也可把光标移到 watch 窗口中的某一表达式处，用 Del 键或（Ctrl+Y）键删除。

③ Edit watch：弹出一个编辑窗口，在该窗口中编辑高亮显示的监视表达式。

④ Remove all watches：清除观察窗口中的所有表达式。

⑤ Toggle breakpoint（Ctrl+F8）：在光标所在行设置断点，再次执行该命令时则清除该断点。

⑥ Clear all breakpoint：清除所有断点。

⑦ View next breakpoint：把光标移到下一个断点处。

5. 常用热键表

虽然集成环境的所有操作都可以通过菜单操作来完成，但 TC 对一些常用菜单选项提供了与之对应的热键。熟练使用这些热键能够提高操作速度。表 A-4 列出了常用热键及其功能。

表 A-4　常用热键及其功能

热　键	功　　能
F1	打开帮助文件
F2	把当前编辑的文件保存到磁盘上，见 File→Save

续表

热　键	功　　能
F3	装入源程序，见 File→Load
F4	使程序从执行条开始执行到光标所在行，见 Run→Go to cursor
F5	放大或缩小激活的窗口，见 Options→Environment→Zoomed Windows
F6	交替切换编辑窗口和信息窗口
F7	单步执行程序，跟踪函数调用，见 Run→Trace into
F8	单步执行程序，不跟踪函数调用，见 Run→Step over
F9	编译并连接，见 Compile→Make
F10	激活主菜单
Shift+F10	显示版本信息
Alt+F5	显示用户屏，见 Run→User screen
Alt+F7	光标指向前一个错误处
Alt+F8	光标指向下一个错误处
Alt+F9	不进行日期和时间检查的编译，生成.obj 文件
Alt+C	打开 Compile 菜单
Alt+D	打开 Debug 菜单
Alt+E	进入编辑状态
Alt+F	打开 File 菜单
Alt+O	打开 Options 菜单
Alt+P	打开 Project 菜单
Alt+R	打开 Run 菜单
Alt+X	退出 TC 返回 DOS
Ctrl+F1	显示光标所指的关键词或函数的使用信息
Ctrl+F2	终止调试操作
Ctrl+F3	显示函数的调用序列，见 Debug→Call stack
Ctrl+F4	检查和改变表达式的值，见 Debug→Evaluate
Ctrl+F7	在观察窗口中输入表达式，见 Break→Watch→Add watch
Ctrl+F8	设置或清除断点，见 Break→Watch→Toggle breakpoint
Ctrl+F9	编译、连接并运行程序，见 Run
Esc	返回上一级菜单

附录B　教学实验报告参考格式

教 学 实 验 报 告

实验项目名称：______________________

实 验 类 型：______________________

实 验 日 期：______________________

指 导 老 师：______________________

同组人姓名：______________________

班　　　级：______________________

学　　　号：______________________

姓　　　名：______________________

成　　　绩：______________________

实验概述	实验目的：
	实验要求：
	实验基本原理：
	实验环境（软、硬件配置）：
实验内容	实验方案设计（思路、步骤和方法等）：
	实验过程（实验中涉及的记录、数据、分析）：
	结论（结果）：
实验小结	实验的心得体会：
	实验思考：
	实验需改进意见：
指导教师评语与成绩	指导教师评语： 实验成绩：_________ 指导教师：_________ 批改时间：20　年　月　日

实验报告说明

1．实验项目名称：要用最简练的语言反映实验的内容，要求与实验指导书中相一致。

2．实验类型：一般需说明是验证型实验还是设计型实验，是创新型实验还是综合型实验。

3．实验目的与要求：目的要明确，要抓住重点，符合实验指导书中的要求。

4．实验基本原理：简要说明本实验项目所涉及的理论知识。

5．实验环境：实验用的软、硬件环境（配置）。

6．实验方案设计（思路、步骤和方法等）：这是实验报告极其重要的内容，概括整个实验过程。

（1）对于操作型实验，要写明依据何种原理、操作方法进行实验，要写明需要经过哪几个步骤来实现其操作。

（2）对于设计型和综合型实验，在上述内容基础上还应该画出流程图、设计思路和设计方法，再配以相应的文字说明。

（3）对于创新型实验，还应注明其创新点、特色。

7．实验过程（实验中涉及的记录、数据、分析）：写明上述实验方案的具体实施过程，包括实验过程中的记录、数据和相应的分析。

8．结论（结果）：根据实验过程中所见到的现象和测得的数据做出结论。

9．小结：对本次实验的心得体会、思考和建议。

10．指导教师评语及成绩：指导教师依据读者的实际报告内容，用简练的语言给出本次实验报告的评价和价值。

附录 C　课程应用与学习实验

实验一　线性表应用——仓库管理

1. 实验目的

理解线性表、顺序表存储结构及单链表存储结构的概念，掌握线性表、顺序表存储结构及单链表存储结构的建立、插入、删除、查询和输出基本操作算法。

2. 实验内容

建立一个仓库管理程序，可以按顺序和货物名称查询仓库存储情况，也可以增加或删除货物以及建立新的仓库存储系统。

3. 程序设计

货物按编号由小到大存储，在查询中可能需要查找货物前后的货物存储情况，故采用双向链表存储结构。其结构定义如下：

```
typedef struct dnode                  /*定义双向链表结构体*/
{int number;                          /*货物编号*/
char name[max];                       /*货物名称*/
int counter;                          /*货物数量*/
struct dnode *prior,*next;            /*定义两指针，分别指向其前驱和后继*/
}dlnode;
```

假设有函数 append()建立仓库货物表，函数 insert()在指定结点后插入新结点，函数 delete()删除指定结点后的结点，函数 follow()打印指定结点的前驱和后继，函数 travel()打印整个仓库存货表单。程序运行时双向链表示意图，如图 C-1 所示。

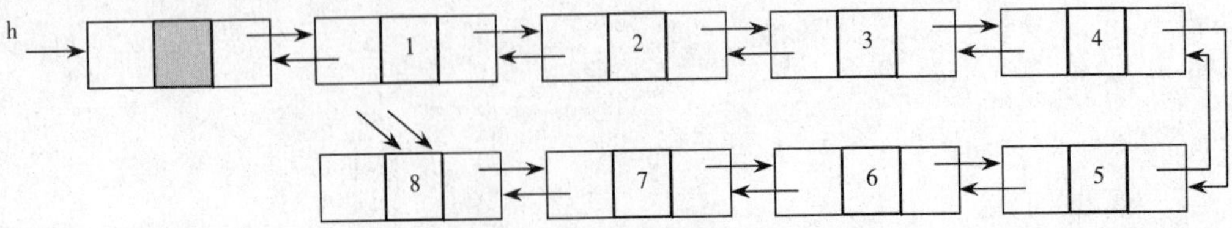

图 C-1　双向链表

实验二　栈的应用——停车场管理

1. 实验目的

掌握队列、栈在顺序存储结构、链式存储结构下的基本运算的实现，加深对栈、队列结构的理解，逐步培养解决实际问题的能力。

2. 实验内容

假设停车场是一个可停放 n 辆车的狭长通道，且只有一个大门可供汽车进出。在停车场内，汽车按到达的先后次序，由北向南依次排列（假设大门在最南端，最先到达的第一辆车停放在车场的最北端）。若车场内已停满 n 辆车，则后来的汽车需在门外的便道上等候，当有车开走时，便道上的第一辆车即可开入。当停车场内某车辆要离开时，在它之后进入的车辆必须先退出车场为它让路，待该辆车开出大门后，其他车辆再按原次序返回车场。每辆车离开停车场时，应按其停留时间的长短交费（在便道上停留的时间不收费）。为停车场编写按上述要求进行管理的模拟程序，要求以顺序栈模拟停车场，以链队列模拟便道。从终端读入汽车到达或离去的数据，每组数据包括三项：①是“到达”还是“离去”；②汽车牌照号码；③“到达”或“离去”的时刻。例如，('A'，1，5)表示 1 号牌照车在 5 这个时刻到达，而('D'，5，20)表示 5 号牌照车在 20 这个时刻离去。与每组输入信息相应的输出信息为：如果是到达的车辆，则输出其在车场中或便道上的位置；如果是离去的车辆，则输出其在停车场中停留的时间和应交的费用。（提示：需另设一个栈，临时停放为让路而从车场退出的车。）

3. 程序设计

（1）功能

① 建立一个模拟停车场的顺序栈，一个模拟便道的链队列，一个临时存放退让车辆的顺序栈；

② 初始化栈、初始化队列；

③ 处理到达车辆；

④ 处理离去车辆。

（2）输入要求

输入车辆的有关信息，包括：到达还是离去、车牌号、到达或离去的时间。

（3）测试数据

'A'123 8 10　　　'A'456 8 20　　　'A'223 8 30

'L'123 9 0　　　'L'278 8 50　　　'L'456 9 30

'E'190 0 0

（4）算法思想

根据题目的要求，停车场只有一个大门，因此可用一个栈来模拟；而当栈满后，继续来到的车辆只能停在便道上，根据便道停车的特点，可知这可以用一个队列来模拟，先排队的车辆先离开便道，进入停车场。由于排在停车场中间的车辆可以提出离开停车场，并且要求在离开车辆到停车场大门之间的车辆都必须先离开停车场，让此车辆离去，然后再让这些车辆依原来的次序进入停车场。因此，在一个栈和一个队列的基础上，还需要有一个地方（车辆暂存处）

保存为了让路离开停车场的车辆，显而易见这也应该用一个栈来模拟。本题中用到两个栈和一个队列。

对于停车场和车辆暂存处，有车辆进入和车辆离去两个动作，这就是栈的进栈和出栈操作，只是还允许排在中间的车辆先离开停车场，因此在栈中需要进行查找。而对于便道，也有入队列和出队列的操作，同样允许排在中间的车辆先离开队列。这样基本动作只需利用栈和队列的基本操作即可实现。

整个操作过程是：当输入数据表示有车辆到达时，则判断栈是否满，若未满就将新数据进栈（表示新到达的车辆进入停车场的里面），数据应包括车牌号和到达时间；若已满，就将数据放在队尾，表示车辆在便道上等待进入停车场。

当输入数据表示有车辆要离去时，就在栈中寻找是否有此车牌号的车辆，如有就让此车辆离开停车场，并根据停车时间计费；如没有找到，就在队列中（便道上）去寻找此车牌号的车辆，如有就允许此车辆离开队列，但不收费；如没有就显示出错信息。

当离开停车场的车辆位于栈的中间时，必须先将此位置到栈顶之间的所有数据倒到另一个栈中（车辆暂存处），然后安排车辆出栈，最后将另一个栈中的数据倒回到停车场栈中。

在模拟停车场管理时，还应注意，如果停车场栈中已没有车辆停放时，输入数据仍然要求车辆退出，则显示出错信息；程序中停车场的停车数量规定为 n，模拟停车场的栈和模拟车辆暂存处的栈均设计成顺序栈，但对于便道没有规定，因此认为便道上可以停任意多的车辆，模拟便道的队列设计成链队列。

汽车的模拟输入信息格式可以是（到达/离去，汽车牌照号码，到达/离去的时刻）。例如，('A',1,5)表示 1 号牌照车在 5 这个时刻到达，而('D',5,20)表示 5 号牌照车在 20 这个时刻离去。整个程序可以在输入信息为('E',0,0)时结束。

（5）数据结构

顺序栈的类型定义：

```
#define MaxSize  停车场大小
typedef struct
{
   int hour;
  int minute;
}Time;                        /*时间结点*/
typedef struct                /*定义栈元素的类型*/
{
  int num;                    /*车牌号*/
  Time arrive;                /*到达时刻或离去时刻*/
}CarNode;                     /*车辆信息结点*/
typedef struct                /*定义栈*/
{
  CarNode stack[MaxSize];
  int top;
}SqStackCar;
```

链队列的类型定义

```
typedef struct node          /*定义队列结点的类型*/
{
```

```
  CarNode data;
  struct node*next:
} QueueNode ;
typedef struct            /*定义队列*/
{
  QueueNode*front,*rear;
}LinkQueueCar;
```

(6) 模块划分

① 初始化栈、队列；

② 处理到达车辆；

③ 处理离去车辆；

④ 主函数 main()，功能是给出测试数据值，建立测试数据值栈、队列，调用 InitSeqStack()函数、InitLinkQueue()函数、Arrival()函数、Leave()函数实现问题要求。

实验三 排序的应用——学生成绩排名

1. 实验目的

掌握对一批记录进行排序的各种算法，比如插入排序、交换排序、选择排序及归并排序的基本思想、排序过程和性能分析，并比较各种排序算法的优缺点。

2. 实验内容

某门课程有 *m* 个班的学生参加考试，每个班最多有 *n* 个学生，请输出学生在本班及全体考生中的排名表。

3. 程序设计

(1) 功能

① 每个班级的学生记录按学号顺序排列，每个学生记录至少包含排列名次、学号、姓名、成绩 4 个域；

② 输出每个学生在本班的排列情况，具有相同成绩的名次相同；

③ 输出全体考生的排名情况。

(2) 输入要求

随机产生 $m\times n$ 个数据。

(3) 测试数据

假定有 8 个班，每班学生人数在 5～10 之间；学号是“班号+学生在花名册的序号”，班号为 1、2、3、4、5、6、7、8 姓名随意填写；成绩由计算机随机产生 1～100 之间的数据。

(4) 算法思想

利用二维结构体数组存放所有学生的信息，学生成绩由计算机随机产生，分别用不同的排序算法对学生成绩进行排序，并对不同算法进行比较。

(5) 数据结构

① 定义有 8 个班级，每班有 10 个学生：

```
#define  m 8
```

```
#define  n 10
```

② 定义二维数组存放 $m\times n$ 个学生记录，相应数据如下：

```
 typedef   struct
{
   int    order;
   int    no;
   int    score;
   }
 RecData;
 RecData   students  [m][n+1];
```

（6）模块划分

本程序包括 8 个函数：

① main()：调用其他函数，完成本题功能。

② gen_recs()：随机产生测试数据记录。

③ sort_one_class(RecData r[],int n)：对一个班的学生按成绩排序。

④ MergeOnePass(RecData sr[ ],RecData dr[ ],int low,int g,int h)：二路归并。

⑤ MergeOnePass(RecData sr[ ],RecData dr[ ],int l,int d)：一趟归并排序。

⑥ sort _all (RceType sr[ ],RecData dr[ ],int l)：对全体学生按成绩排序。

⑦ order_no(RecData r[l,int l]：按班级排序。

⑧ print_list(RecData r[],int   l)：输出全体学生排名表。

实验四　查找应用——学生档案管理

1. 实验目的

掌握目前常用的几种查找算法，如顺序查找、折半查找、索引查找、分块查找和哈希查找。每一种不同的查找算法，有不同的查找效率。当数据量比较大的时候，查找效率就显得特别重要。

2. 实验内容

在一个学生档案管理系统中，保存学生个人的情况，其中包括学生的姓名、学号、家庭住址及入学时的成绩。现要求在该系统中查找一个名为 wanly 的学生。若能查到，输出其全部信息；如果查不到，给出无此学生的信息。

3. 程序设计

该档案系统中数据的存储采用顺序存储结构，每个记录包含一名学生的有关信息，各记录顺序存放在一维数组中。其结构定义如下：

```
Typedef struct                    /*定义一个学生信息*/
{  int number;
   char name[10];
   int score;
   char address[20];
}studentt;
```

实验五 二叉树应用——银行财务实时处理系统

1. 实验目的

理解二叉树的基本概念，掌握二叉排序树的构造方法及二叉树的遍历算法，掌握在二叉排序树上进行查找的算法。

2. 实验内容

银行账户的账号由科目表和分户号组成。此系统要求把属于一个科目的分户表文件的记录全部找出来，并按记录中的分户号从小到大的顺序排列，以便于按顺序逐户处理信息并查找某一个分户号的记录。

3. 程序设计

科目表文件每个记录包括科目表及该科目表分户二叉树根结点的指针。分户表中各记录的形式为记录号、分户号、左链和右链。

根据题意，本系统应能实现以下3个功能：

① 构造分户二叉排序树；

② 中序遍历分户二叉排序树；

③ 查找某一分户号记录。

实验六 图的应用——医院选址问题

1. 实验目的

了解图的各种存储结构，掌握图的深度优先搜索和广度优先搜索遍历算法，掌握最小生成树、最短路径、拓扑排序等图的常用算法，加深对图的理解，培养解决实际问题的编程能力。

2. 实验内容

给定 n 个街道之间的交通图。若街道 i 与街道 j 之间有路可通，则将顶点 i 与顶点 j 之间用边连接，边上的权值 w_{ij} 表示这条道路的长度。现准备在这 n 个街道中选择一个街道建一所医院。编写一个算法求出该医院应建立在哪个街道，才使距离最远的街道到医院的路程最短。

3. 程序设计

① 利用输入信息构建一张有向图 G，用邻接矩阵 A 表示，有向图的顶点是街道，若街道 i 到街道 j 之间有路可通，则顶点 i 到顶点 j 之间设置一条权值为 w_{ij} 的有向边 $<i,j>$。

② 应用弗洛伊德算法计算每对顶点之间的最短路径。

③ 找出从每一个顶点到其他顶点的最短路径中最长的路径。

④ 从③中找出的 n 条最长路径中最短的一条。

实验七　递归的应用（一）——汉诺塔问题

1. 实验内容

在一个函数的定义中出现了对自己本身的直接调用，或通过一系列调用语句，直接地调用自己，则称之为递归函数。递归是程序设计中一个强有力的工具。

递归算法是计算机算法的重要内容，很多问题都可以使用递归方法解决。递归算法的特点是可以比较自然地反映解决问题的过程，并能够便于调试程序。对于某些问题（例如汉诺塔问题，树的遍历等问题），需要通过递归算法求解。

2. 程序设计

汉诺（Hanoi）塔问题：古代有一个梵塔，塔内有 3 个座 A、B、C，A 座上有 64 个盘子，盘子大小不等，大的在下，小的在上（见图 C-2）。有一个人想把这 64 个盘子从 A 座移到 B 座，但每次只允许移动一个盘子，并且在移动过程中，3 个座上的盘子始终保持大盘在下，小盘在上。在移动过程中可以利用 B 座，要求打印移动的步骤。

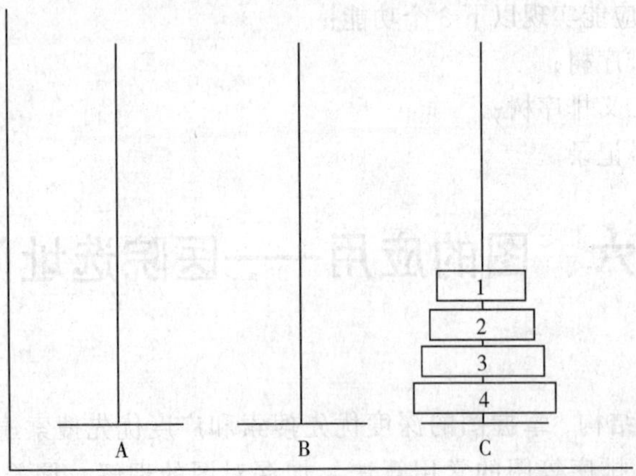

图 C-2　汉诺塔

这个问题在盘子比较多的情况下，很难直接写出移动步骤。我们可以先分析盘子比较少的情况。假定盘子从大向小依次为：盘子 1，盘子 2，…，盘子 64。

如果只有一个盘子，则不需要利用 B 座，直接将盘子从 A 移动到 C。

如果有 2 个盘子，可以先将盘子 1 上的盘子 2 移动到 B；将盘子 1 移动到 C；将盘子 2 移动到 C。这说明可以借助 B 将 2 个盘子从 A 移动到 C，当然，也可以借助 C 将 2 个盘子从 A 移动到 B。

如果有 3 个盘子，那么根据 2 个盘子的结论，可以借助 C 将盘子 1 上的两个盘子从 A 移动到 B；将盘子 1 从 A 移动到 C，A 变成空座；借助 A 座，将 B 上的两个盘子移动到 C。这说明：可以借助一个空座，将 3 个盘子从一个座移动到另一个。

如果有 4 个盘子，那么首先借助空座 C，将盘子 1 上的 3 个盘子从 A 移动到 B；将盘子 1 移动到 C，A 变成空座；借助空座 A，将 B 座上的 3 个盘子移动到 C。

上述的思路可以一直扩展到 64 个盘子的情况：可以借助空座 C 将盘子 1 上的 63 个盘子从

A 移动到 B；将盘子 1 移动到 C，A 变成空座；借助空座 A，将 B 座上的 63 个盘子移动到 C。

实验八　递归的应用（二）——八皇后问题

1. 实验内容

八皇后问题是非常经典的问题，即在 8×8 格的国际象棋棋盘上摆放 8 个皇后，使其不能互相攻击，即任意两个皇后都不能处于同一行、同一列或同一斜线上，问有多少种摆法，如图 C-3 所示。

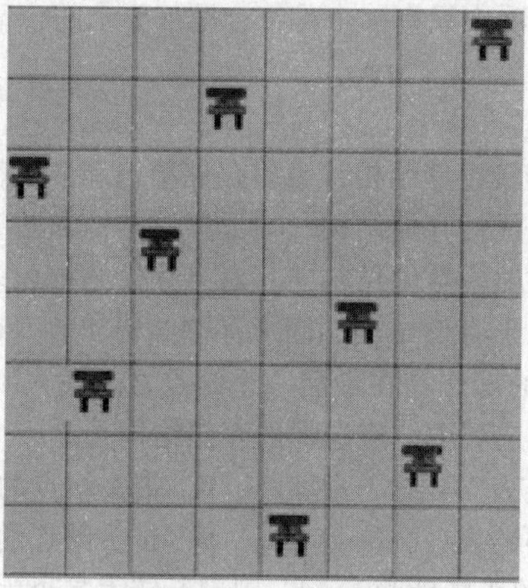

图 C-3　八皇后

2. 程序设计——回溯算法的实现

为解决这个问题，我们把棋盘的横坐标定为 i，纵坐标定为 j,i 和 j 的取值范围是 1～8。当某个皇后占了位置(i,j)时，在这个位置的垂直方向、水平方向和斜线方向都不能再放其他皇后。用语句实现，可定义如下 3 个整型数组：a[8],b[15],c[24]。其中：

a[j-1]=1：第 j 列上无皇后；

a[j-1]=0：第 j 列上有皇后；

b[i+j-2]=1：(i,j)的对角线（左上至右下）无皇后；

b[i+j-2]=0：(i,j)的对角线（左上至右下）有皇后；

c[i-j+7]=1：(i,j)的对角线（右上至左下）无皇后；

c[i-j+7]=0：(i,j)的对角线（右上至左下）有皇后。

（2）第 i 个皇后选择位置的算法如下：

```
for(j=1;j<=8;j++)           /*第 i 个皇后在第 j 行*/
if ((i,j)位置为空))          /*即相应的 3 个数组的对应元素值为 1*/
{
  占用位置(i,j)              /*置相应的 3 个数组对应的元素值为 0*/
  if i<8
    为 i+1 个皇后选择合适的位置;
else 输出一个解
}
```

附录D “数据结构”模拟试题

一、单项选择题（本大题共 15 小题，每小题 2 分，共 30 分）

在每小题列出的 4 个备选项中只有一个是符合题目要求的，请将其代码填写在题后的括号内。错选、多选或未选均无分。

1. 数据的 4 种存储结构是（　　）。

   A. 顺序存储结构、链接存储结构、索引存储结构和散列存储结构

   B. 线性存储结构、非线性存储结构、树形存储结构和图型存储结构

   C. 集合存储结构、一对一存储结构、一对多存储结构和多对多存储结构

   D. 顺序存储结构、树形存储结构、图形存储结构和散列存储结构

2. 若对某线性表最常用的操作是在最后一个结点之后插入一个新结点或删除最后一个结点，要使操作时间最少，下列选项中，应选择的存储结构是（　　）。

   A. 无头结点的单向链表　　B. 带头结点的单向链表

   C. 带头结点的双循环链表　　D. 带头结点的单循环链表

3. 若带头结点的单链表的头指针为 head，则判断链表是否为空的条件是（　　）。

   A. head=NULL　　B. head->next=NULL

   C. head!=NULL　　D. head->next!=head

4. 若元素的入栈顺序为 1，2，3…，n，如果第 2 个出栈的元素是 n，则输出的第 $i(1\leqslant i\leqslant n)$个元素是（　　）。

   A. $n-i$　　B. $n-i+1$

   C. $n-i+2$　　D. 无法确定

5. 串匹配算法的本质是（　　）。

   A. 串复制　　B. 串比较

   C. 子串定位　　D. 子串链接

6. 设有一个 10 阶的对称矩阵 A，采用行优先压缩存储方式，a_{11} 为第一个元素，其存储地址为 1，每个元素占一个字节空间，则 a_{85} 的地址为（　　）。

   A. 13　　B. 18

   C. 33　　D. 40

7. 若一棵二叉树的前序遍历序列与后序遍历序列相同，则该二叉树可能的形状是（　　）。

   A. 树中没有度为 2 的结点　　B. 树中只有一个根结点

   C. 树中非叶结点均只有左子树　　D. 树中非叶结点均只有右子树

8. 若根结点的层数为 1，则具有 n 个结点的二叉树的最大高度是（　　）。

   A. n　　B. $\lfloor \log_2 n \rfloor$

   C. $\lfloor \log_2 n \rfloor+1$　　D. $n/2$

9．在图 G 中求两个结点之间的最短路径可以采用的算法是（　　）。

A．迪杰斯特拉（Dijkstra）算法　　B．克鲁斯卡尔（Kruskal）算法

C．普里姆（Prim）算法　　D．广度优先遍历（BFS）算法

10．下图 $G=(V,E)$ 是一个带权连通图，G 的最小生成树的权为（　　）。

A．15　　B．16

C．17　　D．18

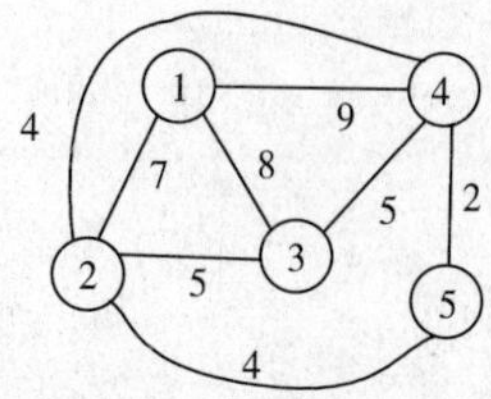

11．在下图中，从顶点 1 出发进行深度优先遍历可得到的序列是（　　）。

A．1 2 3 4 5 6 7　　B．1 4 2 6 3 7 5

C．1 4 2 5 3 6 7　　D．1 2 4 6 5 3 7

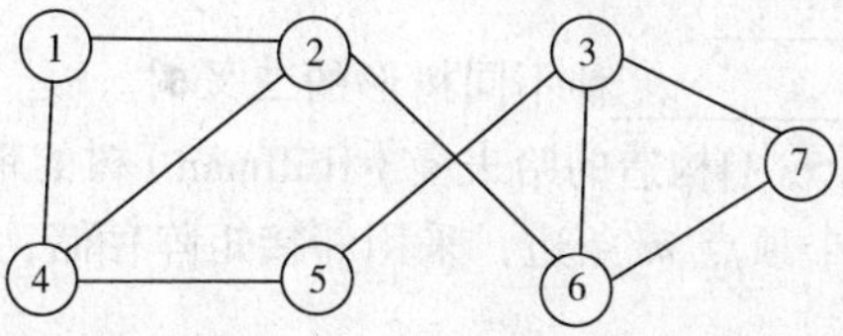

12．如果在排序过程中不改变关键字相同元素的相对位置，则认为该排序方法是（　　）。

A．不稳定的　　B．稳定的

C．基于交换的　　D．基于选择的

13．设有一组关键字（19, 14, 23, 1，6，20, 4，27, 5, 11, 10, 9），用散列函数 $H(\mathrm{key})=\mathrm{key}\%13$ 构造散列表，用拉链法解决冲突，散列地址为 1 的链中记录个数为（　　）。

A．1　　B．2　　C．3　　D．4

14．已知二叉树结点关键字类型为字符，根据 ASCII 码值大小，下列二叉树中符合二叉排序树性质的是（　　）。

A．
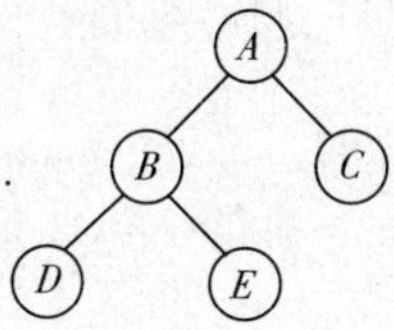

B．
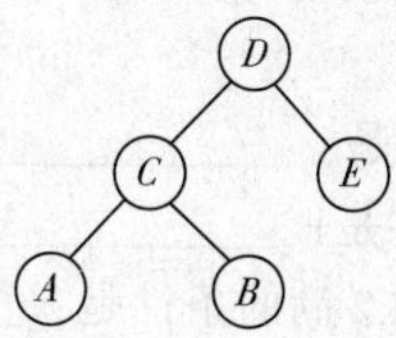

C．
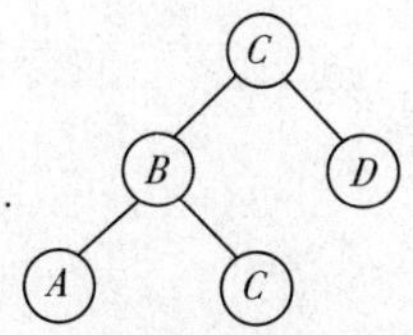

D．
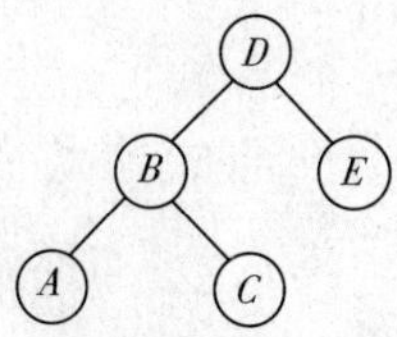

15．若需高效地查询多关键字文件，可以采用的文件组织方式为（　　）。

A．顺序文件　　B．索引文件

C. 散列文件　　　　　　　　　　　　　D. 倒排文件

二、填空题（本大题共 10 小题，每小题 2 分，共 20 分）

请在每小题的空格中填上正确答案。错填、不填均无分。

16. 下面程序段的时间复杂度为＿＿＿＿＿＿。

```
sum=1;
for (i=0; sum<n;i++)
sum+=1;
```

17. 已知链表结点定义如下：

```
typedef  struct  node{
char  data[16];
struct node  *next;
} LinkStrNode;
```

如果每个字符占 1 个字节，指针占 4 个字节，则该链表的存储密度是＿＿＿＿＿＿。

18. 使用一个 100 个元素的数组存储循环队列，如果采取少用一个元素空间的方法来区别循环队列的队空和队满，约定队头指针 front 等于队尾指针 rear 时表示队空。若为 front=8，rear=7，则队列中的元素个数为＿＿＿＿＿＿。

19. 3 个结点可以组成＿＿＿＿＿＿种不同树形的二叉树。

20. 用 5 个权值{3, 2, 4, 5, 1}构造的哈夫曼（Huffman）树的带权路径长度是＿＿＿＿＿＿。

21. 若无向图 G 中有 n 个顶点 m 条边，采用邻接矩阵存储，则该矩阵中非 0 元素的个数为＿＿＿＿＿＿。

22. 影响排序效率的两个因素是关键字的＿＿＿＿＿＿次数和记录的移动次数。

23. 对任一 m 阶的 B 树，每个结点中最多包含＿＿＿＿＿＿个关键字。

24. 若两个关键字通过散列函数映射到同一个散列地址，这种现象称为＿＿＿＿＿＿。

25. 如果要为文件中的每个记录建立一个索引项，则这样建立的索引表称为＿＿＿＿＿＿。

三、解答题（本大题共 4 小题，每小题 5 分，共 20 分）

26. 要在［0..n-1］的向量空间中建立两个栈 stackl 和 stack2，请回答：

（1）应该如何设计这两个栈才能充分利用整个向量空间？

（2）若 stackl 的栈顶指针为 topl,stack2 的栈顶指针为 top2，如果需要充分利用整个向量空间，则：

栈 stackl 空的条件是：＿＿＿＿＿＿；

栈 stack2 空的条件是：＿＿＿＿＿＿；

栈 stackl 和栈 stack2 满的条件是：＿＿＿＿＿＿。

27. 已知广义表如下：

$A=(B,y)$

$B=(x, L)$

$L=(a, b)$

要求：

（1）写出下列操作的结果

tail(A)=＿＿＿＿＿＿＿＿。

head(*B*)=______________。

（2）请画出广义表 *A* 对应的图形。

28．已知二叉树如下：

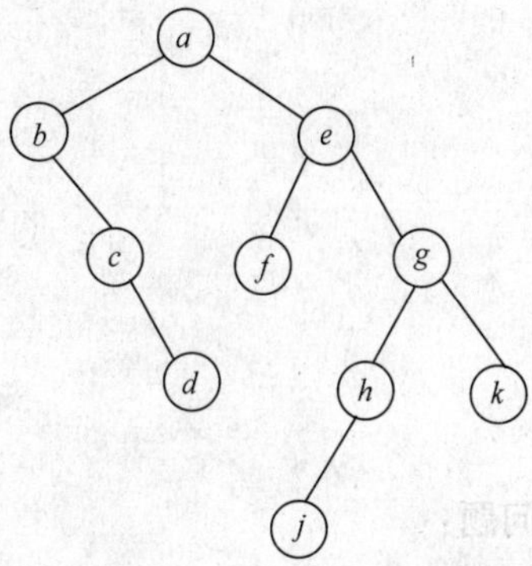

请画出该二叉树对应的森林。

29．请回答下列问题：

（1）英文缩写 DAG 的中文含义是什么？

（2）请给出下面 DAG 图的全部拓扑排序。

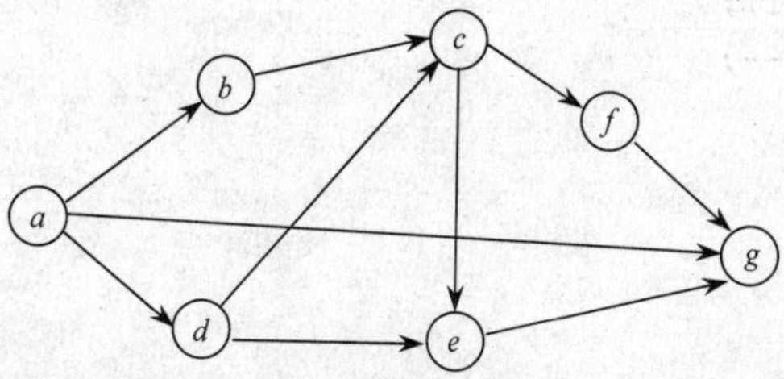

四、算法阅读题（本大题共 4 小题，每小题 5 分，共 20 分）

30．已知线性表$(a_1,a_2,a_3\cdots，a_n)$按顺序存放在数组 *a* 中，每个元素均为整数，下列程序的功能是将所有小于 0 的元素移到全部大于等于 0 的元素之前。例如，有 7 个整数的原始序列为$(x,x,-x,-x,x,x,-x)$，变换后数组中保存的序列是$(-x,-x,-x,x,x,x,x)$。请在程序处填入合适的内容，使其成为完整的算法。

```
f30(int a[], int n)
{
    int  k,m,temp;
    m=____(1)____;
    while  (a[m]<0 && m<n)
      m=____(2)____;
    k=m;
    while  (k<n)
    {
      while(a[k]>=0 && k<n)
         k=____(3)____;
      if(k<n)
      {
```

```
            temp=a[k];
            a[k]=a[m];
            a[m]=____(4)____;
            m=____(5)____;
         }
      }
}
```

（1）______________；

（2）______________；

（3）______________；

（4）______________；

（5）______________。

31．阅读下列程序，并回答问题：

```
#include<stdio.h>
substr(char*t,char*s,int pos,int len)
{
    while(len>0&&*s)
    {
        *t=*(s+pos-1);
        t++;s++;len--;
    }
    *t='\0';
}
char  *f31(char*s)
{
    char  t[100];
    if (strlen(s)=1)
      return s;
    substr(t,s,1,1);
    substr(s,s,2,strlen(s)-1);
    f31(s);
    return strcat(s,t);
}
main( )
{
    char str[100]= ''String'';
    printf(''%s\n'',f31(str));
}
```

（1）请写出执行该程序后的输出结果；

（2）简述函数 f31()的功能。

32．下面程序实现插入排序算法。

```
typedef  struct{
    int key;
    Info otherinfo;
}SeqList;
```

```
void  InsertSort(SeqList  R[],int  n)
{   /* 待排序列保存在 R[1…n] 中 */
    SeqList x;
    int  i,j,k,lo,hi,mi;
    for (i=2; i<=n; i++)
    {
        ____(1)____;
        lo=1;
        hi=i-1;
        while  (lo<=hi)
        {
            mi=(lo+hi)/2;
            if (____(2)____) break;
            if  (R[mi].key>x.key)  hi=mi-1;
            else  lo=mi+1;
    }
    if (mi=lo)
        k=i - mi;
    else
        k=i - mi-1;
    for (j=0; j<k; j++)
        ____(3)____;
    R[i-j]=x;
  }
}
```

在空白处填写适当的内容，使该程序功能完整。

(1) ________________;

(2) ________________;

(3) ________________。

33. 设有单链表类型定义如下：

```
typedef  struct  node {
   int  data;
   struct  node  *next;
} *LinkList;
```

阅读下列算法，并回答问题：

```
void  f33(LinkList head, int A, int B)
{
   LinkList p=NULL;
   While  (head !=NULL)
   {
    if (head->data>A&&head->data<B)
         p=head;
      head=head->next;
   }
   if (p !=NULL)
```

```
    printf("%d\n",p->data);
}
```

（1）已知链表 h 如下图所示，给出执行 f33(h，5，8)之后的输出结果；

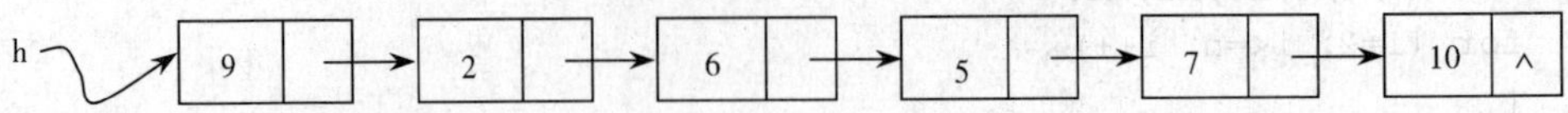

（2）简述算法 f33 的功能。

五、算法设计题（本题 10 分）

34.已知二叉树的定义如下：

```
typedef struct node{
   int data;
   struct node *lchild, *rchild;
}*Bitptr;
```

编写递归算法求二叉树的高度。函数原型为：int f34(Bitptr t);

“数据结构”模拟试题参考答案

一、单项选择题（本大题共 15 小题，每小题 2 分，共 30 分）

1–5 ACBDC　　6–10 CBAAD　　11–15 BBCDD

二、填空题（本大题共 10 小题，每小题 2 分，共 20 分）

16．O(n)　17．4/5（或 0.8）　18．99　19．5　20．33

21．2m　22．比较　23．m–1　24．冲突（或碰撞）　25．稠密索引

三、解答题（本大题共 4 小题，每小题 5 分，共 20 分）

26．（1）采用双向的形式，stack1 的栈底设置在从数组下标为 0 的元素处，stack2 的栈底设置在数组下标为 n–1 的元素处。

（2）top1=–1；top2=n；top1+1=top2（或 top1=0；top2=n–1；top1–1=top2）

27．（1）(y)；　x

（2）

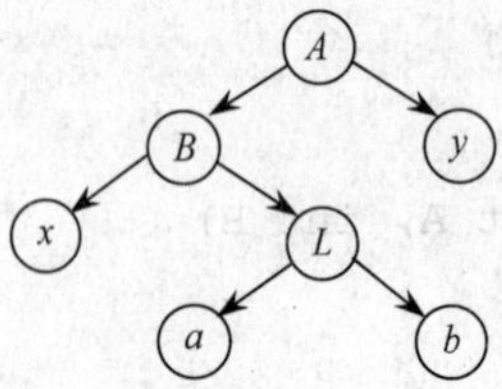

28.

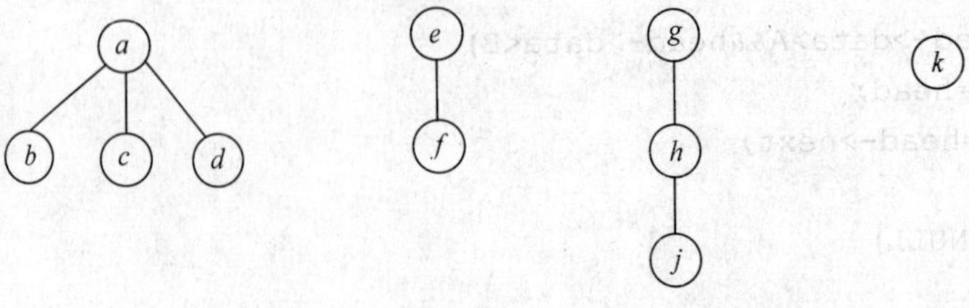

29. （1）有向无环图；

（2）序列 1：abdcfeg；序列 2：abdcefg；序列 3：adbcfeg；序列 4：adbcefg

四、算法阅读题（本大题共 4 小题，每小题 5 分，共 20 分）

30. （1）0　（2）m+1　（3）k+1　（4）temp　（5）m+1

31. （1）"gnirtS"（2）函数 f31()的功能是将字符串 s 中的字符倒置（或反串）

32. （1）x=R[i]　（2）R[mi].key= =x.key　（3）R[i–j]=R[i–j–1]

33. （1）7　（2）f33 的功能是输出链表中最后一个（若存在）大于 A 小于 B 的元素的值

五、算法设计题（本题 10 分）

34.

```
int f34(Bitptr t)
{
    if(!t) return 0;                /* 返回空树高度 */
    lh=f34(t->lchild);              /* 递归求左子树高度 */
    rh=f34(t->rchild);              /* 递归求右子树高度 */
    return lh>rh?lh+1:rh+1;         /* 返回二叉树的高度 */
}
```

各章思考与练习参考答案

第 1 章　绪　　论

一、单选题

1．A　2．（1）B（2）D　3．A　4．D　5．D　6．C

二、填空题

1．基本单位　最小单位　2．顺序存储　链式存储　索引存储　散列存储

3．数据的逻辑结构　数据的存储结构　数据的运算　4．一对一　一对多　多对多

5．问题规模

6．1　n　$\log_2 n$　n^2　2^n　常数阶　指数阶

7．$O(m\times n)$　8．$O(n)$

三、综合题

1．凡能被计算机存储、加工的对象通称为数据。数据元素是数据的基本单位，在程序中通常作为一个整体而加以考虑和处理。区别：一个数据可以由一个或多个数据元素构成。

2．该题的逻辑结构图示如下图所示。

开始结点是指无前驱的结点，这里满足该定义的开始结点为 k_1、k_2。

终端结点是指无后续的结点，这里满足该定义的终端结点为 k_6、k_7。

该逻辑结构是非线性结构中的图形结构。

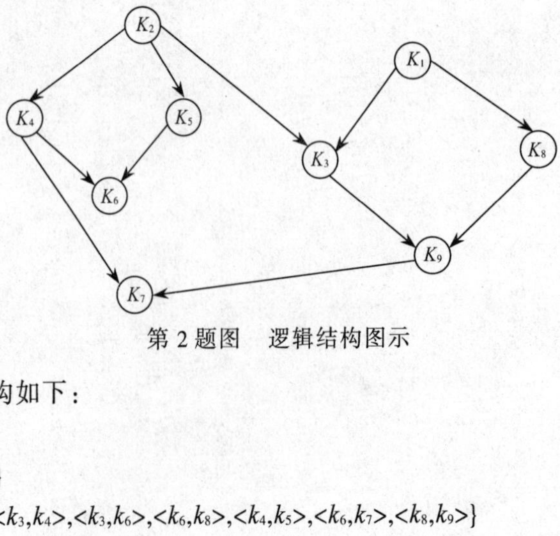

第 2 题图　逻辑结构图示

3．本题的逻辑结构如下：

$B=(K, R)$

$K=\{k_1, k_2, \cdots, k_9\}$

$R=\{<k_1,k_2>,<k_1,k_3>,<k_3,k_4>,<k_3,k_6>,<k_6,k_8>,<k_4,k_5>,<k_6,k_7>,<k_8,k_9>\}$

该逻辑结构式一个树形结构，其树根为 k_1，叶子结点为 k_2、k_5、k_7 和 k_9。

第2章　线　性　表

一、单选题

1. B　2. B　3. D　4. A　5. A　6. B　7. B　8. B　9. D

二、填空题

1. $O(1)$　$O(n)$　　2. 前驱结点　后继结点

3. $n-i+1$　　4. 300

5. 单链表　双向链表　循环链表

三、综合题

1. 本题的算法思想：先建立一个待插入的结点，然后依次与链表中的各结点的数据域比较大小，找到插入该结点的位置，最后插入该结点。实现本题功能的函数如下：

```
node *insert(node *head, int x)
{
  node *s,*p,*q;
  s=(node *)malloc(sizeof(node));   /*  建立一个待插入的结点  */
  s->data=x;
  s->next=NULL;
  if (head= =NULL | | x<head 一>data) /*若单链表为空或 x 小于第一个结点的 data 域*/
  {
    s->next=head;                   /*  把 s 结点插入到表头后面  */
    head=s;
  }
  else
  {
    q=head;     /*  为 s 寻找插入位置，p 为待比较的结点，q 为 p 的前驱结点  */
    p=q->head;
    while (p!=NULL && x>p→data)     /*  若 x 小于 p 所指结点的 data 域值  */
              /*  则退出 while 循环  */
    if(x>p->data)
    {
      q=p;
         p=p->next;
    }
  s->next=p;                        /*  将 s 结点插入到 q 和 p 之间  */
  q->next=s;
  }
}
```

2. 本题的算法思想：由于向量中的元素按元素值非递减有序排列，值相同的元素必为相邻的元素，因此依次比较相邻两个元素，若值相等，则删除其中一个，否则继续向后查找。实现本题功能的函数如下：

```
void delete(SqList  & A, int n)                    /*  向量A的长度为n  */
{
   int i=1,j ;
   while(i<=n-1)
   if (A[i]! =A[i+1])   i++;                     /* 元素值不相等，继续向下找  */
   else
   {
      for(j=(i+2);j<=n;j++)
    A[j-1]=A[j];                                  /* 删除第 i+1 个元素 */
      n--;                                        /* 向量长度减 1 */
   }
```

3.（1）顺序表作存储结构

扫描顺序表 A 的前半部分元素，对于元素 A .data[i](0<=i<=L.length/2),将其与后半部分对应元素 A .data[A .length-i-1]进行交换。实现本题功能的函数如下：

```
void invert1 (SqList &A)
{
int i;
int temp;
for(i=0;i<A .length /2;i++)                       /* 交换位置 */
{
  temp = A .data[i];
  A .data[i]=A .data[A .length -i-1];
  A .data[A .length -i-1]= temp;
}
}
```

（2）单链表作存储结构

将原单链表的元素依次取出，再插入另一个单链表的头部，这样就将原单链表逆置，只需附加两个空间。

```
void  invert2(SqList A)
{    /*  设A带头结点  */
   p= A->next;                                    /*  取原表表头结点  */
     A->next= NULL;                               /*  设A为逆置表表头  */
     while(p!=NULL)
     {
    u= p;p= p→next;                               /*  p后移  */
         u-> next=A→next;                         /*  插入到头结点之后  */
         A-> next=u:
     }
   }
```

4. 本题是遍历通过该链表的每个结点，每遇到一个结点，结点个数加 1，结点个数存储在变量 n 中。实现本题功能的函数如下：

```
 int count(node *head)
 {
   node *p;
   int n=0;
   p=head;
```

```
    while (p!=NULL)
    {
       if (p->data==x)
     n++;
       p=p->next;
    }
  return (n);
}
```

第3章 栈和队列

一、单选题

1. B　2. A　3. B　4. D　5. D　6. C　7. B

二、填空题

1. 先进后出（或后进先出）　先进先出（或后进后出）　端点　栈
2. 设置一个标志位　设置一个计数器　少用一个存储空间
3. Q->front= Q->front->next
4. 栈　5. dbc－ /a＋

三、综合题

1. 出栈顺序有：

A、B、C、D　A、B、D、C　A、C、B、D　A、C、D、B　A、D、C、B
B、A、C、D　B、A、D、C　B、C、A、D　B、C、D、A　B、D、C、A
C、B、A、D　C、B、D、A　C、D、B、A　D、C、B、A

2.
```
void invert (pointer head)
{
   LStackTp s;
       Initstack(s);
       p=head;
       while(p<>NULL)
       {
       push(s, p→data);
           p=p->next;
       }
     p= head;
  while(notEmptyStack(s))
     {
     pop(s, p->data);
         p=p->next;
     }
  }
```

3.
```
void Inqueue(lklist rear,datatype x)
{
  s= malloc( sizeof(lklisk));
```

```
s->data=x;
if (rear== NULL)
{
rear=s;
  rear->next=s;
}
else
  {
 s-> next= rear→next;
    rear->next=s:
    rear=s:
  }
}
void delqueue (lklist rear)
{
if (rear == NULL)
  error("overflow");
  else
  {
 s= rear->next;
    if( s == rear)
    rear= NULL;
    else
   rear-> next=s→next;
    free(s);
 }
}
```

4. #define maxsize 100

```
void PushPops(SqStack &s)
{   /* 根据输入序列的值，进行入栈和出栈操作 */
  for(i=1; i<=n; i++)
{
 scanf("%d", &a);
    if(a!=-1)               /* a==-1 则入栈 */
      if (S.top= =maxsize)
      {
     printf("栈满");
     exit(0);
    }
      else
      S.base[S.top++]=x;
    else                    /* a=-1 栈顶元素出栈 */
      if (S.top==0)
      {
     printf("栈空");
     exit(0);
```

```
    }
        else
      {
        S.top--;
        printf("% d", S.base[S.top]);
      }
      }
}
```

第4章　串

一、单选题

1. C　　2. B　　3. C　　4. C　　5. D

二、填空题

1. 子串　主串
2. 零个字符的串　零　由空格字符组成的串　所含空格的个数
3. 相等　　4. 'bcdefef'

三、综合题

1. substr(S,1,2)+ "+"+substr(S,4,3)+substr(S,3,1)
2.

```
char SearchCharacter(LinkList x,LinkList y)
  {  /* 查找串 x 第一个不在 y 中出现的字符，设两个链表都带有头结点 */
    p=x->next;
    while (p)
    {
   q=y->next;
      while(q&&q->data!=p->data)
        q=q->next;
      if(!q)
        return p->data;
      else
     p=p->next;
    }
    return  ' #';               /* x 为空串或 x 中所有元素都在 y 中 */
  }
```

3.

```
void Insert(char *s, char *t, int pos)
  {  /* 将串 t 插入到串 s 的第 pos 位置 */
    if(pos<1)
      exit(0);                  /*  pos 非法 */
    i=1;
  p=s;
    while (*p!=' \0'&&i<pos)
     {
```

```
        i++;
        p++;
    }
      if(*p= = ' \0')
      exit(0);                  /*  pos 非法 */
      while (*p!= ' \0')        /* 查找 s 中结束符的位置 */
      {
        i++;
        p++;
     }
      j=0; q=t;
      while(*q!= ' \0')         /* 计算串 t 的长度 */
  {
      j++;
      q++;
  }
  for (k=i; k>=pos;j--);        /* 将串 S 中第 pos 起以后的字符后移 */
  {
       *(p+j)=*p;
       p--;
   }
   p++; q=t;                    /* 将 p 移到第 pos 位置, q 指向串 t 的第一个字符 */
   for(k=1; k<=j; k++)          /* 将每串 t 插入到串 s 的 pos 位置 */
      p++=q++;
}
```

第5章 内部排序

一、单选题

1. D　　2. A　　3. C　　4. A　　5. B

二、填空题

1. 内部排序　　外部排序　　　　2. 61　62

3. 堆排序　　快速排序　　　　4. D P F Z E P B N M X G W

5. 冒泡排序　　快速排序

三、综合题

1.（1）直接插入排序

序号	1	2	3	4	5	6	7	8	9	10	11	12
关键字	83	40	63	13	84	35	96	57	39	79	61	15
i=1	83	[40	63	13	84	35	96	57	39	79	61	15]
i=2	40	83	[63	13	84	35	96	57	39	79	61	15]
i=3	40	63	83	[13	84	35	96	57	39	79	61	15]
i=4	13	40	63	83	[84	35	96	57	39	79	61	15]

i=5	13	40	63	83	84	[35	96	57	39	79	61	15]
i=6	13	35	40	63	83	84	[96	57	39	79	61	15]
i=7	13	35	40	63	83	84	96	[57	39	79	61	15]
i=8	13	35	40	57	63	83	84	96	[39	79	61	15]
i=9	13	35	39	40	57	63	83	84	96	[79	61	15]
i= 10	13	35	39	40	57	63	79	83	84	96	[61	15]
i= 11	13	35	39	40	57	61	63	79	83	84	96	[15]
i= 12	13	15	35	39	40	57	61	63	79	83	84	96

（2）希尔排序

序号	1	2	3	4	5	6	7	8	9	10	11	12
关键字	83	40	63	13	84	35	96	57	39	79	61	15
第 1 趟(d1=6)后	83	40	39	13	61	15	96	57	63	79	84	35
第 2 趟(d2=3)后	13	40	15	79	57	35	83	61	39	96	84	63
第 3 趟(d3=1)后	13	15	35	39	40	57	61	63	79	83	84	96

（3）冒泡排序

序号	1	2	3	4	5	6	7	8	9	10	11	12
关键字	83	40	63	13	84	35	96	57	39	79	61	15
第 1 趟排序后	40	63	13	83	35	84	57	39	79	61	15	[96]
第 2 趟排序后	40	13	63	35	83	57	39	79	61	15	[84	96]
第 3 趟排序后	13	40	35	63	57	39	79	61	15	[83	84	96]
第 4 趟排序后	13	35	40	57	39	63	61	15	[79	83	84	96]
第 5 趟排序后	13	35	40	39	57	61	15	[63	79	83	84	96]
第 6 趟排序后	13	35	39	40	57	15	[61	63	79	83	84	96]
第 7 趟排序后	13	35	39	40	15	[57	61	63	79	83	84	96]
第 8 趟排序后	13	35	39	15	[40	57	61	63	79	83	84	96]
第 9 趟排序后	13	35	15	[39	40	57	61	63	79	83	84	96]
第 10 趟排序后	13	15	[35	39	40	57	61	63	79	83	84	96]

第 11 趟无元素交换，则排序结束。

（4）快速排序

序号	1	2	3	4	5	6	7	8	9	10	11	12
关键字	83	40	63	13	84	35	96	57	39	79	61	15
第 1 趟排序后	[15	40	63	13	61	35	79	57	39]	83	[96	84]
第 2 趟排序后	[13]	15	[63	13	61	35	79	57	39]	83	[96	84]
第 3 趟排序后	13	15	[39	40	61	35	57]	63	[79]	83	[96	84]
第 4 趟排序后	13	15	[35]	39	[61	40	57]	63	79	83	[96	84]
第 5 趟排序后	13	15	35	39	[57	40]	61	63	79	83	[96	84]
第 6 趟排序后	13	15	35	39	40	[57]	61	63	79	83	[96	84]
第 7 趟排序后	13	15	35	39	40	57	61	63	79	83	84	96

（5）直接选择排序

序号	1	2	3	4	5	6	7	8	9	10	11	12

关键字	83	40	63	13	84	35	96	57	39	79	61	15
i=1	13	[40	63	83	84	35	96	57	39	79	61	15]
i=2	13	15	[63	83	84	35	96	57	39	79	61	40]
i=3	13	15	35	[83	84	63	96	57	39	79	61	40]
i=4	13	15	35	39	[84	63	96	57	83	79	61	40]
i=5	13	15	35	39	40	[63	96	57	83	79	61	84]
i=6	13	15	35	39	40	57	[96	63	83	79	61	84]
i=7	13	15	35	39	40	57	61	[63	83	79	96	84]
i=8	13	15	35	39	40	57	61	63	[83	79	96	84]
i=9	13	15	35	39	40	57	61	63	79	[83	96	84]
i= 10	13	15	35	39	40	57	61	63	79	83	[96	84]
i= 11	13	15	35	39	40	57	61	63	79	83	84	[96]

（6）堆排序

关键字 83 40 63 13 84 35 96 57 39 79 61 15

排序成功的序列为：13 15 35 39 40 57 61 79 83 84 96 63

排序过程如下图所示：

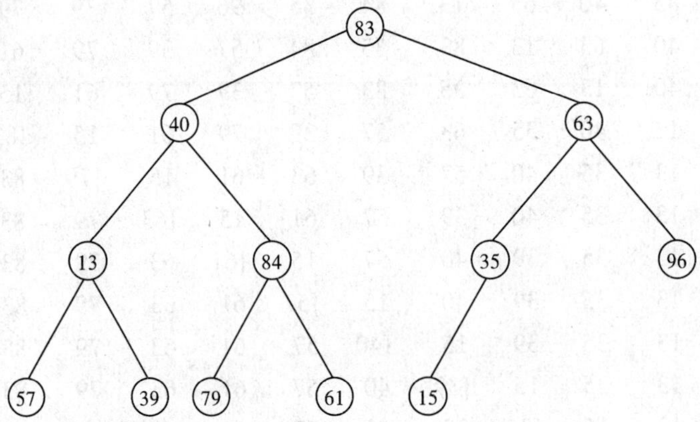

（a）初始堆

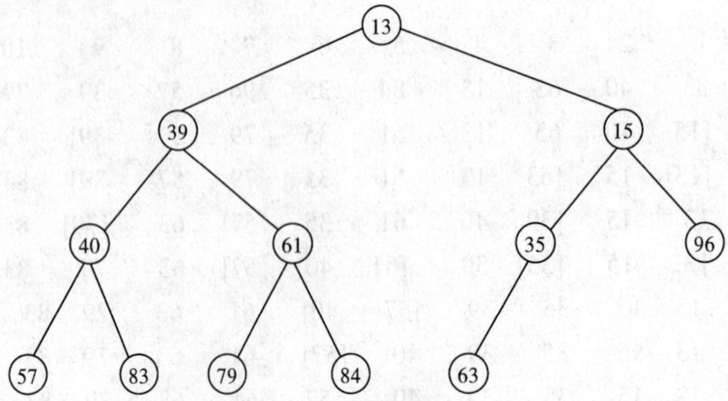

（b）建堆

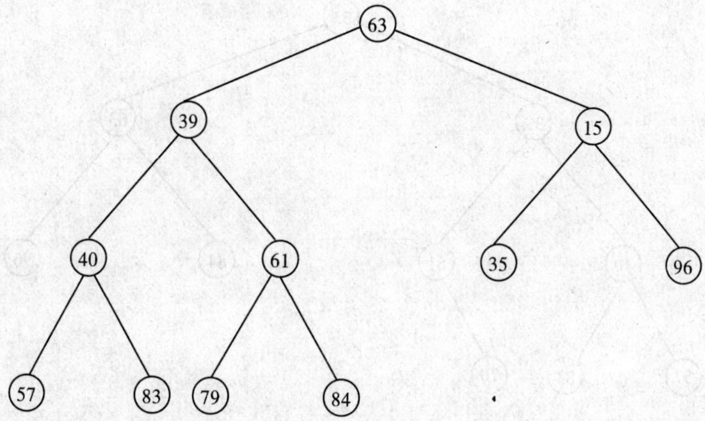

（c）13 与 63 交换，输出 13

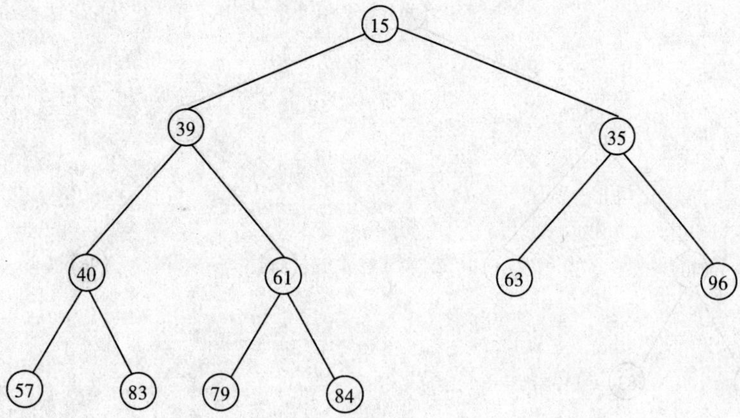

（d）调整

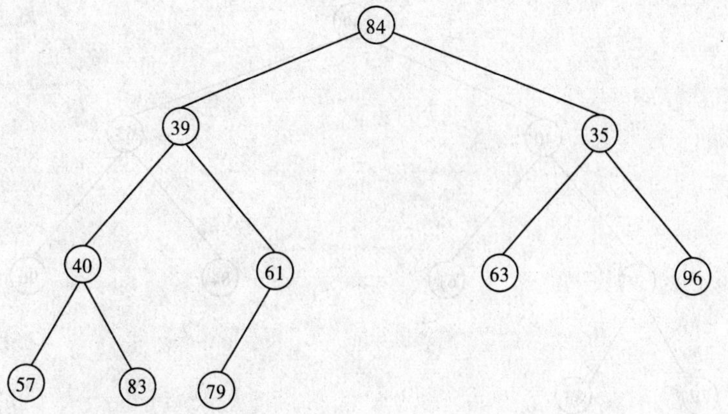

（e）15 与 84 交换，输出 15

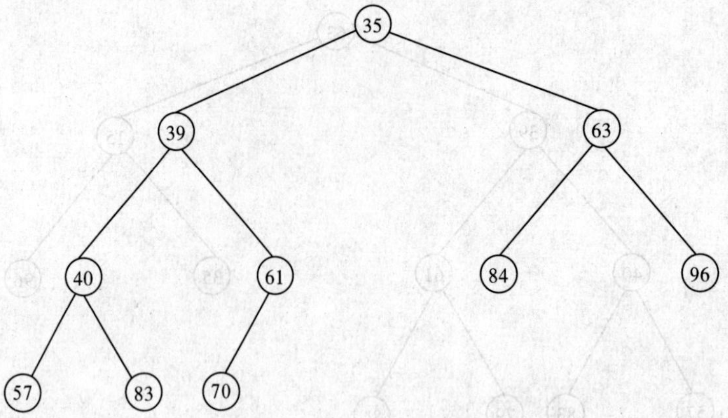

（f）调整

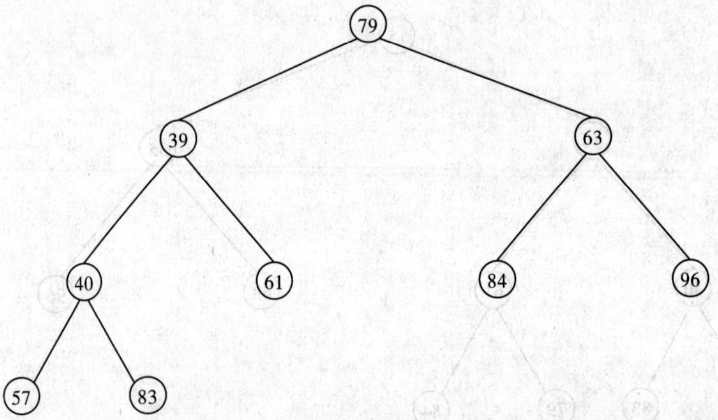

（g）35 与 79 交换，输出 35

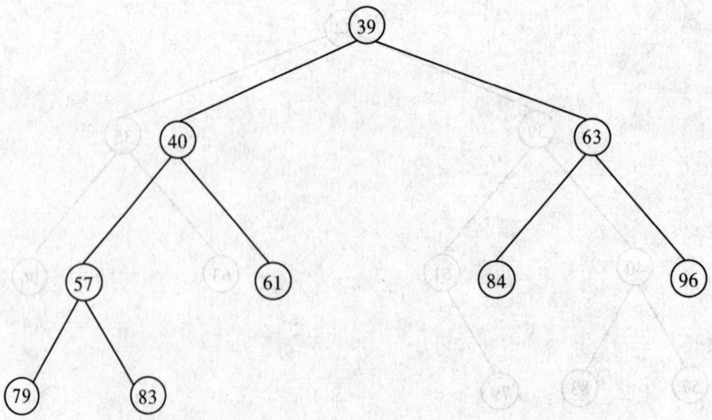

（h）调整

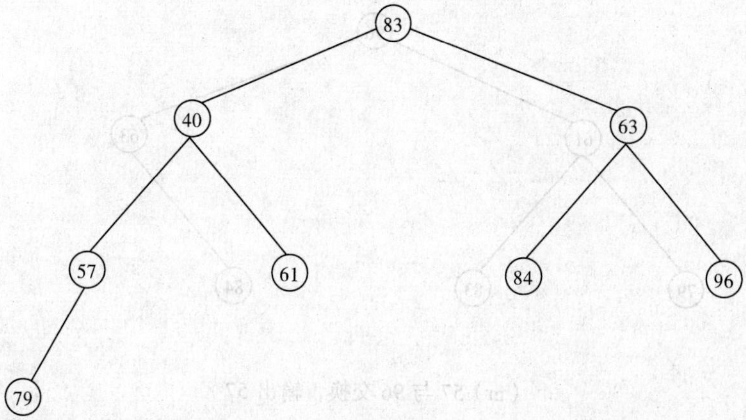

（i） 39与83交换，输出39

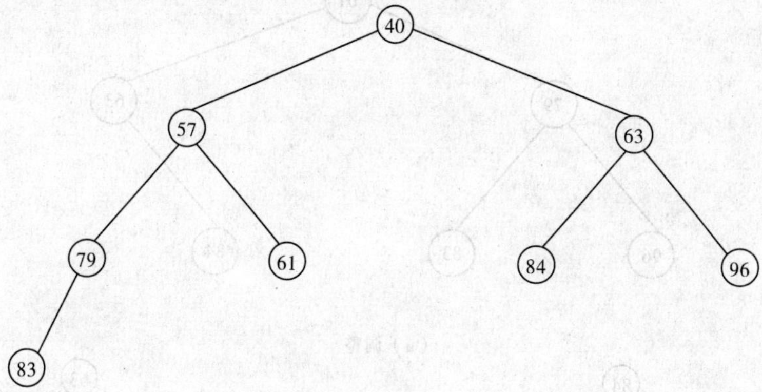

（j）调整

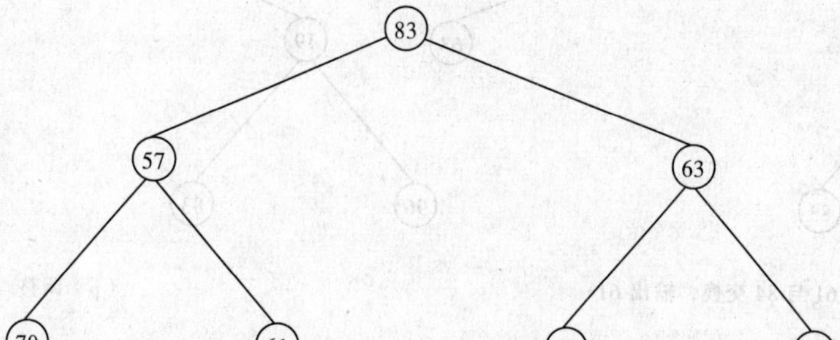

（k）40与83交换，输出40

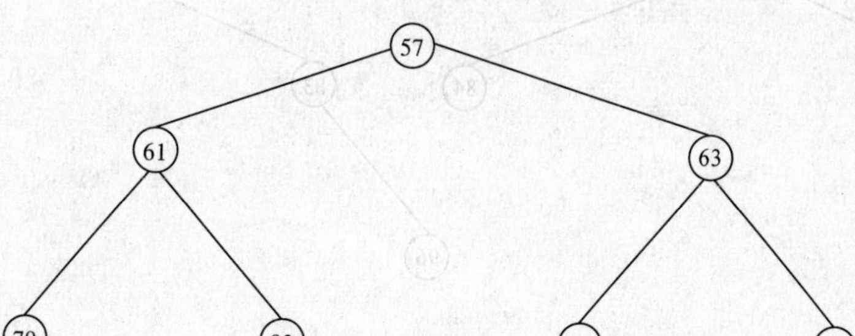

（l）调整

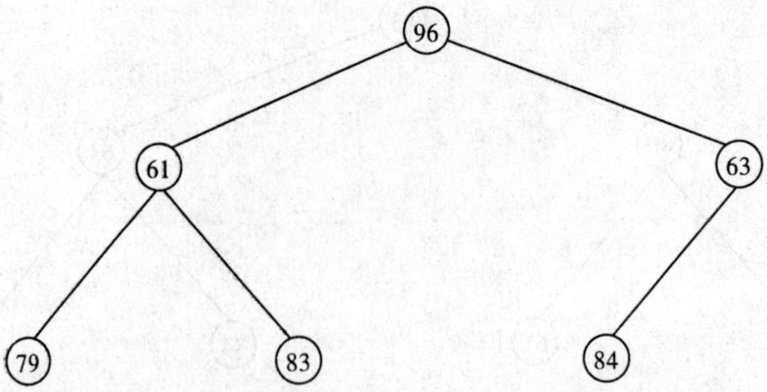

（m）57 与 96 交换，输出 57

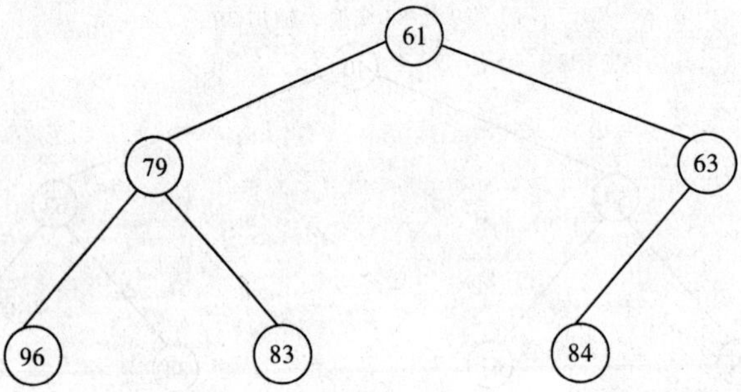

（n）调整

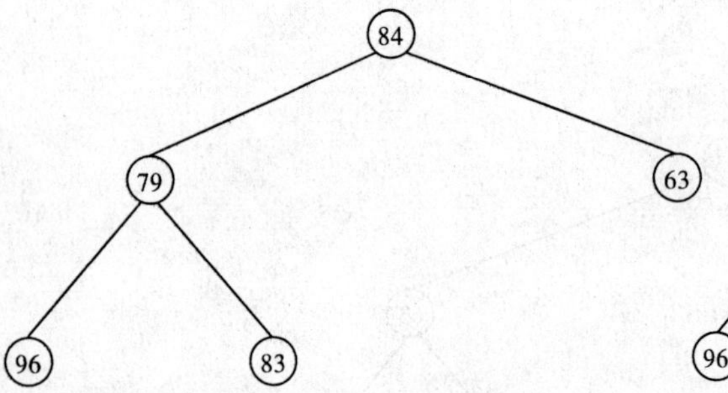

（o）61 与 84 交换，输出 61

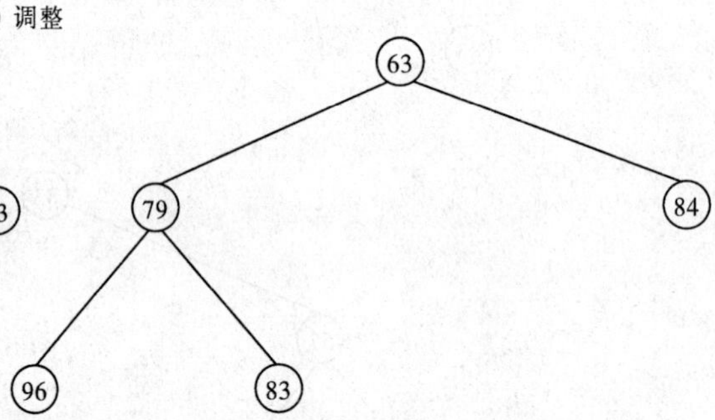

（p）调整

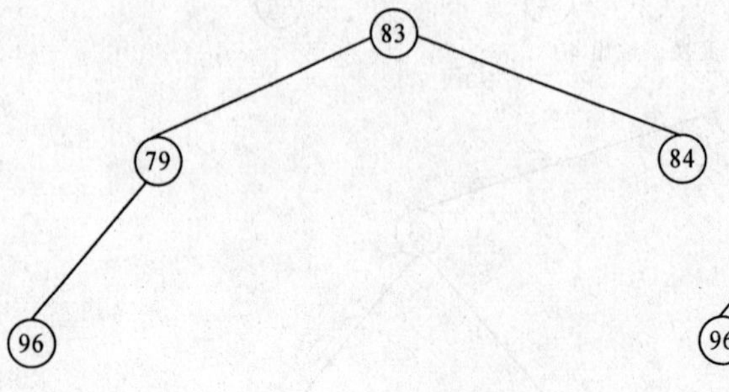

（q）63 与 83 交换，输出 63

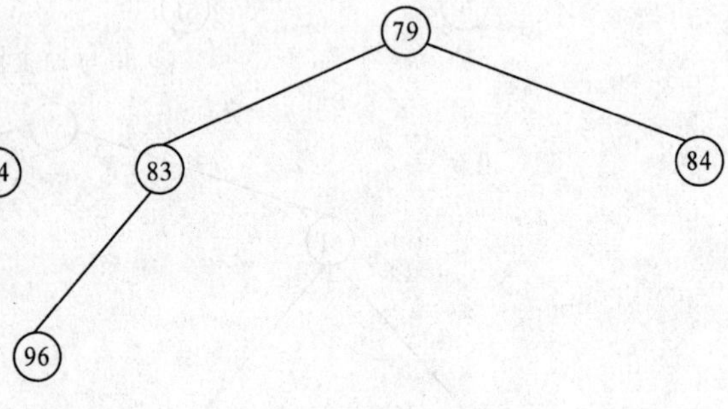

（r）调整

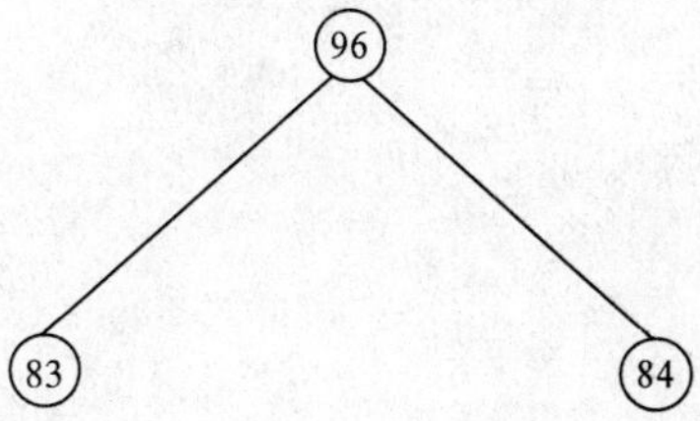

（s）79 与 96 交换，输出 79

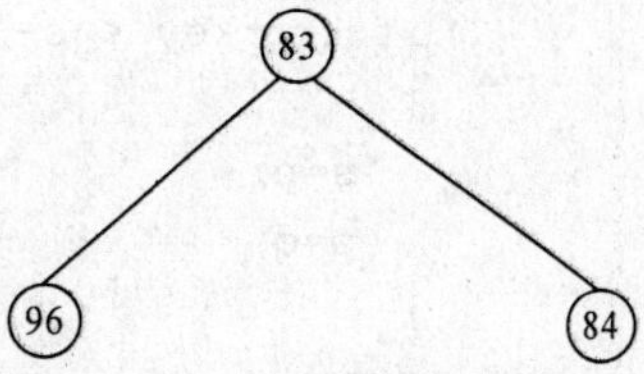

（t）调整

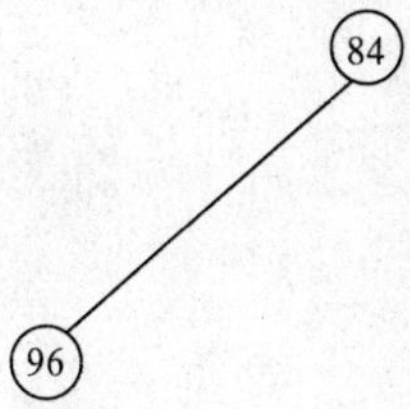

（u）83 与 84 交换，输出 83

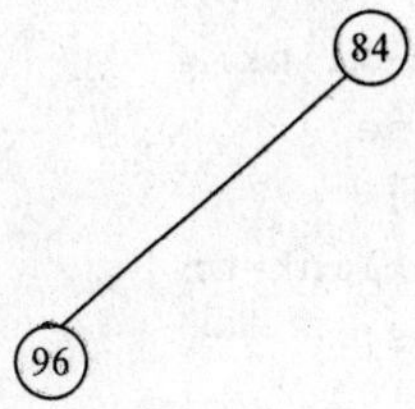

（v）调整，输出 84 和 96

第 1 题图　堆排序（a）～（v）排序过程

（7）二路归并排序

序号	1	2	3	4	5	6	7	8	9	10	11	12
关键字	83	40	63	13	84	35	96	57	39	79	61	15
第 1 趟排序后	[40	83]	[13	63]	[35	84]	[57	96]	[39	79]	[15	61]
第 2 趟排序后	[13	40	63	83]	[35	57	84	96]	[15	39	61	79]
第 3 趟排序后	[13	35	40	57	63	83	84	96]	[15	39	61	79]
第 4 趟排序后	13	15	35	39	40	57	61	63	79	83	83	96

2. 依题意，单链表定义如下：

```
struct node
{
   int key;
   struct node *link;
};
```

因此，实现本题功能的函数如下：

```
struct  *selectsort(struct node *h)
{
   struct node  *p,  *q,  *r,  *s,  *t;
   t=NULL;
   while(h!=NULL)
   {
      p=h;
      q=NULL;
      s=h;
      r=NULL;
      while (p!=NULL)
```

```
    {
        if (p→key < s->key)
        {
           s=p;
           p=q;
        }
        q=p;
        p=p->link;
    }
    if (s= =h)
   h=h->link;
    else
   h=s;
    s->link=t;
    t=s;
  }
 h=t;
 return (h);
}
```

3. void qksort (datatype A[n])

```
{   /*n 为元素个数*/
Setnull(s);                                   /* 设置一个栈保存有关参数和变量 */
l=1;
h=n;                                          /* l, h 分别指向表头和表尾 */
  while( (l<h) ||(!emptu(s)))
{
  while (l<h)
    {
   quickpass(A, l, h, i);
       push(s, l, h, i);                      /* 保存变量值 */
       h=i-1;                                 /* 设置对左边进行划分的参数 */
    }
   if(!empty(s))
    {
   pop(s, l, h, i);                           /* 取出变量值 */
      l=i+1;                                  /* 设置对右边进行划分的参数 */
    }
  }
}
```

第6章 查 找

一. 单选题

1. C 2. D 3. D 4. D

二. 填空题

1. $(n+1)/2$　　$n+1$　　　　　　　　　　　　2. 3　　4　　4　　10

3. 确定待查元素所在的块　　在块内查找待查的元素

4. 30　　31.5　　　　　　　　　　　　　　　5. 小于等于表长的素数

三. 综合题

1. 不同的查找方法适用的范围不同，高效率的查找方法并不是在所有情况下都比其他查找方法效率要高，而且也不是在所有情况下都可以采用。

2. 查找关键字 key=18

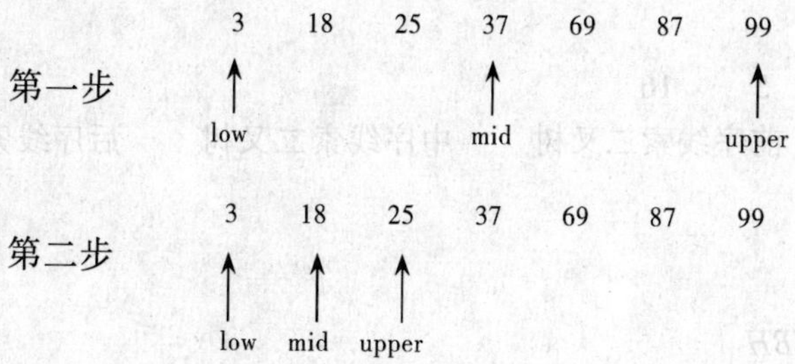

第 2 题图　查找 18 的过程

3. 线性探查法：

哈希地址	0	1	2	3	4	5	6	7	8	9	10	11	12
关键字	72		15		82	174	45	20	8	35	127	9	98
比较次数	7		1		1	1	1	1	1	1	1	3	6

平均查找长度：$ASL_{成功}=(1\times8+3+7+6)/11=24/11$

平方探查法：

哈希地址	0	1	2	3	4	5	6	7	8	9	10	11	12
关键字	9	174	15		82	45	98	20	8	35	127	72	
比较次数	4	5	1		1	3	3	1	1	1	1	4	

平均查找长度：$ASL_{成功}=(1\times6+5+3\times2+4\times2)/11=25/11$

4.
```
int  binlist( datatype a[n];int s,t;datatype x)
  {  /*n为元素个数，s，t分别为查找区间的上. 下界 */
 if(s>t)
    return(0);                                    /*查找失败*/
     else
 {
   mid= (s+t)/2;
      switch (mid) of
      {
      x<a[ mid]: return(binlist(a,s, mid -1,x) );  /*在低端区间上递归*/
          x= = a[mid] :return(mid);              /* 查找成功 */
```

```
            x>[mid] : return(binlist(a, mid+1,t,x) ); /* 在高端区间上递归 */
        }
    }
}
```

第 7 章　二　叉　树

一、单选题

1. D　　2. C　　3. A　　4. B　E　　5. B

二、填空题

1. 20　　2. 5　16

3. RACDEFB　　4. 前序线索二叉树　中序线索二叉树　后序线索二叉树

5. 69

三、综合题

1. 后序遍历序列为：*CFGDAEBH*

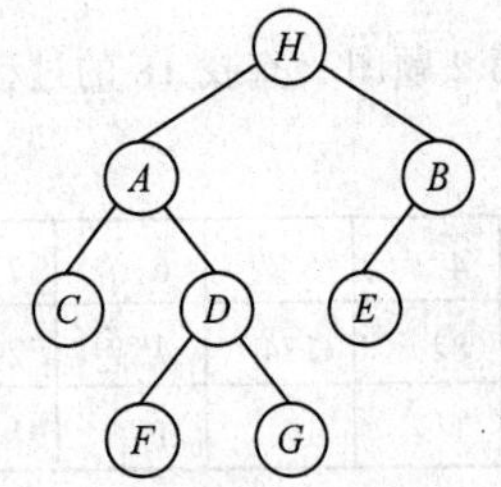

第 1 题图　后序遍历序列图

2.

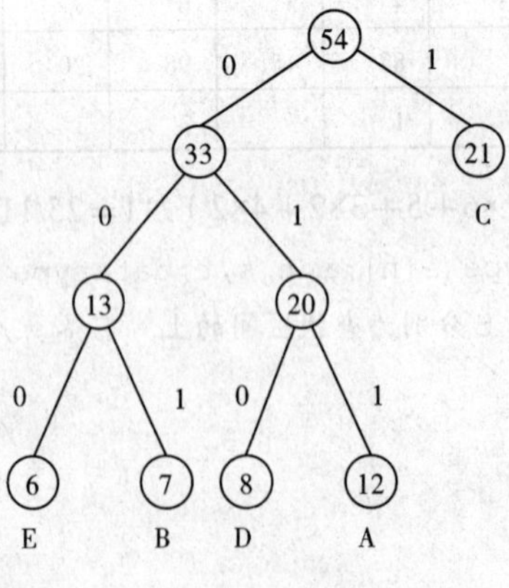

编码：A——011　B——001　C——1　D——010　E——000

3.

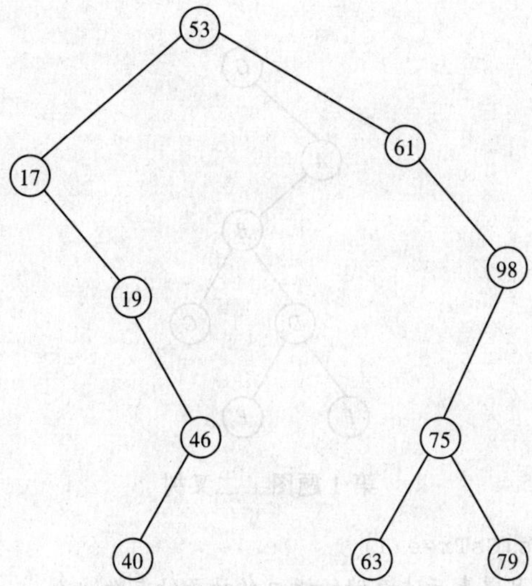

第 3 题图　二叉排序树

4.
```
void CrerateBit(BiTree &T, int i)
{    /* 由顺序存储结构的完全二叉树，建立其二叉链表存储结构的完全二叉树 */
   if(! (T=(BiTree)malloc(sizeof(BiTNode) ) )= =NULL)
      exit(OVERFLOW);
   T->data=A[i];
   if(2*i<=n)
      CreateBit(t->lchild,2*i);
   else
  T->lchild=NULL;
   if ((2*i+1) <=n)
      CreateBit(t->rchild,2*i+1);
else
   T->rchild=NULL;
}
```
在该算法中，可以将数组 A 设为全局变量。

第 8 章　树

一、单选题

1. D　　2. A　　3. B　　4. D　　5. C

二、填空题

1. 1　0 或多　　2. 3　3　3　B 和 C

3. 双亲存储结构　孩子存储结构　孩子兄弟存储结构

4. n-1　　5. 3　4

三、综合题

1.

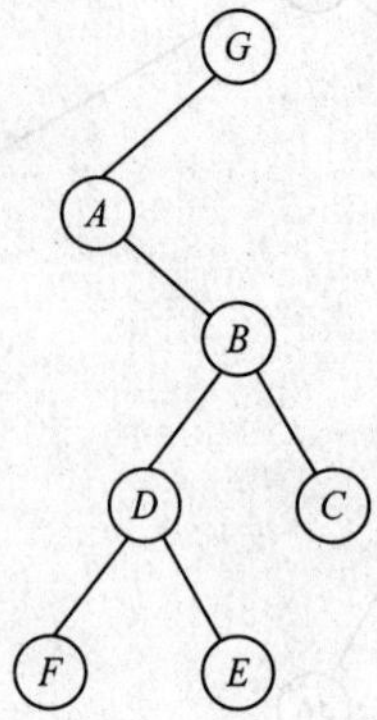

第 1 题图 二叉树

2.
```
int CountLeavies(CsTree T)
{   /* 统计用孩子—兄弟表示法存储的树 T 的叶子结点数 */
    count=0;
    if (T)
    {
  InitQueue(Q); EnQueue(Q, T);    /* 初始化队列并让根入队列 */
      while (!EmptyQueue(Q) )
      {
     DeQueue(Q, p);
        if (p->frrstchild= =NULL)
      count++;
        else
      EnQueue(Q,p->firstchild);
        q=p->nextsibiling;
        while (q)                  /* 右兄弟非空 */
        {
        EnQueue(Q,q);
            q=q->nextsibling;
        }
      }
    }
   retum count;
}
```

第9章 图

一、单选题

1. C 2. B 3. B 4. D 5. A

二、填空题

1. 强连通分量 2. 邻接矩阵 邻接表

3．深度优先搜索遍历　广度优先搜索遍历　　4．关键路径

5．9　30　10　6　29　7

三、综合题

1．（1）该图不是强连通图。强连通分量为：

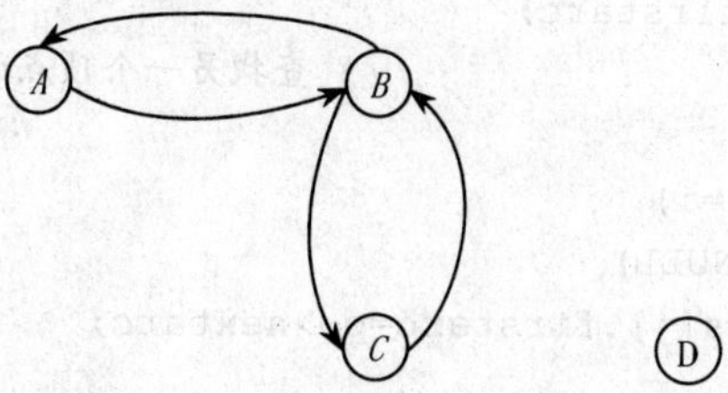

（2）每个顶点的度、入度和出度：

D(*A*)=3　ID(*A*) =1　OD(*A*) =2

D(*B*)=4　ID(*B*) =2　OD(*B*) =2

D(*C*)=3　ID(*C*) =1　OD(*C*) =2

D(*D*)=2　ID(*D*) =2　OD(*D*) =0

2．深度优先搜索遍历：V_0 V_1 V_2 V_3;

广度优先搜索遍历：V_0 V_1 V_3 V_2。

3．

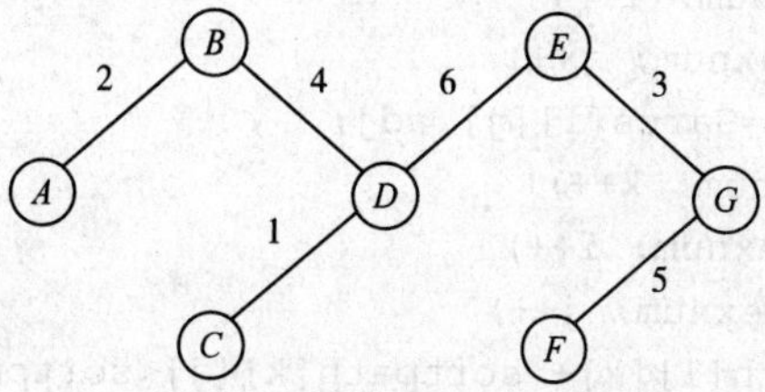

4．V_0到 V_1：最短路径 V_0、V_3、V_1；最短路径长度 7;

V_0到 V_2：最短路径 V_0、V_3、V_1、V_2；最短路径长度 15;

V_0到 V_3：最短路径 V_0、V_3；最短路径长度 2;

V_0到 V_4：最短路径 V_0、V_3、V_1、V_2、V_4；最短路径长度 22。

5．
```
void DeleteEdge(ALGraph  &G, int i, int j)
{  /* 删除用邻接表存储的无向图 G 中的边(i, j) */
   p=G.vertices[i].firstare; pre=NULL;        /* pre 是前驱 */
   while (p)
   if (p->adjvex= =j)
   {
     if(pre= = NULL)
        G.vertices[i].firstarc=p->nextarc;
     else
        pre->nextarc=p->nextarc;
     free(p);
     break;
   }
```

```
    else
    {
      pre=p;
      p=p->nextarc;
    }
    p=G.vertices[j].firstarc;
    pre=NULL;                              /* 查找另一个顶点的邻接点 */
    while (p)
      if (p->adjvex= =i)
      {   if (pre= = NULL)
             G.vertices[j].firstarc=p->nextarc;
          else
             pre->nextarc=p->nextarc;
             free(p);
             break;
      }
    else{ pre=p; p=p->nextarc; }
}
```

6.
```
void SortPath_Floyd(MGroph  G)
{  /*求有 n 个顶点的有向图 G 的任意两顶点之间的路径，顶点 i 和顶点 j 之间的最短路径*/
   /* 存放在数组 sortpath[i][j]  */
   for (i=0; i<G.vexnum; i++)
     for (j=0; j<G.vexnum; j++)
       sortpath[i][j]=Garcs[i][j].adj;
   for (k=0; k<G.vexnum; k++)
     for (i=0; i<G.vexnum; i++)
       for (j=0; j<Gvexnum; j++)
           if (sortpath[i][k]+ sortpath[k][j]<sortpath[i][j])
             sortpath[i][j]= sortpath[i][k]+ sortpath[k][j];
}
```

7.
```
int flag[ ];
count=0;
success=1;    /* success: 测试拓扑排序是否成功 */
InitQueue(Q);
   void DFSTopSort(ALGraph G)
{  /* 对以邻接表为存储结构的有向图 G 进行拓扑排序 */
  for (v=0; v<G.vexnum; v++)                        /* 标志位初始化 */
  {
    visited[v]=0;
    flag[v]=0;
  }
   for (v=0; v<G.vexnum; v++)
   {
    DFS(G,v);
    flag[v]=1;
   }
```

```
  if (count<G.vexnum)
     printf("图中有环存在\n");
  else
     printf("该图是有向无环图\n");
}
  void DFS(ALGraph G int V)
{   /* 从第 v 个顶点出发深度优先遍历图 G */
  visit(v);
  visited[v]=1;
  EnQueue(Q,v);
  count++;
    for (p=G.vertice[v].firstarc; p; p=p->nextarc)
      if (visited[p->adjvex] && flag[p->adjvex]= =0)  /* DFS结束前出现回边 */
        success=0;
    else if (!visited[p->adjvex])
{
    DFS(G , p->adjvex);
    flag[p->adjvex]=1;
}
  }
```

第 10 章　数组、矩阵和广义表

一、单选题

1. B　　2. B　　3. A　　4. D　　5. C

二、填空题

1. 读　写　顺序存储结构　　2. ST+ 222　ST+ 117

3. LOC(A[i,j])=LOC(A[3,2])+((j-2)*6+(i-3))*2　　4. (2，3，10)

5. (b)

三、综合题

1.（1）60　（2）1034　（3）1044　1046

2. 对上三角形矩阵：

$$\begin{bmatrix} a_{11} & a_{12} & a_{13} & \cdots & a_{1(n-1)} & a_{1n} \\ 0 & a_{22} & a_{23} & \cdots & a_{2(n-1)} & a_{2n} \\ 0 & 0 & a_{33} & \cdots & a_{3(n-1)} & a_{3n} \\ \vdots & \vdots & \vdots & & \vdots & \vdots \\ 0 & 0 & 0 & \cdots & a_{(n-1)(n-1)} & a_{(n-1n)} \\ 0 & 0 & 0 & \cdots & 0 & a_{nn} \end{bmatrix}$$

若 $i<=j$，$k=\text{loc}(i,j)=\underbrace{n+(n-1)+(n+2)+\cdots+(n-i+2)}_{\text{前 } i-1 \text{ 行}}+\underbrace{(j-i+2)}_{\text{第 } i \text{ 行}}$

$=i*(n-(i-1)/2)+j-n$

$k=f_1(i)+f_2(j)+c=i*(n-(i-1)/2)+j-n$　　（当 $i<=j$）

即 $f_1(i)=i*(n-(i-1)/2)$，$f_2(j)=j$，$c=-n$。

3. A 的三元组表示：

row	col	value
1	5	30
3	5	50
5	1	10
5	6	20

row	col	value
5	6	4

4. (s1+m-1)%m　　s1=i　　j=s1;j<i-1;j++

5. void Snake_Number(int a[ ][100],int n)

```
{  /* 将自然数 1～n² 按“蛇形”填入 n 阶矩阵 a 中 */
  i=j=0; k=1;
  while (i<n && j<n)
  {
     while (i<n && j>=0)
     {
        a[i][j]=k++;
        i++;
        j--;
     }
        if (j<0 && i<n)
        j=0;        /* 副对角线及以上部分的新 i、j 坐标 */
     else
     {
        i=n-1;
        j=j+2;
     }                /* 副对角线及以下部分的新 i，j 坐标*/
     while (i>=0 && j<n)
     {
        a[i][j]=k++;
        i--;
        j++;
     }
   if (i<0 && j<n)
      i=0;
   else
   {
      i=i+2;
      j=n-1;
   }
  }
}
```

第 11 章　文　件

一、单选题

1. D　　2. A　　3. B　　4. C

二、填空题

1. 散列函数　冲突处理　　2. 顺序　二分
3. 物理　　4. 顺序存取　直接存取　按关键字存取
5. 一种适合分支查找的动态索引

三、综合题

1. 记录是文件存取操作的基本单位。逻辑记录是按用户观点的基本存取单位，物理记录是按外存设备观点的基本存取单位。通常逻辑记录和物理记录之间存在 3 种关系：

（1）一个物理记录存放一个逻辑记录；

（2）一个物理记录包含多个逻辑记录；

（3）多个物理记录表示一个逻辑记录。

2. 散列文件是用散列技术组织成的文件，其组织方法类似于散列表，但存储介质是外存储器。

散列文件查找：在散列文件中进行查找时，首先根据给定值求得散列地址（即基桶号），将基桶中的记录读入内存进行顺序查找。若查到关键字等于给定值的记录，则检索成功。当在基桶内查不到时，若基桶没有填满，则文件不含待查记录；否则根据指针域的值找到溢出桶，并将桶中的记录读入内存，继续进行顺序查找，直到查找成功或不成功。

优缺点：散列文件具有随机存放、记录不需进行排序、插入删除方便、存取速度快、不需要索引区和节省存储空间等优点。但散列文件不能顺序存取，只能按关键字随机存取，在经过多次插入、删除后，可能出现溢出而其桶内多数记录已被删除的情况，此时需要重新组织文件。

3.（1）索引无序文件如图 3（a）所示。

（2）多重表文件如图 3（b）所示。

（3）倒排文件如图 3（c）所示。

关键字	记录
02	3
05	2
17	7
29	1
31	5
38	4
43	6
46	8

记录	职工号	姓名	职称	性别	工资
1	29	程均华	教授	男	985
2	05	王小强	副教授	男	806
3	02	李丽梅	副教授	女	781
4	38	张文斌	讲师	男	580
5	31	付志强	助教	男	482
6	43	董巍巍	讲师	男	600
7	17	赵红梅	教授	女	962
8	46	李芳媛	助教	女	456

第 3 题图（a）　索引无序文件结构

次关键字	长度	头指针
教授	2	1
副教授	2	2
讲师	2	4
助教	2	5

职称索引

记录	职工号	姓名	职称	指针	性别	指针	工资
1	29	程均华	教授	?	男	?	985
2	05	王小强	副教授	?	男	1	806
3	02	李丽梅	副教授	2	女	?	781
4	38	张文斌	讲师	?	男	2	580
5	31	付志强	助教	?	男	4	482
6	43	董巍巍	讲师	4	男	5	600
7	17	赵红梅	教授	1	女	3	962
8	46	李芳媛	助教	5	女	7	456

次关键字	长度	头指针
男	5	1
女	3	3

性别索引

第 3 题图（b）　多重表文件结构

次关键字	头指针
教授	1，7
副教授	2，3
讲师	4，6
助教	5，8

职称索引

记录	职工号	姓名	职称	性别	工资
1	29	程均华	教授	男	985
2	05	王小强	副教授	男	806
3	02	李丽梅	副教授	女	781
4	38	张文斌	讲师	男	580
5	31	付志强	助教	男	482
6	43	董巍巍	讲师	男	600
7	17	赵红梅	教授	女	962
8	46	李芳媛	助教	女	456

次关键字	头指针
男	1，2，4，5，6
女	3，7，8

性别索引

第 3 题图（c）　倒排文件结构

第12章　外部排序

一、单选题

1. D
2. B
3. D

二、填空题

1. 在一次比较中，没有上升进入其父结点的结点
2. 生成初始归并段　　对这些初始归并段采用某种归并方法，进行多遍归并

三、综合题

1. 选择树是由参加比较的 n 个元素作为叶子结点而得到的完全二叉树；而堆是一个含有 n

个关键字(R_1，R_2，…，R_n)的序列，它满足性质：$R_i \leqslant R_{2i}$ 且 $R_i \leqslant R_{2i+1}(1 \leqslant i \leqslant n/2)$，堆是一个含有 n 个结点的完全二叉树。

2．二路多阶段归并使用 3 台磁带机：T_1、T_2 和 T_3，假设开始时初始归并段的分布是 T_1 中 20 段，T_2 中 35 段，其归并过程如下：

i 遍后	T_1	T_2	T_3	
开始	20(1L)	35(1L)		
1		15(1L)	20(2L)	（从 T_1 和 T2 归并成 20 个 2L 长的段放到 T_3）
2	15(3L)		5(2L)	（从 T_2 和 T3 归并成 15 个 3L 长的段放到 T_1）
3	10(3L)	5(5L)		（从 T_1 和 T3 归并成 5 个 5L 长的段放到 T_2）
4	5(3L)		5(8L)	（从 T_1 和 T2 归并成 5 个 8L 长的段放到 T_3）
5		5(11L)		（从 T_1 和 T3 归并成 5 个 11L 长的段放到 T_2）

参考文献

[1] 谭浩强．C 程序设计[M]．2 版．北京：清华大学出版社，1999.

[2] 段恩泽，肖守柏．数据结构（C/C#）[M]．北京：清华大学出版社，2010.

[3] 严蔚敏，吴伟民．数据结构（C 语言版）[M]．北京：清华大学出版社，2002.

[4] 李春葆．数据结构（C 语言篇）习题与解析[M]．北京：清华大学出版社，2000.

[5] 蔡厚新，肖守柏．数据结构导论[M]．北京：中国人民大学出版社，2010.

[6] 彭波．数据结构[M]．北京：电子工业出版社，2008.

[7] 陈广．数据结构（C#语言描述）[M]．北京：北京大学出版社，2009.

[8] 唐发根．数据结构教程[M]．2 版．北京：北京航天航空大学出版社，2005.

[9] 王晓东．数据结构（C 语言版）[M]．北京：电子工业出版社，2007.

[10] 陈小平．数据结构导论[M]．北京：经济科学出版社，2000.

[11] 陈慧南．数据结构：C 语言描述[M]．西安：西安电子科技大学出版社，2009.

[12] 张乃孝．算法与数据结构：C 语言描述[M]．2 版．北京：高等教育出版社，2002.

[13] 宁正元，易金聪．数据结构：用 C 语言描述[M]．2 版．北京：中国水利水电出版社，2007.

[14] 曹桂琴，郭芳．数据结构学习指导[M]．2 版．大连：大连理工大学出版社，2008.

Learn more about it!

笔记栏

Learn more about it!

笔记栏